Made
Easy

차근차근 따라하며 쉽게 배우는

슈거크래프트
SugarCraft

이호정 지음

BnCworld

슈거크래프트의 즐거움을 나누고자

서른이 넘은 늦은 나이에 일본 동경제과학교로 유학을 가 양과자와 빵을 배웠습니다. 그러던 중 우연히 슈거 아트 책을 보게 되었고, 그 섬세한 아름다움에 매혹돼 정식으로 슈거크래프트 공부를 시작했습니다. 일본 최초로 영국 슈거크래프트 길드에서 아시아 지부로 인정받은 하시가미 도키요(橋上とき代) 선생님께 슈거크래프트를 배웠는데, 공부를 하면 할수록 슈거크래프트에 더욱 빠져들었습니다. 전부터 손으로 뭔가 만드는 걸 좋아했고, 꼼꼼한 성격도 슈거크래프트와 잘 맞았습니다. 일본에서 10년 동안 슈거크래프트 사범 과정까지 마친 후 전문 강사로 일하며, 여러 대회에서 수상도 하였습니다. 그 후 프랑스 르노뜨르와 스위스 리치몬드 제과학교에 연수를 가기도 했고, 영국에 가서 슈거크래프트를 배우기도 했는데 그 모든 경험이 제게는 정말 값지고 즐거운 시간이었습니다.

귀국 후, 제과점을 운영하면서 강사로 활동하는 동안 『월간 파티시에』에 슈거크래프트 작품을 연재하게 되었습니다. 바쁜 와중에 연재를 계속해야 했기 때문에 때로는 충분히 성에 차지 않는 부분도 있었지만 주위 분들과 독자들의 호응에 힘입어 연재를 계속할 수 있었고, 이제 그 기록들을 슈거크래프트에 관심 있는 분들께 조금이나마 보탬이 되었으면 하는 마음에서 다시 한 권의 책으로 엮게 되었습니다. 이 책은 모든 공정을 사진을 통해 하나하나 친절히 설명해주고 있기 때문에 처음 슈거크래프트를 시작하는 분들부터 슈거크래프트가 익숙하신 분들까지 누구나 쉽게 보며 따라 할 수 있습니다. 또 되도록 많은 종류의 꽃들을 싣기 위해 노력했기 때문에 웨딩케이크를 비롯한 다양한 케이크에 응용이 가능할 것입니다.

슈거크래프트는 전문가만의 영역이 아닙니다. 제과제빵의 선진국이라 할 수 있는 유럽과 일본에서는 슈거 아티스트나 파티시에뿐 아니라 일반인에게도 인기 있는 교육 과정입니다. 조그마한 소품을 만들어 이웃과 가족에게 선물하는 기쁨을 나눌 수 있기 때문에 문화센터 등의 강좌에는 늘 사람들이 줄을 서고, 최근에는 슈거크래프트의 정교한 수작업이 치매예방에 좋다고 알려져 중년 여성들에게도 사랑을 받고 있습니다. 그러므로 한국에서도 그 가능성은 무궁무진하다고 생각됩니다. 또한 슈거 아티스트는 한국에서는 아직 희소성이 있는 직업이기 때문에 지금 시작해도 노력 여하에 따라 자신만의 개성을 살린 독특한 예술세계를 구축할 수 있을 것입니다. 특히 차분하고 손재주가 있는 분들이라면 꼭 한 번 해보라고 권하고 싶습니다.

끝으로 이 책을 출간할 수 있도록 도와주신 비앤씨월드 장상원 사장님과 협조해주신 모든 분들께 감사를 드립니다.

이호정

목차 *Contents*

슈거크래프트 *Sugar Craft*

슈거크래프트는 설탕을 주재료로 한 화려한 공예 과자를 뜻하며 영국에서 행운과 번영의 의미로 나누어 먹던 빵에 설탕 반죽과 가루를 이용한 장식을 하면서 시작되어, 발상지 영국을 중심으로 오스트레일리아, 캐나다, 남아프리카 공화국 등 영연방과 아메리카 대륙에서 케이크의 장식이나 오너먼트(ornament)로 사용되었다. 영국이 제국으로서 최고의 전성기를 누리던 19세기, 왕족의 성대한 결혼식을 위해 단을 쌓고 화려한 설탕 장식을 올린 웨딩 케이크가 제작되면서, 본격적으로 현재와 같은 맥락의 슈거크래프트 양식이 확립되었다. 그중 빅토리아 여왕과 알버트 공의 웨딩 케이크는 300파운드에 달하는 크기와 설탕으로 제작된 커플 인형, 큐피드, 백조, 장미꽃 등의 장식으로 그 화려하고 아름다운 모습이 널리 알려져 있다. 이후 결혼식은 물론, 연회와 세례식 등의 특별한 행사를 기념하기 위한 용도로 유행하게 되었고, 현재까지 이어지고 있다.

세밀한 가공을 거친 슈거크래프트 작품은 오랜 시간 보존할 수 있다는 점에서 매력적이다. 실제로 슈거크래프트로 만들어진 웨딩케이크가 첫아이의 생일을 축하하기 위해 다시 사용되기도 하며, 이는 한 가족이 꾸려 가는 세월에 각별한 의미를 부여한다. 어떤 예술 작품과 견주어도 손색없는 이 정교한 구조물은 사교 모임에서 훌륭한 대화의 매개체가 되기도 한다. 귀족들만이 향유했던 과거와 달리, 이제는 누구나 쉽게 설탕을 구할 수 있게 되었지만 슈거크래프트는 여전히 그 신비함을 잃지 않고 있다.

슈거크래프트에 있어 색상은 항상 중요한 주제이다. 드레스와 꽃, 테이블 장식에 두루 반영되기 때문이다. 웨딩이 그 목적이라면, 신부는 케이크 색상이 다른 장식들과 조화를 이루기 바랄 것이다. 레이스, 구슬, 패브릭 등 신부의 드레스는 케이크 디자인에 가장 훌륭한 영감을 제공한다. 따라서 슈거크래프트를 제작하는 사람은 반드시 행사의 성격을 이해하고 있어야 한다. 또한 꽃은 슈거크래프트에서 빠질 수 없는 중요한 소재로, 특별한 순간에 걸맞은 모델(model)을 골라내려면 그에 관한 지식을 갖추는 것이 필수적이다. 설탕은 공기 중에 노출되는 시간과 온도에 따라 그 성질이 변하기 쉽다. 때문에 만족스러운 결과를 얻어내는 데에는 순간순간 재료의 컨디션(condition)을 파악하고 이해하는 것이 요구된다. 수준 높은 슈거크래프트의 경지는 쉽게 얻어지는 것이 아니다. 색상과 질감, 모양이 조화를 이뤄 내는 작품을 완성하기 위해서 좋은 본보기는 물론, 끊임없는 연습과 경험이 필요하다.

웨딩 케이크 *Wedding cake*

슈거크래프트가 웨딩 케이크의 데커레이션을 목적으로 본격적으로 시작되었던 만큼 웨딩 케이크에 대한 기본적인 이해와 제작 방법에 대해서 알아 두어야 할 필요가 있다.

웨딩 케이크는 결혼식, 혹은 결혼식 피로연에서 신랑 신부가 함께하는 '커팅(cutting) 의식'을 위해 만들어지는데, 이 '커팅 의식'은 결혼 후 두 사람이 처음으로 함께 하는 공동 작업이란 상징적인 의미를 가지고 있다.

웨딩 케이크에는 프랑스의 크로캉부슈(croquembouche)를 사용하는 방식, 미국의 1단짜리 직사각형 케이크를 사용하는 방식, 그리고 영국의 2단, 혹은 3단 케이크를 사용하는 방식이 있다.

이 중 한국에서 주로 웨딩 케이크라고 부르는 것은 보통 3단으로 만들어진 영국식 케이크이다. 영국에서는 이 3단 웨딩 케이크 중 신랑 신부가 커팅한 가장 아래 단을 나눠서 피로연 하객들에게 나누어주고, 두 번째 단은 사정이 생겨서 참석하지 못한 친구나 친척들에게 보낸다. 그리고 가장 위 단은 보관하다가 첫째 아이의 생일 때, 혹은 1주년 결혼기념일에 먹기도 한다.

A. 웨딩 케이크의 밸런스

3단 케이크는 단에 따라 2인치(약 5cm), 3인치(약 7.5cm) 정도 각각 다른 크기로 만든다.

케이크를 받치고 있는 케이크 보드도 다른 크기를 사용해야 한다.

2단 케이크는 아래 단의 케이크를 훨씬 크게 하는 것이 좋다. 케이크 보드의 경우도 마찬가지이다.

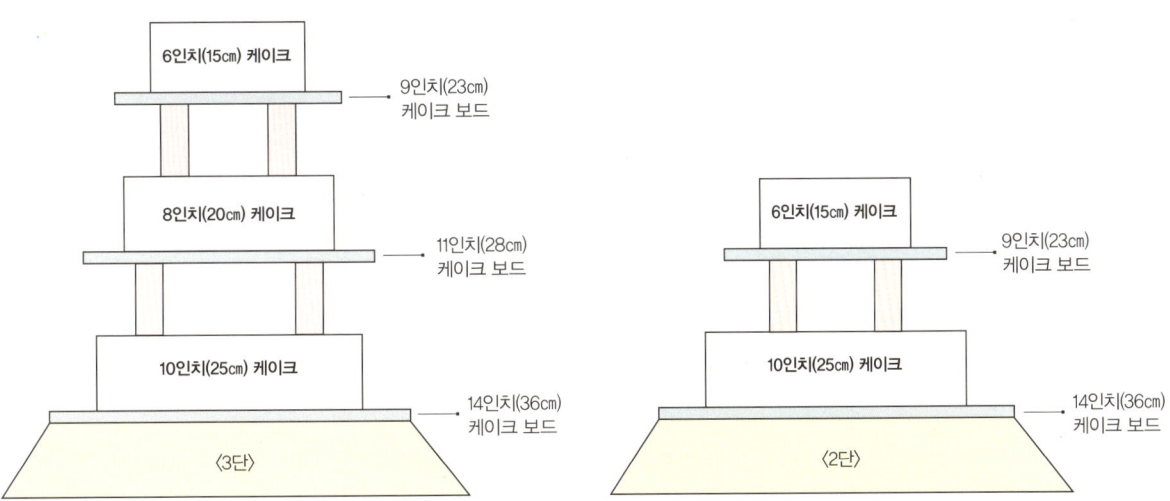

B. 필러의 위치

케이크 보드에 필러(pillar)가 고정되어 있는 경우도 있지만, 필러가 별도로 있는 경우는 아래의 그림을 참고해 필러를 고정한다.

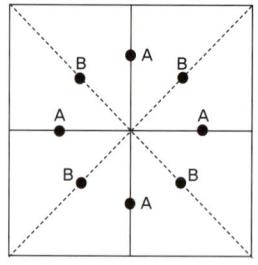 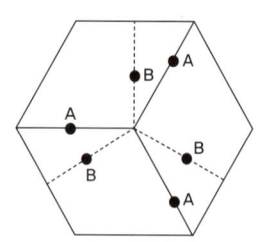

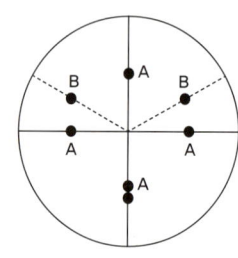 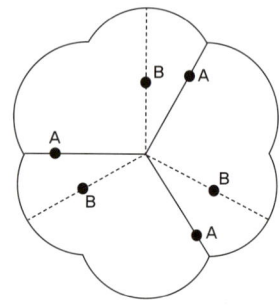

C. 셀러브레이션 커팅 사전 준비

웨딩 케이크에서는 사진처럼 신랑 신부가 커팅할 부분을 미리 표시해 두기도 한다. 사전에 잘라서 왁스페이퍼에 리본을 끼운 후 원래의 자리에 돌려놓고, 리본을 장식한다.

자른 양쪽에는 반드시 아이싱 라인을
그려 표시해야 한다.

D. 웨딩 케이크 나누는 법

신랑 신부가 처음으로 케이크를 커팅하는 것을 '셀러브레이션 커트(celebration cut)'라고 하는데, 반드시 중심에서 바깥쪽으로 자른다. 하객들에게 나눠 주는 케이크 1인분은 보통 '원 핑거(one finger)'라고 할 정도의 작은 크기로, 둘의 행복의 증표를 나누어 갖는 의미가 있다.

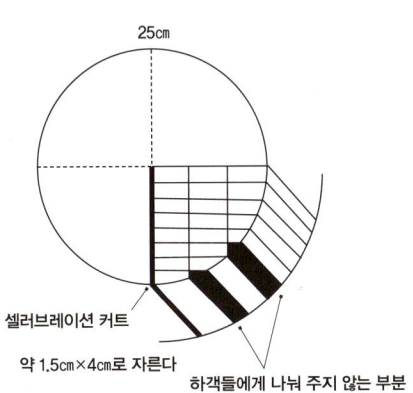

〈둥근 웨딩 케이크〉

25cm

셀러브레이션 커트

약 1.5cm×4cm로 자른다

하객들에게 나눠 주지 않는 부분

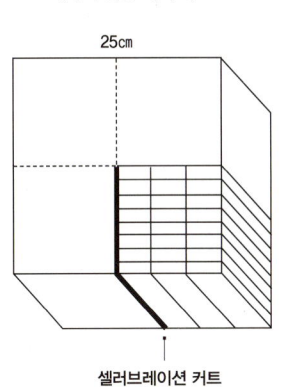

〈사각 웨딩 케이크〉

25cm

셀러브레이션 커트

E. 웨딩 케이크의 모양

웨딩 케이크는 예전에는 하얀색이 일반적이었지만, 현재는 다양한 색상을 사용하고 있다. 둥근 케이크는 결혼반지와 마찬가지로 영원함을 나타내기 때문에 특별히 선호되는데, 크기는 인원수나 취향에 따라 다르지만, 조명을 비췄을 때 아름답게 비춰질 것, 그리고 하객들의 자리에서도 잘 보여야 하는 것이 중요하다.

다음은 웨딩 케이크를 제작할 때 필요한 정보를 표로 나타낸 것이다. 나누어 먹을 인원수, 케이크를 제작하는 데 사용하는 잼, 마지팬, 그리고 슈거페이스트의 양을 나타낸 표이다.

사각형 케이크	5인치 (12.5cm)	6인치 (15cm)	7인치 (17.5 cm)	8인치 (20cm)	9인치 (22.5cm)	10인치 (25 cm)
사각형 케이크 인원수	24인분	40인분	50인분	60인분	84인분	96인분
둥근 케이크	6인치 (15cm)	7인치 (17.5 cm)	8인치 (20cm)	9인치 (22.5cm)	10인치 (25cm)	11인치 (27.5 cm)
둥근 케이크 인원수	30인분	40인분	50인분	62인분	80인분	92인분
잼	1 큰술	1 1/2큰술	2큰술	2 1/2큰술	3큰술	3 1/2큰술
마지팬	350g	450g	600g	800g	1.0kg	1.2kg
커버용 슈거페이스트	350g	450g	600g	800g	1.0kg	1.2kg

슈거크래프트의 도구 *Tools*

01 밀대, 무늬 밀대 rolling pins
페이스트를 밀어 펴거나 무늬를 낼 때 사용한다.

02 각종 가위 scissors
와이어를 자르거나 페이스트의 섬세한 부분을 자를 때 사용한다.

03 플라워 스탠드 flower stand
꽃을 성형하거나 건조시킬 때 사용한다.

04 니퍼 wire cutter
와이어를 구부릴 때, 굵은 와이어를 자를 때 사용한다.

05 핀셋 tweezer
작은 조각의 페이스트를 다루는 등의 섬세한 작업에 사용한다.

06 보드 board
페이스트를 밀 때 받침대로 사용한다.

07 짤주머니 icing bag
아이싱을 짤 때 짤주머니에 담아서 사용한다.

08 붓 brush
색을 칠할 때, 접착제 등을 바를 때 사용한다.

09 스푼 spoon
엠보싱 효과를 낼 때 사용한다.

10 크림퍼 crimper
페이스트를 집게처럼 집어 무늬를 넣을 때 사용한다.

11 리본홀커터 ribbon hole cutter
페이스트에 리본을 꽂기 위한 구멍을 낼 때 사용한다.

12 이쑤시개, 가는 스틱 cocktail sticks
꽃이나 프릴의 세밀한 부분을 표현할 때 사용한다.

13 스무더 smoother
슈거커버를 매끄럽게 할 때 사용한다.

14 나무주걱 wooden spatula
아이싱을 섞을 때 사용한다.

15 플라워 패드 flower pad
꽃잎의 프릴을 만들 때 사용한다. 작품에 따라 소프트스펀지로 된 것과 하드스펀지로 된 것을 고른다.

16 모델링 툴 modelling tools
• 다섯꽃잎툴 five leaves veining tool - 페이스트를 다섯 등분하여 꽃을 만들 때 사용한다.
• 삼각스틱 knife tool - 나이프 형태로 되어 있어 페이스트를 자르거나 잎과 꽃잎에 선을 그을 때 사용
• 뾰족한 스틱 cell stick - 꽃을 만들 때, 구멍을 내거나 잎맥을 표현할 때, 프릴을 만들 때 사용한다.
• 골이 파인 스틱 flower&leaf aid tool - 꽃잎과 잎의 선을 표현할 때 사용한다.
• 둥근 스틱 dog bone tool - 꽃잎이나 잎사귀를 자연스럽게 만들 때 사용한다.
• 롤링커터 rolling cutter - 페이스트의 단면을 자를 때 사용한다.
• 주걱 스틱 paddle stick - 페이스트를 얇게 펴거나 꽃을 성형할 때 사용한다.
• 퀼팅툴 quilting tool - 스티치(stitch) 무늬를 낼 때 사용한다.

17 철제 커터 metal flower cutter
페이스트를 찍어 꽃이나 잎을 만들 때 사용한다.

18 실리콘 잎맥틀 silicone leaf veiner
잎맥을 표현할 때 사용한다.

19 플라스틱 커터 plastic flower cutter
페이스트를 찍어 꽃을 만들 때 사용한다.

20 레이스커터 lace cutter
페이스트를 찍어 레이스를 만들 때 사용한다.

21 플라워 네일 flower nail
아이싱꽃을 짤 때 사용한다.

22 옥수수 잎 corn leaf
꽃과 잎의 잎맥을 찍을 때 사용한다.

23 깍지 decorating tips
각종 아이싱 모양을 낼 때 사용한다. 브랜드마다 호수별 사이즈에 약간씩 차이가 있으므로 주의하여 선택한다.

24 커플러 coupler
짤주머니와 모양깍지를 연결할 때 사용한다.

25 플런저 plunger cutter
찍어서 꽃 무늬를 내거나 꽃을 만들 때 사용한다.

슈거크래프트의 재료 *Materials*

01 리본 ribbon
케이크 장식이나 부케를 만들 때 사용한다.

02 몰딩젤 moulding jell
전자레인지에 녹여서 틀을 뜰 때 사용한다. 재생이 가능하여 실리콘 틀을 대체할 수 있다.

03 바니시 varnish
꽃잎, 잎사귀 등에 광택을 낼 때 사용한다.

04 파이핑젤 piping jell
꽃잎, 잎사귀 등에 물방울을 표현할 때 사용

05 글루코스 시럽 glucose syrup
슈거페이스트를 만들 때 사용한다. 물엿으로 대체 가능하다.

06 타일로스 파우더 tylose powder
CMC가 주성분으로 물에 섞어 글루(따뜻한 물 30: 타일로스 파우더 1)나 플라워 페이스트를 만들 때 사용한다. 타일로스 파우더를 사용하면 편리하나 한국에서는 구하기 쉽지 않아, CMC를 주로 사용한다.

07 젤타입색소 droplet colours
아이싱, 페이스트의 색을 내거나 페인팅에 사용한다. 알코올로 농도 조절이 가능하다.

08 가루색소 dust colours
가루 타입의 색소로 더스팅 효과를 내어 색을 칠할 때 사용한다.

09 미모사 mimosa
색상이 다양하며 설탕이 주원료로서 주로 꽃술을 만들 때 사용한다.

10 액체색소 liquid colours
액체 타입의 색소로 주로 아이싱의 색을 낼 때 사용한다.

11 콘스타치 corn starch
꽃을 만들 때 달라붙는 것을 방지하기 위해 사용한다.

12 꽃술 stamens
꽃을 만들 때 꽃술로 사용한다.

13 튈 tulle
케이크 장식이나 부케를 만들 때 사용한다.

14 플로리스트 테이프 floristry tape
꽃을 모을 때 사용한다.

15 플로리스트 테이프 커터 floristry tape cutter
플로리스트 테이프를 잘라 폭을 좁힐 때 사용한다.

16 와이어 wires
꽃, 잎사귀, 줄기, 부케 등을 만들 때 사용한다. 호수가 높을수록 가늘다.

꽃술용 가루

원하는 색의 페이스트를 최대한 얇게 밀어 편 다음 완전히 건조시키고, 곱게 빻아 사용한다.

설탕에 원하는 색의 가루 색소를 섞어 사용한다.

콘밀(corn meal)을 사용한다.

슈거크래프트의 기본 *Preparation*

슈거 커버링
마지팬 커버링
프루츠 케이크

1. 프루츠 케이크 *Fruits cake* 지름 21㎝, 높이 8㎝ 1개분량

과일 전처리 체리 70g, 레이즌 150g, 커런트 150g, 설태너 300g, 오렌지필 100g,
레몬껍질 1/2개 분량, 레몬즙 1큰술, 브랜디 40cc

케이크 반죽 무염버터 150g, 브라운슈거 150g, 달걀 150g, 아몬드 가루 60g, 박력분 150g,
시나몬 1작은술, 올스파이스 1/3작은술, 넛메그 1/3작은술, 소금 조금, 당밀 2큰술

A. 과일 전처리법

1. 끓는 물에 레이즌, 커런트, 설태너를 가볍게 한 번 데친 후에 차가운 물에 헹군다.

2. 물기를 빼낸 ①을 냄비에 넣고 물기가 없어질 때까지 살짝 볶는다.

   ＊ 장시간 보관을 위해서 상할 수 있는 요인을 전부 제거한다.

3. ②를 담은 볼에 오렌지필, 체리 다진 것, 레몬즙, 레몬껍질 간 것을 넣고 섞는다.

4. 브랜디를 넣어 섞고 뚜껑을 덮어 최소 하루 이상 보관한 뒤 사용한다.

B. 케이크 만들기

1. 볼에 상온에 놔두었던 부드러운 버터를 넣고 거품기로 푼 다음 브라운슈거를 3회로 나눠 넣으며 잘 섞는다.

2. 풀어놓은 달걀을 3회 정도 나누어 넣고 골고루 섞는다.

3. 한번 체 쳐둔 가루류(아몬드 가루, 박력분, 시나몬, 올스파이스, 넛메그, 소금)를 ②에 다시 한번 체 쳐서 넣는다.

4. ③을 나무주걱으로 잘 섞는다.

5. 전처리한 과일을 넣고 다시 나무주걱으로 섞는다.

6. 당밀을 넣고 골고루 섞는다.

7. 종이를 깐 틀에 반죽을 넣어 채운다. 가장자리를 가운데보다 높게 하여 펴준다. 작업대에 틀을 돌려가며 살짝 내려친다.

* 일반적인 케이크틀보다 높이가 높은 틀을 사용한다.

8. 케이크가 건조해지는 것을 막기 위해 물을 담은 스텐볼을 팬에 함께 올리고, 140℃ 오븐에서 약 2시간 굽는다.

* 오븐에 따라 다소 차이가 있다. 꼬챙이로 가운데를 찔러서 반죽이 묻어나지는 않는지 반드시 확인한다.

9. 오븐에서 나온 뜨거운 케이크에 브랜디를 충분히 바른다. 식으면 랩으로 꼼꼼하게 싸서 서늘한 곳에 보관한다.

* 웨딩 케이크의 경우 1~3개월간 숙성시킨 후 사용한다. 커버링하기 전에 한번 더 브랜디를 충분히 발라 흡수시킨다.

당밀
제당 과정에서 설탕을 뽑아 내고 남은 부산물로 만든 시럽.
특유의 향과 맛이 있으며 재료의 색을 좋게 한다.

2. 로열 아이싱 *Royal icing*

사용재료 슈거파우더 200g, 달걀 1개 분량의 흰자,
레몬즙 2~3 방울

1. 흰자를 먼저 풀어준 다음, 체에 친 슈거파우더
   를 1/2 정도 넣고 거품기로 골고루 섞는다.
2. 나머지 슈거파우더를 넣고 섞는다. 이때 너무 큰
   볼을 사용하지 않도록 한다.
3. 레몬즙을 넣고 다시 섞는다. 골고루 섞인 느낌이
   나면 핸드믹서를 사용해서 빠르게 섞는다.
   * 레몬즙은 달걀의 냄새를 잡고 조직을 단단하게 하며, 색
     을 희게 하는 효과가 있다.
4. 천천히 시간을 들여 꼼꼼하게 섞어준다.
   * 공기를 빼기 위해서 마무리할 때는 속도를 낮추어 섞
     는다.
5. 고무주걱으로 공기를 빼면서 다듬는다.
   * 계절과 사용목적에 따라 흰자로 농도를 조절한다.
   * 완성된 로열 아이싱은 공기 접촉으로 표면이 마르는 것
     을 막기 위해 반드시 젖은 행주를 볼에 덮은 채로 작업
     한다.

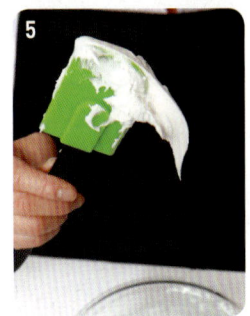

3. 마지팬 *Marzipan*

사용재료 아몬드 가루 100g, 슈거파우더 100g, 흰자 10g, 물 10g

1. 아몬드 가루와 슈거파우더를 체에 치고 골고루 섞는다.
2. 흰자와 물을 넣고 골고루 섞어 한 덩어리가 되도록 뭉쳐준다.
3. 완성된 마지팬은 랩에 씌워 냉장고에 보관하고 사용할 때는 다시 치대어 사용하되, 일주일
   내에 사용한다.
   * 직접 만든 마지팬은 보존기간이 짧아 웨딩 케이크에는 부적당하므로 시판되는 마지팬을 사용한다.

시판용 마지팬

4. 슈거페이스트 *Sugar paste*

A 커버링용

사용재료   젤라틴 5g, 물 60g, 슈거파우더 600g,
CMC 5g, 물엿 50g, 쇼트닝 20g,
글리세린 10g, 레몬즙 2~3g

1. 볼에 차가운 물을 붓고, 판젤라틴을 작게 잘라 넣어 10분 정도 불린다.
2. 젤라틴이 불면 그대로 중탕으로 녹인다.
3. 슈거파우더와 CMC를 체에 친 다음 체온 정도로 데운다.
  * 중탕 또는 전자레인지를 사용한다. 전자레인지를 사용할 경우, 짧게 3번 정도 전자레인지에 넣고 빼는 것을 반복하고, 틈틈이 섞어주며 데운다.
4. 젤라틴이 녹으면 물엿, 쇼트닝, 글리세린을 넣고 같이 녹인다. 절대 끓지 않도록 주의한다.
5. ③에 ④와 레몬즙을 넣고 섞는다. 따뜻할 때는 묽다는 느낌이 있으나 식으면 적당해진다.
6. 어느 정도 섞이면 작업대로 옮겨 반죽한다. 많이 치대면 크림색에서 흰색으로 바뀐다.
7. 손에 묻지 않고 깨끗한 상태의 반죽이 되면 랩으로 씌워 공기가 통하지 않게 하고 밀폐용기에 넣어 하루 숙성시킨 후 사용한다. 사용할 때는 다시 치대어 사용한다.
  * 페이스트에 색을 넣고 싶은 경우, 완성된 반죽에 색소를 조금씩 넣으며 본인이 원하는 색상으로 조절한다.

B. 꽃용

사용재료   A. 젤라틴 5g, 물 30g, 슈거파우더A 200g, CMC 15g, 쇼트닝 20g, 물엿 20g
         B. 흰자 40g, 슈거파우더B 250g

1. 슈거파우더A와 CMC를 체온 정도로 데운다.
2. 물에 불려서 중탕한 따뜻한 젤라틴에 쇼트닝과 물엿을 넣고 녹인 후 ①에 넣고 섞는다.
3. 흰자를 30% 정도 거품이 날 때까지 젓는다.
4. 슈거파우더B를 ③에 넣는다.
5. ②와 ④를 섞고 어느 정도 섞이면 크림색에서 흰색이 될 때까지 치댄다.

5. 마지팬 커버링 *Marzipan covering*

1. 완성된 프루츠 케이크의 파인 부분은 마지팬을 조그맣게 떼어내 메워준다.

2. 프루츠 케이크의 윗면, 옆면에 브랜디를 충분히 바른다. 그리고 살구잼에 물을 넣고 끓여서 알맞은 농도가 되면 뜨거울 때 전체적으로 바른다.

   * 브랜디를 바르는 것은 케이크를 오래 보존시키기 위해서이다. 숙성시키는 동안에도 주기적으로 꺼내어 술을 발라준다.

   * 살구잼을 바르는 이유는 마지팬이 잘 밀착하게 하기 위해서이다.

3. 커버링이 가능하도록 밀어 편다. 핀으로 기포를 빼면서 작업한다.

   * 반죽이 너무 묽은 경우 슈거파우더를 넣고 치대어 되기를 조절한다.

4. 케이크 위에 씌우고 스무더로 매끈하게 다듬는다. 조금만 남겨두고 가장자리를 잘라낸 뒤, 스무더를 세워 가장자리를 깔끔하게 다듬는다.

   * 크기는 직경과 높이만큼 계산해서 자르고, 두께는 2~5mm 정도로 한다.

5. 마지팬 위에 브랜디를 다시 충분히 바른다.

   * 브랜디는 슈거와의 접착을 돕고 소독하는 효과가 있다. 브랜디가 발리지 않은 부분은 공기가 들어가 상할 수 있다.

6. 슈거 커버링 *Sugar covering*

1. 하루 숙성시킨 슈거페이스트를 잘 치대어 매끄럽게 만든 후 밀어 편다. 핀으로 기포를 빼면서 작업한다.

   * 이때 작업대에 쇼트닝을 가볍게 바르고 작업하면 편하다.

2. 공기가 들어가지 않도록 접착시킨다.

3. 가장자리 반죽이 수축될 것을 감안해 여유를 두고 자른다.

4. 스무더로 매끈하게 다듬은 후, 남은 슈거페이스트를 깔끔하게 다듬는다.

슈거크래프트의 기법 *Skills*

1. 프릴 *Frill*

프릴은 천과 같은 질감을 표현하는 기법이다. 케이크의 측면과 윗면을 장식하거나 카네이션과 같은 꽃잎을 만들 때도 사용한다. 또 한 겹, 두 겹으로 하거나 부분적으로는 많이 겹치게 하는 등, 여러 가지 형태로 만들 수 있다. 프릴을 만드는 도구는 커터와 스틱이다. 전용 프릴커터가 있긴 하지만, 국화커터와 원형커터를 이용해서도 만들 수 있다. 천처럼 가볍게 보이게 하기 위해 슈거페이스트를 얇게 늘이는 과정에서 페이스트가 건조될 수 있으므로 케이크에 붙이는 과정을 빠르게 하는 것이 중요하다.

2. 테이프 *Tape*

슈거페이스트를 가볍게 늘여서 얇고 긴 테이프처럼 커트하여 양쪽을 꼬아 새끼줄처럼 입체적인 표현을 할 수 있는 기법이다. 기술적으로는 간단하지만 테이프에 장력이 생겨서 끊어질 수도 있기 때문에 길이나 두께에 주의해야 한다. 색이 다른 2장을 겹쳐서 만들면 세련된 멋이 있다. 테이프의 이음매에는 꽃이나 리본을 장식한다.

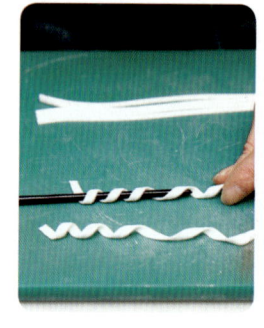 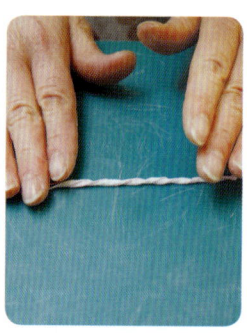

3. 런아웃 *Runout*

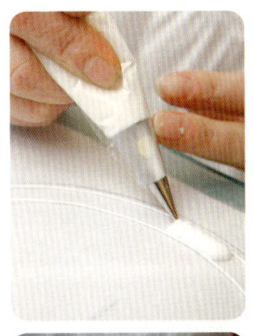

런아웃은 아이싱을 짜서 테두리를 만들고, 그것을 케이크의 주변에 둘러 케이크의 외관을 실제보다 크게 보이게 하거나 모양을 여러 가지로 바꿔 보이게 하는 기법이다. 이 기법에는 케이크의 모서리나 주변에 부분적으로 붙이는 방식과 전체에 1장을 크게 붙이는 방식이 있다. 또 테두리를 둘러서 생긴 공간에 라인이나 도트 등의 작업을 하여 비쳐 보이는 느낌을 만드는 경우도 있다. 이 기법은 테두리를 원하는 형태로 만들 수 있어 응용 범위가 넓은데, 기름종이를 따라 윤곽을 아이싱으로 얇게 짜고, 그 안쪽에 조금 묽게 만든 아이싱을 채우는 작업을 플러딩(flooding)이라고 한다. 플러딩은 아웃라인을 넘어서는 안되지만, 충분히 채우지 않으면 표면이 균일하게 되지 않아 맥없이 갈라지고 만다. 세밀한 부분은 적신 붓을 사용해서 확실히 채우도록 한다. 커다란 형태인 경우는 안쪽까지 건조되는 데 상당한 시간이 필요하다. 내부까지 완전하게 건조시킨 후 케이크에 붙여야 하는데, 암 램프(arm lamp)를 이용해서 건조를 빠르게 하는 것도 하나의 방법이다.

4. 익스텐션 *Extension*

케이크의 측면에 브리지(발판)를 만들고, 거기에 수직으로 위에서 아래로 아이싱(보더)을 짜서 레이스 커튼처럼 만드는 기법이다. 보더 위에 레이스를 작게 붙이거나, 브리지에 도트나 작은 스캘럽을 짜서 장식하기도 한다. 브리지 형태도 여러 가지가 있어서 그 형태가 테이프 형태인 것을 플레인 익스텐션, 스캘럽처럼 둥근 것을 바벨드 익스텐션이라고 부른다. 보더도 겹치거나 교차시켜서 섬세한 연출을 할 수 있다.

이 기법으로 장식하는 케이크는 며칠 전에 미리 슈거페이스트로 커버링하여, 표면을 완전히 건조시킨 상태여야 한다. 또 케이크 보드는 평소보다 큰 것을 사용해서 외부와의 접촉을 방지해야 한다. 보더의 길이는 케이크 높이의 1/2~1/3 사이가 적합한데, 너무 짧으면 보기에 좋지 않고, 너무 길면 보더의 무게로 인해 부서지기 쉽다. 작업을 하는 동안 가끔씩 멀리 떨어져서 보고, 보더와 보더 사이가 일정한지 체크해야 한다.

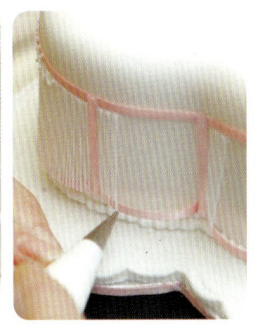

5. 레이스 *Lace*

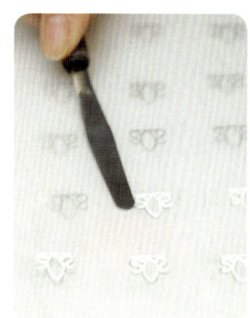

한 부분씩 짜서 만든 장식을 케이크에 붙여서, 레이스처럼 보이게 하는 기법이다. 케이크를 우아하고 섬세해 보이게 하며 프릴이나 익스텐션 등과 조합하면 한층 효과적이다. 밑 그림 위에 왁스페이퍼를 놓고 선을 따라 로열 아이싱을 짠다. 부서지기 쉬우므로 여분을 만든다. 핀셋을 사용해서는 안된다.

레이스가 튼튼한가 부서지기 쉬운가는 아이싱의 상태에 따라 다르기 때문에, 농도를 잘 조절하여 가장 적당한 상태가 되게 한다.

6. 브러시 임브로이더리 *Brush embroidery*

케이크의 윗면이나 측면에 작은 붓을 사용해서 아이싱으로 자수를 한 것처럼 표현하는 기법이다. 평면적인 장식이지만 그리는 방법에 따라 입체감이 생기는 우아한 데커레이션으로서 도안은 꽃이 대부분이다. 바탕과 대비되는 색의 아이싱으로 그리면 눈에 띄는 장식 효과를 얻을 수 있지만 하얀 슈거페이스트에 하얀 아이싱으로 그린 도안과 같은 경우도 빛과 그림자의 대조에 의한 우아한 멋이 있어서 웨딩 케이크에 잘 어울린다.

커버링한 케이크의 표면은 완전히 건조시켜야 하며, 붓은 적당히 적셔야 하지만 너무 많이 적시면 표면에 물이 고이기 때문에 실패하게 된다. 또 붓이 건조하면 아이싱이 거칠어져 울퉁불퉁한 그림이 되기 때문에 주의해야 한다.

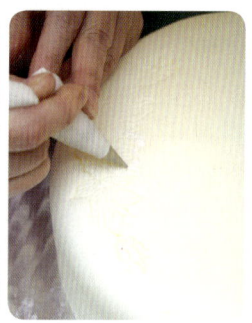

7. 스트링 *String*

얇은 아이싱으로 호(弧)를 만드는 기법이다. 같은 폭으로 길이를 바꿔가며 짜거나, 연속적인 선을 이어놓듯 짜서 역동감을 표현한다. 짜낸 호의 아이싱이 케이크 몸체에서 떨어지도록 주의해야 하는데, 그러기 위해서는 아이싱의 되기를 잘 맞추는 것이 포인트이다. 너무 단단하면 깍지에서 나오지 않고, 너무 묽으면 도중에 끊어져 버리므로 연습을 통해 알맞은 상태를 익히도록 해야 한다.

8. 스모킹 *Smoking*

스모킹 전용 밀대와 핀셋으로 주름을 잡은 다음 일정한 간격의 점들을 색깔있는 아이싱으로 연결해 자수 모양을 내는 기법이다. 스모킹 전용 밀대를 사용하면 기준이 되는 선들을 일정한 간격으로 간편하게 표시할 수 있다. 섬세하고 우아한 느낌을 주는 데커레이션이다.

9. 코넬리 기법 *Cornelli work*

아주 작은 깍지를 사용해서 M과 W를 무작위로 미로처럼 연속해서 짠다. 짠 시작과 끝이 보이지 않도록, 계속 일정한 압력으로 짜는 것이 포인트이다. 케이크의 측면이나 윗면에 짜서 직물 모양을 만드는 장식으로, 틀에 짜는 경우도 있다.

Theme 01 | 봄
Spring

생명이 깨어나는 계절, 봄
축복할 일도, 축하받을 일도 많은 계절이다.
화려한 봄빛으로 채색한 슈거크래프트로
새출발의 기쁨을 나누어 보자.

체리블라섬 *Cherry Blossom*

봄을 대표하는 벚꽃의 화사함을 표현한 작품이다.
흐드러지게 핀 홑벚꽃과 겹벚꽃을 각기 다른 방식으로 만들어 입체감을 더했다.

사용도구 벚꽃커터, 다섯꽃잎툴, 붓, 장미잎커터, 녹색 와이어, 실리콘 잎맥틀, 하드스펀지, 둥근 스틱, 꽃받침커터,
◇◇◇◇◇ 다섯꽃잎커터, 소프트스펀지, 삼각스틱, 니퍼, 가위, 장미꽃잎커터, 뾰족한 스틱

사용재료 가루색소(분홍색, 녹색, 자주색, 노란색), 바니시, 면실, 녹색 플로리스트 테이프, 꽃술

Ⅰ 더미

1. 도톰하게 밀어 편 흰색 페이스트를 씌운 더미를 벚꽃커터로 찍어 모양을 낸다.
2. 끝이 뾰족한 다섯꽃잎툴을 이용해 ①의 벚꽃 중심에 점을 찍는다.
3. 분홍색 아이싱을 짤주머니에 넣고 벚꽃 라인을 따라 짠다.
4. 물기가 있는 붓으로 ③의 아이싱을 끌어당기면서 붓자국을 낸다.
   * 브러시 임브로이더리 기법(22p 참조)을 사용한다.
5. ④가 완전히 마르면 분홍색 가루색소로 더스팅한다.

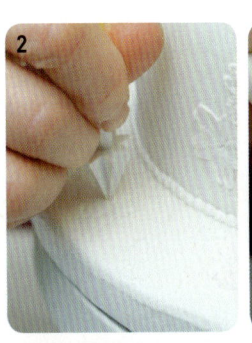
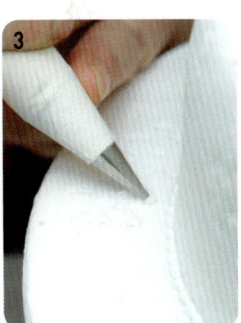

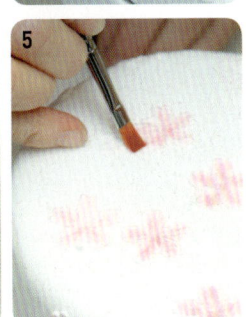

II 잎

  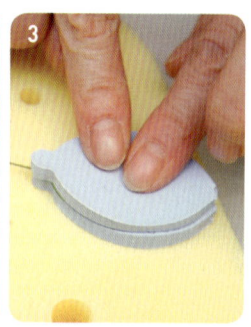

1. 녹색 페이스트를 밀어 편 다음 갈색 페이스트를 약간 올려 다시 밀어 편다.
2. 장미잎커터로 찍은 다음 중앙에 녹색 와이어를 꽂는다.
3. 실리콘 잎맥틀에 ②를 넣고 찍어 무늬를 낸다.
4. ③을 하드스펀지 위에 올리고 둥근 스틱으로 가장자리를 얇게 밀어 편다.
5. ④의 가운데를 반으로 접은 다음 윗부분을 모아 접는다.
6. 전체적으로 녹색 가루색소로 더스팅하고, 와이어 부분은 자주색 가루색소로 더스팅한다.
7. 바니시를 발라 마무리한다.

III 홑벚꽃

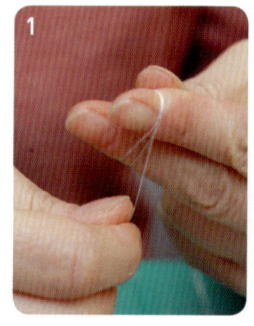 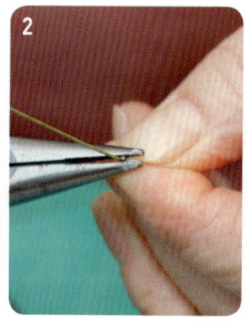 

A 홑벚꽃심

1. 면실을 손가락 2개에 겹쳐 35번 정도 감는다.
2. ①의 양쪽에 녹색 와이어로 만든 고리를 걸어 고정시킨다.
3. 가위로 면실 가운데를 자른다.

4. 밑부분을 녹색 플로리스트 테이프로 감은 다음 적당한 길이로 자른다.
5. ④의 윗부분에 흰자를 바르고 노란색 가루색소를 묻혀 건조시킨다.
* 꽃술은 꽃의 종류에 따라 면실과 흰자를 이용해 직접 만들거나 시중에 나와 있는 꽃술 중 적절한 것을 골라 사용한다.

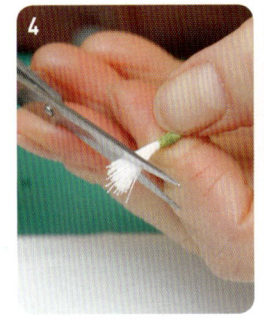 

B 홑벚꽃잎

1. 분홍색 페이스트를 가운데는 두껍게, 가장자리는 얇게 모양 잡는다.
2. 작업대 위에 ①을 올리고 가장자리를 얇게 밀어 편다.
3. 다섯꽃잎커터로 벚꽃잎을 찍는다.
4. 하드스펀지 위에 ③을 올리고 각각의 꽃잎 중앙을 둥근 스틱으로 누른다.
5. ④를 뒤집어 뾰족한 부분을 하드스펀지의 홈에 넣은 다음 가장자리를 둥근 스틱으로 얇게 밀어 편다.
* 하드스펀지의 홈을 이용하면 꽃의 돌출된 부분을 망가뜨리지 않고 작업할 수 있다.
6. 작업대 위에 ⑤를 올리고 각각의 꽃잎 가장자리 중앙을 장미꽃잎커터의 뾰족한 부분으로 찍어 낸다.
7. 소프트스펀지 위에 ⑥을 올리고 각각 꽃잎을 둥근 스틱으로 눌러 오목하게 만든다.
8. 돌출된 부분을 손으로 잡고 가운데에 스틱을 넣어 홈을 만들면서 꽃잎을 양쪽으로 늘려준다.

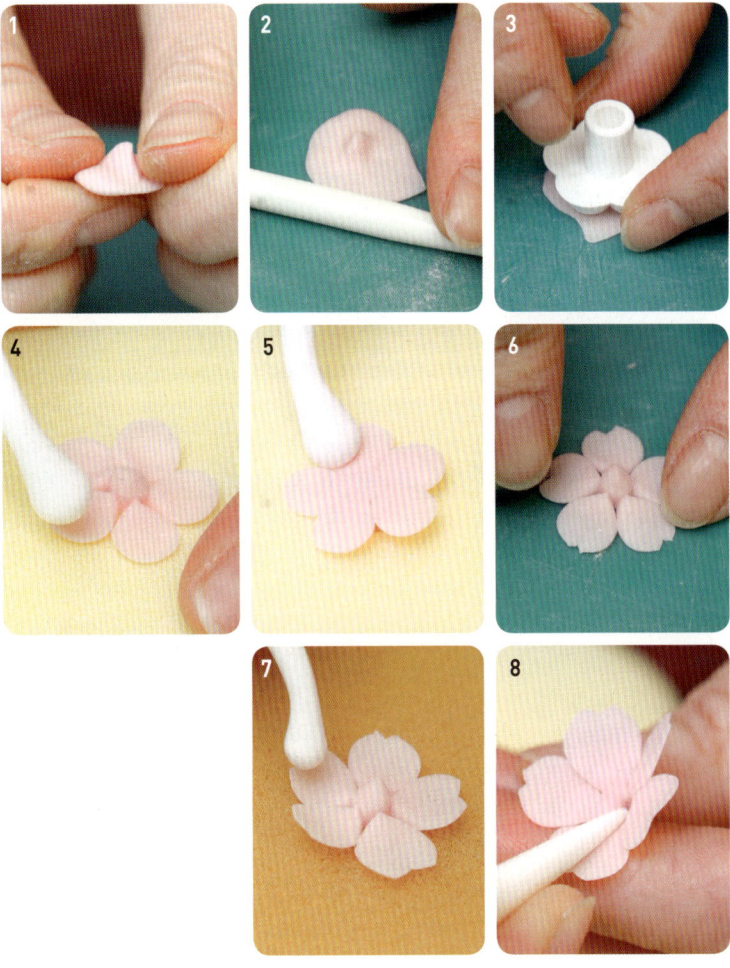

C 조합

1. A(홑벚꽃심)를 B(홑벚꽃잎)의 중앙에 통과시켜 꽂는다.
2. ①을 손으로 만져 꽃잎의 모양을 잡는다.
3. 얇게 밀어 편 녹색 페이스트를 꽃받침커터로 찍은 다음 하드스펀지에 올려 둥근 스틱을 이용해 얇게 밀어 편다.
4. ③을 ②에 꽂은 다음 뾰족한 스틱을 이용해 밀착시킨다.
5. 완전히 건조시킨 다음 ④의 중앙을 분홍색 가루색소로 더스팅한다.

IV 겹벚꽃

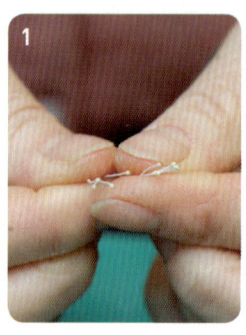
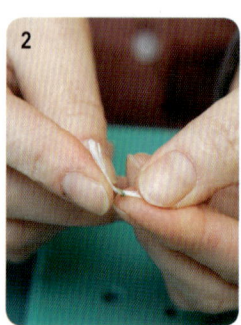
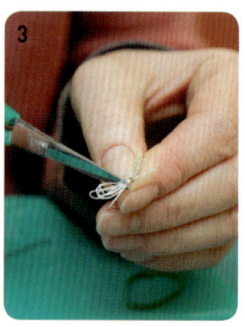

A 겹벚꽃심

1. 끝이 뾰족한 꽃술 4개를 모아 반으로 접는다.
2. 녹색 와이어로 고리를 만든 다음 ①에 걸어 니퍼로 조인다.
3. 여분을 가위로 잘라내고 녹색 플로리스트 테이프로 감싼다.

B 겹벚꽃잎

1. 분홍색 페이스트를 밀어 펴고 다섯꽃잎커터로 찍은 다음 하드스펀지 위에 올려 둥근 스틱으로 가장자리를 얇게 밀어 편다.
2. 작업대에 ①을 올리고 뾰족한 스틱을 이용해 각각의 꽃잎 가장자리를 찢는 느낌으로 늘여준다.
3. 하드스펀지 위에 ②를 올리고 둥근 스틱을 이용해 전체적으로 얇게 밀어 편다.

4. ③을 소프트스펀지 위에 올리고 각각의 꽃잎을 눌러 둥글게 만든다.

5. ④의 중심에 흰자를 발라 A(겹벚꽃심)를 꽂고 꽃잎을 접어 모양을 잡는다. 공정 ①~④를 여러 번 반복하여 ⑤의 꽃에 꽂는다.
   * 꽃잎을 반으로 접은 상태에서 ④의 1/3은 안쪽으로, 1/3은 뒤쪽으로 접어 겹벚꽃을 만든다.

6. 완전히 건조시킨 다음 분홍색 가루색소로 꽃잎의 가장자리를 더스팅한다.

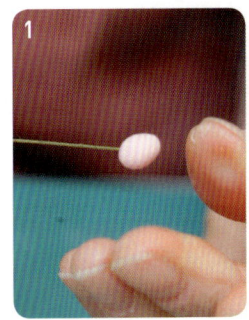
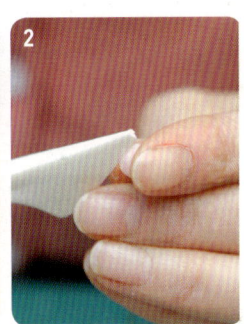

V 꽃봉오리

1. 둥글게 모양 잡은 분홍색 페이스트를 고리를 만든 녹색 와이어에 꽂는다.

2. 삼각스틱을 이용해 ①을 5등분한다.

3. 밀어 편 녹색 페이스트를 꽃받침커터로 찍은 다음 ②에 통과시켜 붙인다. 완전히 건조시킨 다음 꽃봉우리는 분홍색, 꽃받침은 녹색 가루색소로 더스팅한다.

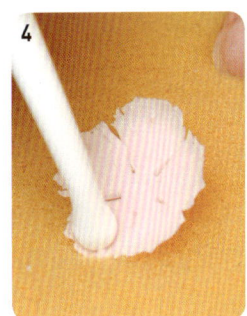

VI 피고 있는 꽃봉오리

1. V(꽃봉오리)의 공정①~②를 한 후에 반복한 다음 IV(겹벚꽃)의 B(겹벚꽃잎) 공정 ①~⑤를 진행한다.

2. 밀어 편 녹색 페이스트를 꽃받침커터로 찍은 다음 ②에 통과시켜 꽂는다.

3. 완전히 건조시킨 다음 꽃봉우리는 분홍색, 꽃받침은 녹색 가루색소로 더스팅한다.
   * 건조되지 않은 상태에서 더스팅할 경우, 붓자국으로 꽃잎의 주름이 망가질 수 있으니 주의한다.

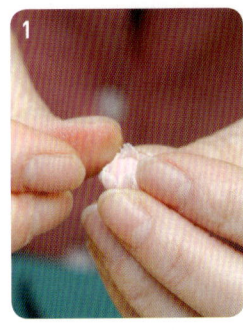

시클라멘 화분 *Cyclamen*

수줍어 보이는 시클라멘(Cyclamen) 봉오리가 하트 모양 잎새들 사이로 다소곳이 피어 있다.
분홍색과 흰색을 그러데이션하여 꽃잎의 결을 보다 생생하게 표현했다.

사용도구 사다리꼴 모양 도안, 종이컵, 가위, 붓, 모양커터, 하트커터(大, 中, 小), 실리콘 잎맥틀, 톱니 모양 주걱, 하드스펀지,
◇◇◇◇◇ 주걱스틱, 면봉, 니퍼, 장미꽃받침틀(大, 小), 가는 스틱, 티슈, 소프트스펀지, 핀셋, 별깍지

사용재료 녹색 와이어(24, 28번), 플로리스트 테이프, 가루색소(녹색, 흰색, 자주색)
알코올, 염색해서 말린 안개꽃, 젤타입색소(빨간색, 밤색, 흰색), 꽃술

I 화분

1. 갈색 페이스트를 도톰하게 밀어 편 다음 사다리꼴 모양의 도안을 대고 자른다.
   * 밤색과 빨간색을 섞어 만든 젤타입색소를 이용해 갈색 페이스트를 만든다.

2. 종이컵 안에 ①을 넣고 모양을 잡아 완전히 건조시킨다.

3. 밀어 편 갈색 페이스트를 ②의 밑부분으로 살짝 눌러 찍는다.

4. 찍힌 원형 모양의 안쪽 선을 따라 가위로 자른다.

5. ④의 안쪽에 흰자를 바르고 ②와 접착시킨다.
   * 페이스트가 건조되면서 수축되기 때문에 화분 안쪽의 페이스트와 ②의 경계 부분을 틈새 없이 꼼꼼하게 눌러가며 연결한다.

6. 갈색 아이싱을 이용해 틈새를 메우고 물기 있는 붓으로 매만진다.

7. 얇게 밀어 편 갈색 페이스트를 모양커터로 찍는다.

8. ⑦에 전체적으로 흰자를 바르고 ⑥의 옆면 위쪽에 띠를 두르며 붙인다.

9. ⑧의 윗부분에 흰자를 바르고 길고 둥글게 만 갈색 페이스트를 붙인다.

II 잎

1. 얇게 밀어 편 녹색 페이스트를 하트커터(大,中, 小)로 찍어낸 다음 실리콘 잎맥틀에 넣고 눌러 잎맥 무늬를 낸다.
2. 톱니 모양의 주걱을 이용해 잎의 가장자리를 바깥으로 긁어 무늬를 낸다.
3. 하드스펀지 위에 올려 둥근 스틱으로 가장자리를 얇게 밀어 편다.
4. 녹색 와이어(28번) 끝에 물을 묻혀 꽂은 다음 잎맥을 중심으로 안으로 살짝 접는다.
5. 티슈로 잎의 아랫부분을 받쳐 완전히 건조시킨다.
6. 잎이 부서지지 않도록 와이어 중간에서부터 녹색 플로리스트 테이프로 감아 위로 밀어 올린다.
7. 녹색 가루색소로 전체를 더스팅하고, 빨간색 가루색소로 줄기 부분과 잎의 가장자리 부분을 더스팅한다.
8. 잎의 뒷면을 흰색 가루색소로 더스팅한다.
9. 잎맥 부분을 흰색 젤타입색소로 그린 다음 면봉에 흰색 젤타입색소를 살짝 묻혀 군데군데 칠한다.

* 물에 닿으면 설탕이 녹기 때문에 알코올을 섞어 젤타입색소의 농도를 조절한다.

III 꽃봉오리

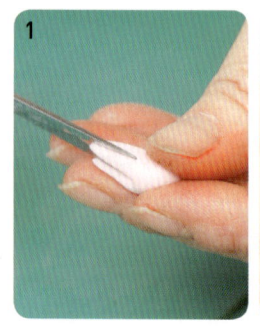 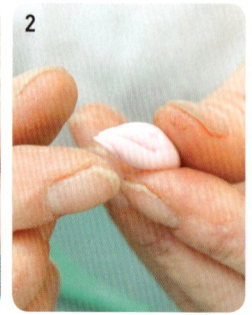 

1. 물방울 모양으로 만든 페이스트에 가위집을 넣어 5등분한다.
2. 끝부분을 잡고 비틀어서 꽃잎이 말린 느낌을 만든다.
3. 녹색 와이어(24번) 끝을 니퍼로 구부려 고리를 만들고 ②를 끼운 후 와이어와 잘붙도록 만져 준다.

4. 얇게 밀어 편 녹색 페이스트를 작은 장미꽃받침 커터로 찍은 다음 끝부분을 잘라 뭉툭하게 모양 낸다.

5. 가는 스틱을 이용해 각각의 꽃받침을 얇게 밀어 프릴을 준다.

6. ③을 ⑤에 끼우고 티슈로 줄기를 감아 굵게 만든다.

7. 녹색 플로리스트 테이프로 감는다.

8. 빨간색과 밤색 가루색소에 알코올을 섞은 다음 붓에 문혀 꽃받침에 모양을 낸다.

9. 빨간색과 밤색 가루색소를 섞어 꽃받침과 줄기 부분을 더스팅한다.

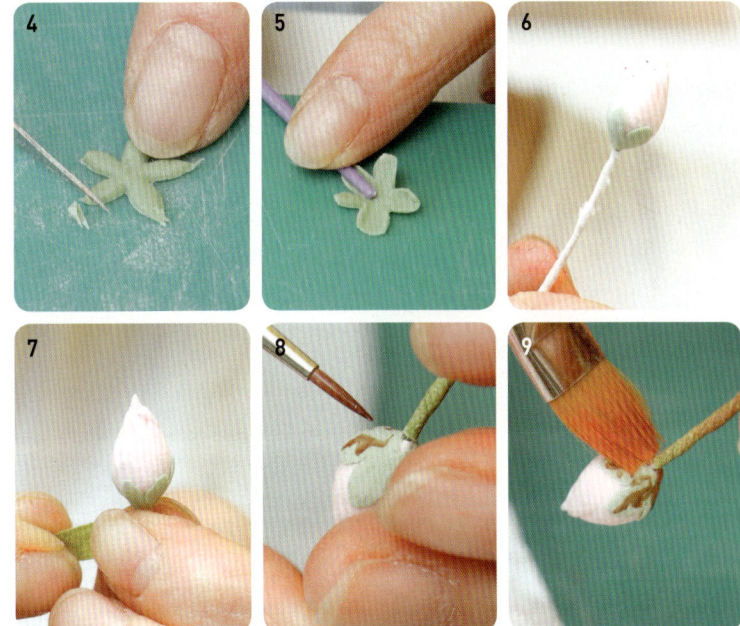

IV 꽃심

1. 니퍼로 녹색 와이어(24번)의 윗부분에 반원 모양의 고리를 만든 다음 직각으로 꺾는다.

2. 분홍색 페이스트를 둥글게 빚은 다음 둥근 막대의 끝부분으로 눌러가며 그릇 모양을 만든다.

3. ①을 ②에 통과시켜 고정시키고 하루 동안 건조한다.

4. 얇게 밀어 편 녹색 페이스트를 작은 장미꽃받침 커터로 찍은 다음 끝부분을 잘라 뭉툭하게 모양 낸다.

5. 가는 스틱을 이용해 각각의 꽃받침을 얇게 밀어 프릴을 준다.

6. 흰자를 바른 ⑤에 ③을 통과시켜 완전히 밀착시킨다.

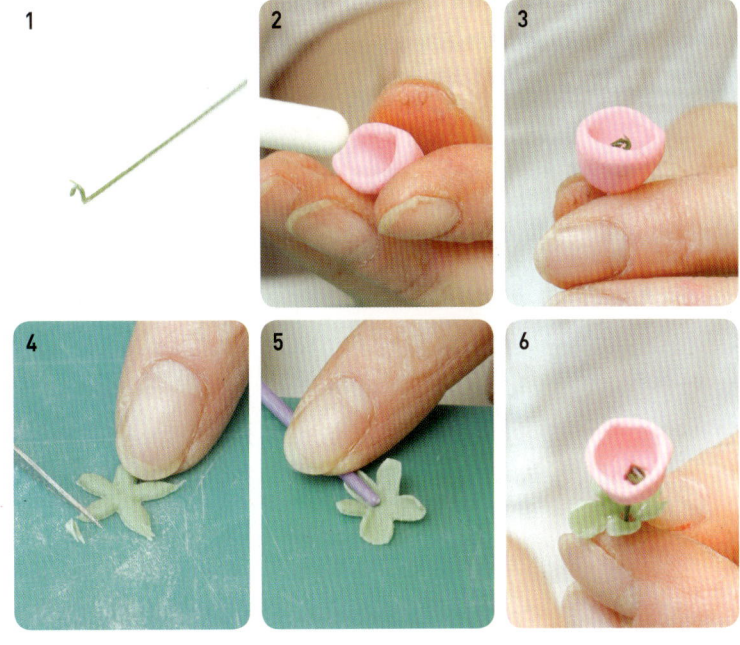

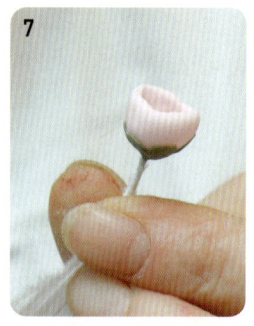

7. 티슈로 줄기를 감아 굵게 만든다.

8. 녹색 플로리스트 테이프로 감는다.

9. 빨간색과 밤색 가루색소에 알코올을 섞은 다음 붓에 묻혀 꽃받침에 모양을 낸다.

10. 빨간색과 밤색 가루색소를 섞어 꽃받침과 줄기 부분을 더스팅한다.

11. 니퍼를 사용해 꽃심의 윗부분을 구부린다.

* 완성된 꽃마다 줄기가 구부러진 정도에 약간의 차이를 두어 보다 자연스럽게 표현한다.

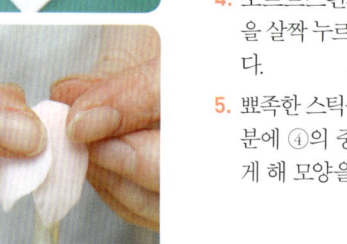
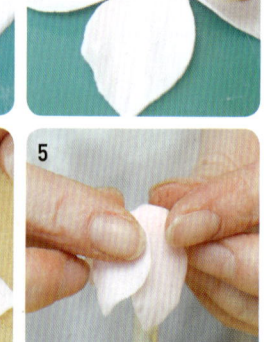

V 꽃잎

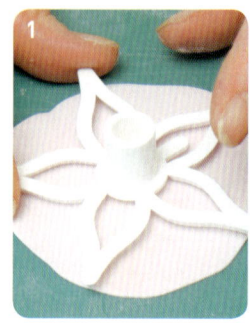

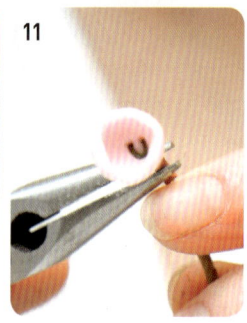

1. 분홍색 페이스트를 밀어 편 다음 큰 장미꽃받침 커터로 찍는다.

2. ①의 꽃잎과 꽃잎 사이를 깊게 자르고, 꽃잎의 끝부분을 잘라 너무 뾰족하지 않게 모양 낸다.

3. 스틱으로 꽃잎 부분을 밀어 프릴을 준다.

* 골이 파인 스틱(flower & leaf aid tool)의 미세한 무늬로 꽃잎이나 잎의 프릴을 세밀하게 표현하는 것이 가능하다.

4. 소프트스펀지에 올려 둥근 스틱으로 꽃잎 중앙을 살짝 누르고 꽃잎 가장자리를 부드럽게 만든다.

5. 뾰족한 스틱을 하드스펀지 구멍에 꽂고 둥근 부분에 ④의 중심을 올린 후 꽃잎은 아래를 향하게 해 모양을 잡아준다.

VI 꽃

1. 꽃심에 꽃잎을 끼운다.
2. 각각의 꽃잎 가장자리를 손으로 잡아 모양 낸다.
3. 모양 낸 꽃잎을 한꺼번에 잡아 줄기쪽으로 모아 준다.
4. 니퍼를 사용해 줄기를 직각으로 꺾는다.
5. 꽃잎이 아래를 향하게 해서 완전히 건조시킨다.
6. 꽃심 부분은 자주색 가루색소로, 꽃잎 부분은 자주색과 흰색 가루색소를 섞어서 옅게 더스팅 한다.
   * 붓으로 꽃잎의 안쪽에서 바깥쪽으로 쓸어내듯 더스팅한다.
7. 꽃술을 적당한 길이로 잘라 갈색 가루색소로 더스팅한다.
8. 꽃심의 안쪽 부분에 갈색 아이싱을 별깍지로 짜 주고 핀셋을 이용해 꽃술을 심는다.

VII 마무리

1. 화분에 녹색 페이스트를 채워 넣는다.
2. 염색해서 말린 안개꽃 ① 안에 채워 넣는다.
3. 꽃, 꽃봉오리, 잎을 보기 좋게 배치한다.

꽃과 나비 *Rose & Butterfly*

탐스러운 장미를 리본과 레이스 하트로 장식하여 포인트를 주고 색의 명도를 달리한 작은 꽃송이를
아지랑이처럼 배치했다. 주변에 내려앉은 나비 장식들과 어우러져 더욱 스위트한 느낌을 준다.

사용도구   나비커터(大, 小), 주걱스틱, 티슈, 붓, 하트커터(大, 中), 원형깍지(1, 2번), 왁스페이퍼, 장미잎커터, 실리콘 잎맥틀,
◇◇◇◇◇   장미꽃잎커터, 니퍼, 하드스펀지, 이쑤시개, 둥근 막대, 꽃 플런저, 둥근 스틱

사용재료   녹색 와이어(22, 26번), 가는 플로리스트 테이프, 가루색소(녹색, 분홍색, 빨간색, 은색 펄)

I 나비

A 앉은 나비

1. 흰색 페이스트를 1mm 두께로 밀어 펴고 나비커
   터(小)로 찍은 다음 커터에서 빼내기 전 손으로
   만져 매끄럽게 한다.
2. 찍어낸 나비를 중앙에서 바깥으로 밀어내듯 매
   만져 잘린 부분을 깔끔하게 정리한다.
3. 삼각스틱을 이용해 나비의 중앙에 선을 넣고
   반으로 살짝 접은 다음 티슈로 고정해 완전히
   건조시킨다.
4. 붓으로 나비의 표면에 물을 살짝 바른 다음 펄
   로 더스팅한다.

* 커터에 콘스타치를 묻혀 찍으면 반죽이 깔끔하게 떨어
  진다.

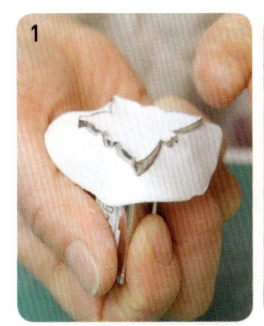
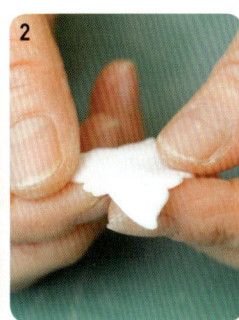

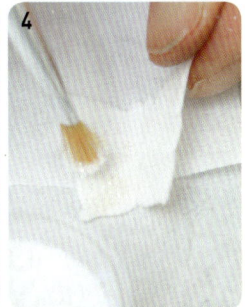

B 하트 나비 장식

1. 흰색 페이스트를 1mm 두께로 밀어 펴고 큰 하트
   커터로 찍은 다음 중간 크기 하트커터로 중앙을
   찍어낸 후 나비커터(大)를 이용해서 A(앉은 나
   비)의 공정 ③까지 반복한다.
2. ①을 하트에 붙이고 날개 끝에 티슈를 놓아 약
   간 뜬 느낌으로 건조시킨다.

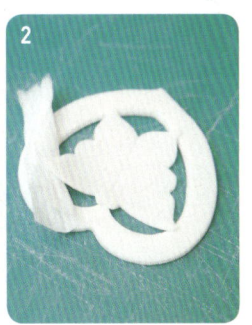

Ⅱ런아웃 하트

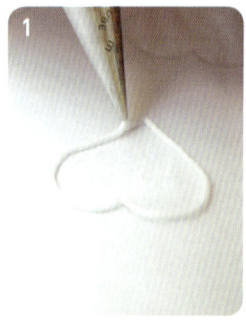  

1. 하트 그림 위에 왁스페이퍼를 덮고 로열 아이싱으로 선을 따라서 짠 다음 물기가 있는 가는 붓으로 선을 움직여 매끄럽게 수정한다.

* 2번 원형깍지로 아이싱의 늘어나는 성질을 이용해 밑그림을 따라 떨어뜨리는 느낌으로 작업한다.

2. 묽은 로열 아이싱으로 하트 안쪽을 채우고 물기가 있는 가는 붓으로 정리한다.

3. 완전히 건조시킨 다음 왁스페이퍼에서 떼어낸 하트의 뒷부분에 로열 아이싱을 고르게 펴 바르고 리본을 놓은 다음 또 다른 하트로 덮는다.

4. 틈의 안쪽을 로열 아이싱으로 채우고 붓으로 깔끔하게 정리한다.

5. 옆면에 로열 아이싱으로 레이스를 짜준다.

6. 은색 펄로 더스팅한다.

Ⅲ그러데이션 장미

A 꽃

1. 녹색 와이어(22번) 끝을 니퍼로 구부려 고리를 만든다.

2. 물방울 모양으로 만든 페이스트를 ①에 끼워 꽃심을 만들고 하루 동안 건조시킨다.

* 평소 쓰고 남은 페이스트로 심을 만들어 놓으면 버리는 페이스트 없이 알뜰하게 사용할 수 있다.

3. 분홍색 페이스트를 얇게 밀어 펴 꽃심보다 5mm 큰 사이즈의 장미꽃잎커터로 찍은 다음 하드스펀지 위에 올려 주걱스틱으로 끝부분의 중심부터 균형을 맞추며 얇게 펴준다.

* 프릴을 주는 것은 아니다.

4. 심에 전체적으로 물을 바른 후 꽃심보다 꽃잎이 조금 위로 올라오게 감싼다.

5. 위에서 봤을 때 꽃심이 보이지 않도록 이쑤시개를 이용해 완전히 막는다.

* 약간 피려는 꽃을 표현하고자 한다면 이쑤시개를 이용해 페이스트를 바깥쪽으로 살짝 열어주면 된다.

* 밑부분에서 여분의 페이스트를 떼어낸다.

6. 꽃잎의 중앙에 심을 대고 2장의 꽃잎을 교차시켜 감싸듯 붙인다.

 * 심의 높이와 꽃잎의 높이가 같도록 붙인다.

7. 분홍색 페이스트와 동량의 흰색 페이스트를 섞어 연분홍색 페이스트를 만든다.

 * 이런 방법으로 흰색 페이스트를 섞어 나가면 그러데이션 효과를 줄 수 있다.

8. 연분홍색 페이스트를 얇게 밀어 펴 장미꽃잎커터로 찍고 주걱스틱으로 가장자리를 얇게 편 후 소프트스펀지에 놓고 둥근 스틱으로 꽃잎의 중앙을 둥글려 약간 말린 느낌을 준다.

 * 둥근 스틱이 없는 경우 오므린 손에 놓고 꽃잎의 중앙을 손가락으로 누르면 된다.

9. 꽃잎 3장을 교차되게 붙이고 스틱을 이용해 꽃잎의 붙은 면을 뒤로 살짝 젖혀준다. 그리고 같은 방법으로 꽃잎 5장을 교차하듯 붙인다.

10. 연분홍색 페이스트와 동량의 흰색 페이스트를 섞어 얇게 밀어 펴고 기존의 장미꽃잎커터보다 한 사이즈 큰 커터로 찍은 다음 ⑧~⑨와 같은 방법으로 꽃잎 여러 장을 교차하듯 붙여서 꽃을 만든다.

 * 더 큰 꽃을 만들기 위해서 한 사이즈 큰 커터를 이용한다.
 * 꽃의 균형에 맞추어 꽃잎의 장수를 늘린다. 1, 3, 5, 7, 9 등 홀수 형태로 늘리는 것이 일반적이다.

11. 분홍색 가루색소를 붓에 묻혀 티슈에 살짝 털어낸 후 장미꽃 중심부터 전체적으로 더스팅한다.

B 잎

1. 녹색 페이스트를 얇게 밀어 펴 장미잎커터로 찍어내고 가장자리를 손으로 만져 매끄럽게 한 다음 실리콘 잎맥틀 사이에 넣고 찍어 잎맥 무늬를 낸다.

2. 주걱스틱을 이용해 가장자리를 얇게 펴 준다.

3. 녹색 와이어(26번)의 끝에 물을 묻혀서 ②에 통과시켜 꽂는다.

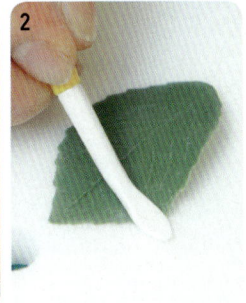

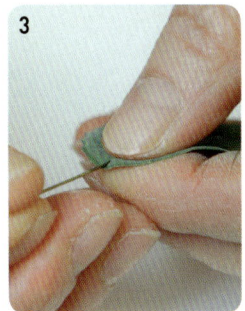

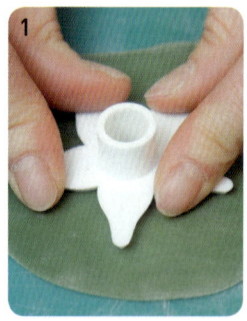

4. 반쯤 접어 약간 오므린 후 굴곡진 곳에 놓아 완전히 건조시킨다.
5. 전체적으로 녹색 가루색소를 더스팅한 다음 빨간색 가루색소로 잎의 중심선과 앞뒷면의 가장자리부터 안쪽으로 더스팅한다.
6. 바니시를 발라 광택을 준다.

C 꽃받침

1. 녹색 페이스트를 얇게 밀어 펴 꽃받침커터로 찍는다.
2. 5장의 꽃받침 중 마주보는 2장에는 1개씩, 나머지 3장에는 2개씩 칼집을 넣는다.
3. 하드스펀지에 올리고 스틱으로 꽃받침의 끝부분을 끌어당기면서 얇게 펴준다.

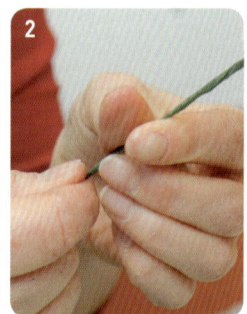

D 조합

1. 꽃받침 가운데에 물을 묻히고 장미꽃을 끼워 넣는다.
   * 약간 공간을 띄우고 붙인다.
2. 두꺼운 와이어를 대고 가는 플로리스트 테이프를 당기면서 감는다.
3. 동그랗게 빚은 녹색 페이스트를 와이어에 끼우고 물을 묻혀 꽃받침에 붙여서 꽃받침과 줄기의 자연스러운 경계를 만든다.
4. 녹색 가루색소로 더스팅한다.

IV 작은 꽃

1. 분홍색 페이스트를 얇게 밀어 편 다음 꽃 플런 저로 찍는다.
2. 플런저에서 빼내기 전 손으로 만져 매끄럽게 한다.
3. 찍어낸 꽃잎을 하드스펀지에 올리고 가장자리 를 둥근 스틱으로 문질러 얇게 편다.
4. ③을 소프트스펀지에 올리고 둥근 스틱을 이용 해 둥글게 모아준다.

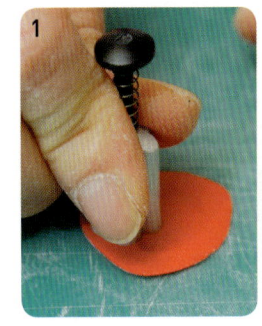 

V 마무리

1. 로열 아이싱을 하트 나비 장식의 윗부분과 아랫 부분에 바르고 장식의 밑부분에 힘을 줘 케이크 에 고정시킨다.
2. 짤주머니로 작은 꽃의 뒷면에 로열 아이싱을 바 르고 케이크의 옆면에 붙인다.
3. 둥글게 뭉친 페이스트에 로열 아이싱을 묻혀 케 이크의 윗면에 붙인 후 레이스 하트를 세워서 고 정시킨다.
4. 장미꽃, 잎, 리본, 나비 순으로 장식해 마무리 한다.

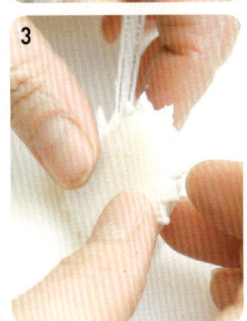 

봄날의 연인 *Couple painting*

아이싱의 재료는 슈거파우더와 흰자. 간단한 재료지만 미묘한 농도의 차이를 이용해 다양한 질감을 표현할 수 있다.
아이싱만의 매력을 살려 포옹하는 연인을 중앙에 그리고, 런아웃 방식으로 제작한 틀을 얹어 입체적인 느낌을 살렸다.

사용도구 스패츌러, 연필, 종이띠, 별깍지, 트레이싱 페이퍼, 붓, 이쑤시개, 원형깍지(1, 2번)
◇◇◇◇◇◇
사용재료 젤타입색소(밤색, 검정색, 녹색, 분홍색)

아이싱의 종류와 용도

* 모든 아이싱을 만들 때에는 슈거파우더와 흰자를 섞은 다음 광택이 날 때까지 15분 이상 섞는다.

〈1번 아이싱〉
흰자의 양을 많이 하여 주르륵 흘러 퍼지는 농도로 만든다.

〈2번 아이싱〉
글씨, 접착, 런아웃용 아이싱은 흰자의 양을 적게 하여 뿔처럼 서는 농도로 만든다.

〈3번 아이싱〉
1과 2의 중간 농도로 만든다.

Ⅰ 더미

1. 작업대에 〈1번 아이싱〉을 붓고 스패츌러로 펴 공기를 뺀다.

* 공기를 빼지 않으면 건조되면서 공기구멍 자국이 그대로 남는다.

2. 더미를 ①로 덮어 씌워 아이싱한 다음 건조시키고, 이 과정을 두세 번 반복한 후 깔끔하게 정리한다.

3. 밑면에 아이싱을 바르고 완전히 건조시킨 ②를 올려 고정시킨다.

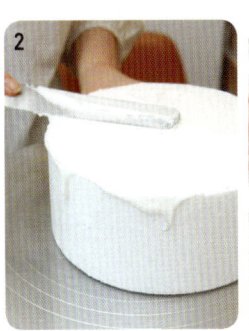

A 밑준비

1. 종이띠를 더미에 둘러 길이를 잰다.
2. 종이띠를 반으로 접은 다음 다시 각각 반으로 접어 4등분한다. 접힌 부분을 중심으로 선을 긋고 그 양옆으로 간격을 두고 선을 긋는다. 각각의 표시한 위치에 원하는 무늬를 그려 넣는다.
3. ②를 더미에 두르고 종이띠에 표시된 부분을 연필로 표시한다.
4. 무늬의 중심을 연필로 찍어 자국을 낸다.

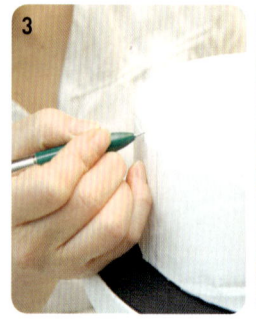

B 장식

1. 연필로 미리 표시한 선에 〈2번 아이싱〉을 길게 짠 다음 양옆으로 이어진 하트 무늬를 짠다.
2. 녹색 젤타입색소를 섞은 아이싱으로 줄기와 넝쿨을 짠다.
3. 흰색 아이싱으로 7개의 점을 원형으로 짠다.
4. 분홍색 젤타입색소를 섞은 아이싱으로 꽃잎의 바깥 부분에서 중심으로 짠다.
5. ④의 중심에 흰색 아이싱으로 7개의 점을 짠다.

C 마무리

1. 더미와 밑면 사이에 별깍지를 끼운 아이싱으로 쉘 장식을 짠 다음 완전히 건조시킨다.
2. 분홍색 아이싱과 녹색 아이싱으로 점을 짜서 장식한다.
3. 분홍색 아이싱으로 밑면에 물결 무늬를 짠다.

Ⅲ 윗면

A 밑그림

1. 트레이싱 페이퍼에 원하는 그림을 그린 다음 뒤집어서 연필로 따라 그린다.
2. 케이크 윗면에 ①을 뒤집어서 올리고 연필로 따라 그려 자국을 남긴다.

 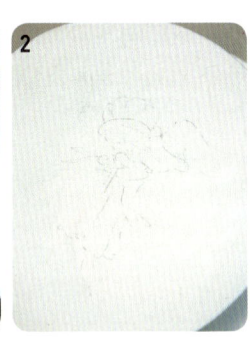

B 장식

1. 밤색 젤타입색소를 약간 섞은 〈3번 아이싱〉으로 눈을 제외한 얼굴 부분을 테두리에서 안쪽으로 채운다.
2. 물기가 있는 붓으로 구석구석 끌어당기듯 채운 다음 매끄럽게 정리한다.
3. 검정색 젤타입색소를 약간 섞은 아이싱으로 바지 부분을 채운 다음 물기가 있는 붓으로 다듬는다.
4. 같은 방법으로 아이싱을 얼굴과 얼굴에서 먼 부분 순서로 채워 나간다.
   * 아이싱이 마를 시간을 주기 위해서이다.
   * 아이싱을 빨리 마르게 하려면 500w 백열등을 아이싱에 쬐어주면서 작업한다. 기포 없이 표피가 그대로 마른다.
5. 밤색 아이싱으로 머리카락을 짠다.
6. 마른 붓으로 ⑤의 표면을 쓸어내려 머리카락 느낌을 살린다.

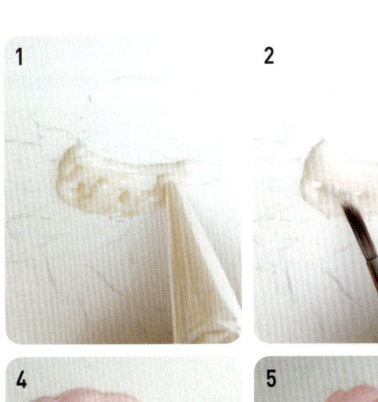 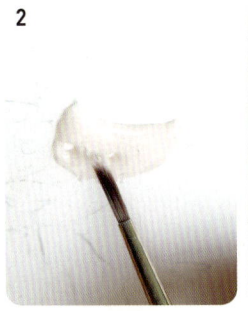 

7. 흰색 아이싱으로 소매 부분을 채운다.

8. 흰색 아이싱을 짠 다음 물기가 있는 붓으로 다듬어 코를 표현한다.

9. 검정색 젤타입색소를 이쑤시개로 찍은 다음 눈을 표현한다.

10. 마른 붓에 밤색 젤타입색소를 약간 묻힌 다음 속눈썹을 표현한다.

11. 이쑤시개에 분홍색 젤타입색소를 묻혀 입을 그린다.

IV 장식틀 (Run out collar)

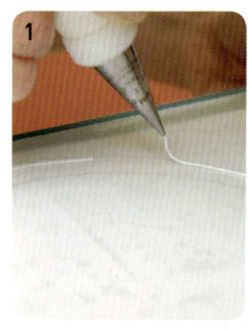
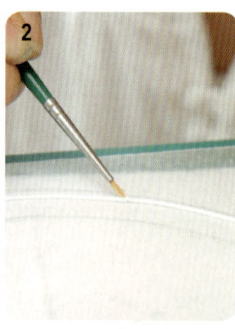
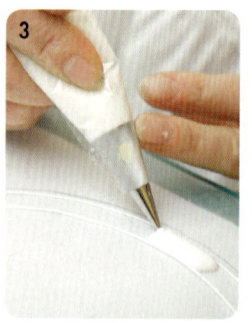
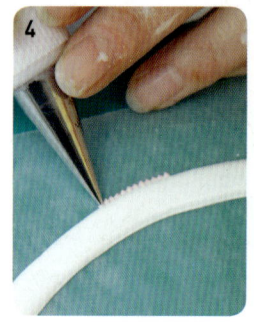
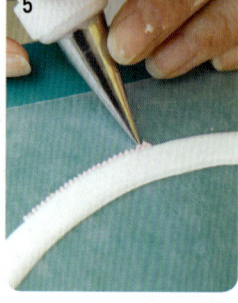
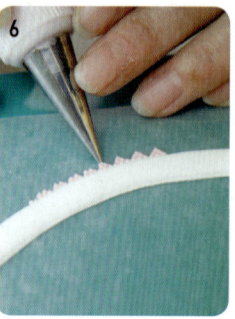

A 원형 장식

1. 왁스페이퍼에 케이크 윗면보다 작은 사이즈로 두 겹의 원을 그린 다음 원형깍지(1번)로 〈2번 아이싱〉을 떨어뜨려 선을 그린다.

2. 아이싱이 만나는 부분은 물기가 있는 붓으로 만져 매끄럽게 한다.

* 안쪽의 원형도 그린다. 선이 삐뚤어진 경우, 아이싱이 마르기 전 붓으로 움직여 그림에 맞춘다.

3. 아이싱이 마르면 두꺼운 원형깍지(2번)로 〈1번 아이싱〉을 두 선의 사이 공간에 채운다.

4. ③이 완전히 마르면 원형깍지(1번)로 분홍색 아이싱으로 ④의 둘레에 뾰족한 점을 짠다.

5. ④가 마르면 뾰족한 점을 3개씩 짝지어 아이싱으로 사이를 채워 연결한다.

6. ⑤가 마르면 연결된 아이싱 가운데에 뾰족한 점을 짜 삼각형을 만든다.

B 사각형 장식

1. A(원형 장식)의 공정 ①~④와 같은 방법으로 사각형의 틀을 만든 다음 면과 면이 맞닿도록 녹색 아이싱으로 넝쿨 무늬를 짠다.

2. ①의 중심 부분에 분홍색 아이싱으로 꽃을 짠다.

3. 흰색 아이싱으로 틀의 곡선 부분에 장식을 짠다.

4. 틀의 가장자리에 A(원형 장식)의 공정 ④~⑥과 같은 방법으로 삼각형을 만든다.

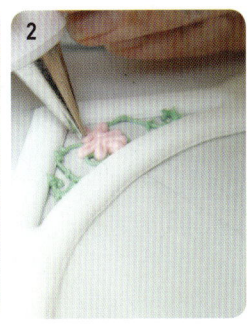
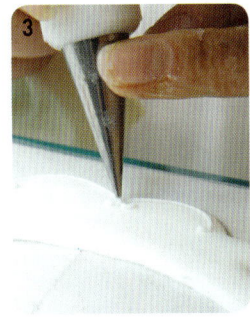

C 조합

1. B(사각형 장식)의 원형 부분에 아이싱을 짠 다음 A(원형 장식)를 올려 고정 시킨다.

2. 케이크 윗면 둘레에 아이싱을 짠 다음 ①을 올려 고정시킨다.

V 새 장식

1. 왁스페이퍼에 흰색 〈2번 아이싱〉으로 새의 날개 모양을 짠다.

2. 케이크 윗면에 흰색 아이싱으로 몸통을 짠다.

3. ②가 마르기 전 완전히 마른 ①을 붙여 고정시 킨다.

봄을 틔우는 자목련 *Magnolia*

만개한 자목련(Purple Magnolia)과 아직 봄을 틔우는 꽃봉오리를 풍성하게 표현한 작품이다.
케이크 주위에 두른 나뭇잎 장식이 이채롭다.

사용도구 왁스페이퍼, 원통, 니퍼, 삼각스틱, 목련꽃잎커터(大, 中, 小), 둥근 스틱, 하드스펀지, 작은꽃 플런저, 핀셋, 가위

사용재료 두꺼운 도화지, 잎 모양 본, 녹색 리본, 면틸, 원형깍지(1번), 흰색 와이어(22번), 녹색 젤타입색소, 알코올,
말린 옥수수 잎, 가루색소(자주색, 노란색, 갈색, 녹색 펄), 갈색 플로리스트 테이프, 꽃술, 리본

I 잎

1. 두꺼운 도화지로 잎 모양 본(반쪽)을 만든 다음 녹색 리본에 대고 오린다.
2. ①과 같은 모양의 잎 그림 위에 왁스페이퍼를 덮어 원통에 붙이고 면틸을 덮어 고정시킨다.
   * 나일론 틸은 뻣뻣해서 구부러진 잎 모양을 내기에 적절하지 않다.
3. 로열 아이싱으로 ①을 ②에 고정시킨 다음 잎의 중앙에서부터 로열 아이싱으로 선을 따라 짠 후 건조시킨다.
   * 아이싱의 늘어나는 성질을 이용해 밑그림을 따라 떨어뜨리는 느낌으로 작업한다.
4. 완전히 마르면 여분의 틸을 잘라낸다.

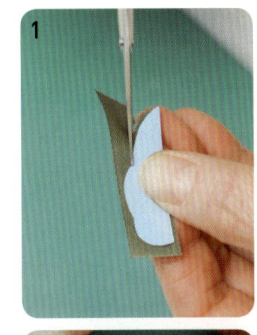
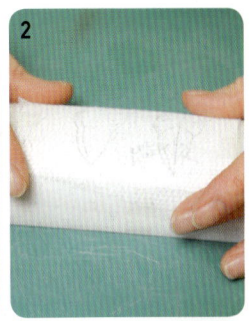

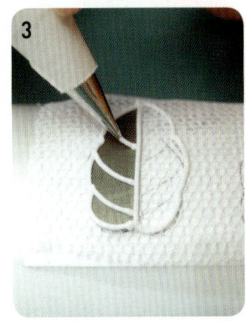
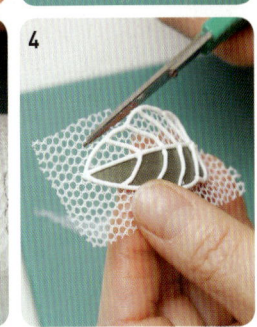

II 꽃봉오리

1. 흰색 와이어(22번) 끝을 니퍼로 구부려 고리를 만들고 물방울 모양으로 만든 페이스트를 끼운다.
2. 삼각스틱을 이용해 ①의 둘레에 5개의 깊은 선 자국을 낸다.
3. 녹색 젤타입색소에 알코올을 섞어 ②에 전체적으로 색을 입힌다.

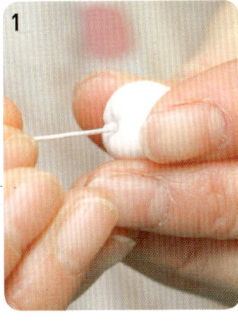
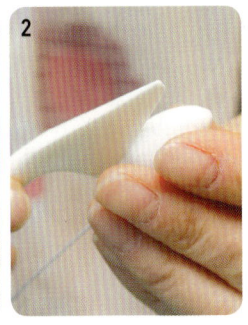

4. 와이어 부분을 갈색 플로리스트 테이프로 감는다.

5. 꽃봉오리에 펄을 발라 솜털을 표현한다.

Ⅲ 꽃

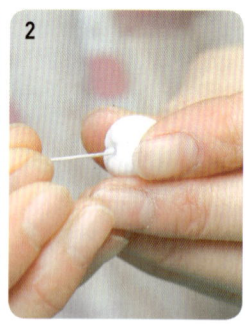

A 꽃심

1. 흰색 와이어(22번) 끝을 니퍼로 구부려 고리를 만든다.

2. ①에 물방울 모양으로 만든 페이스트를 끼워 꽃심을 만든다.

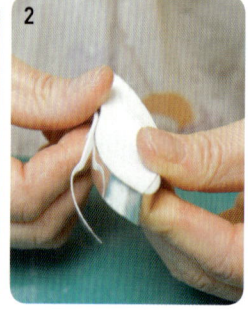
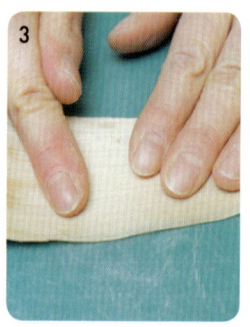

B 꽃잎

1. 흰색 페이스트를 안쪽에서 바깥쪽으로 얇게 밀 어 편다.

2. 목련꽃잎커터(大,中)로 각각 3장의 꽃잎을 찍어 낸 후 손으로 매만져 부드럽게 한다.

3. 말린 옥수수 잎에 ②를 올리고 또 다른 옥수 수 잎으로 눌러 잎맥 무늬를 낸다.

4. 하드스펀지 위에 올려 둥근 스틱으로 끝부분 의 중심부터 균형을 맞추며 얇게 편다.

C 조합

1. 꽃심에 물칠해 큰 꽃잎을 붙이고 안쪽으로 굴곡을 주어 모양을 잡는다.
2. 나머지 큰 꽃잎 2장도 같은 방법으로 붙이고 거꾸로 숙여 말린다.
3. 건조된 ②의 약간 아래쪽으로 중간 크기의 꽃잎 3장을 붙인다.
4. 자주색 가루색소로 꽃의 아랫부분과 꽃심을 더스팅한다.
5. 노란색과 갈색 가루색소를 섞어서 꽃의 끝부분을 살짝 더스팅한다.
6. 굵은 와이어를 대고 갈색 플로리스트 테이프를 당기면서 감아준다.

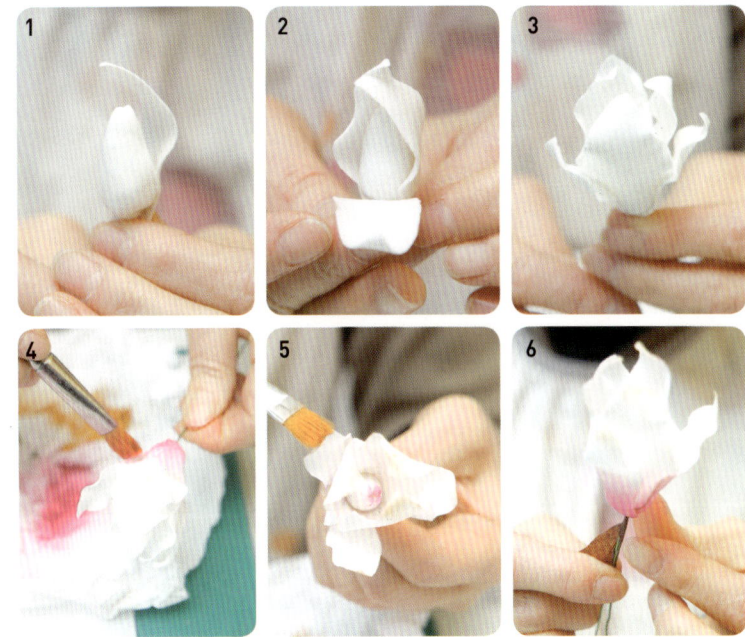

IV 만개한 꽃

A 꽃심

1. 흰색 와이어(22번) 끝을 니퍼로 구부려 고리를 만든다.
2. ①에 물방울 모양으로 만든 페이스트를 끼워 꽃심을 만든다.
3. 작은 꽃 플런저로 윗부분의 뾰족한 부분을 찍어 홈을 만든다.
4. 손으로 매만져 둥글게 모양을 잡는다.
5. 여러 개의 꽃술을 모아 구슬 부분을 잘라낸다.
6. 양쪽 끝부분을 가위로 말아 커브를 준다.

* 일반 실은 힘이 없어서 페이스트에 꽂을 수 없기 때문에 반드시 줄기가 뻣뻣하게 마감된 꽃술을 이용한다.

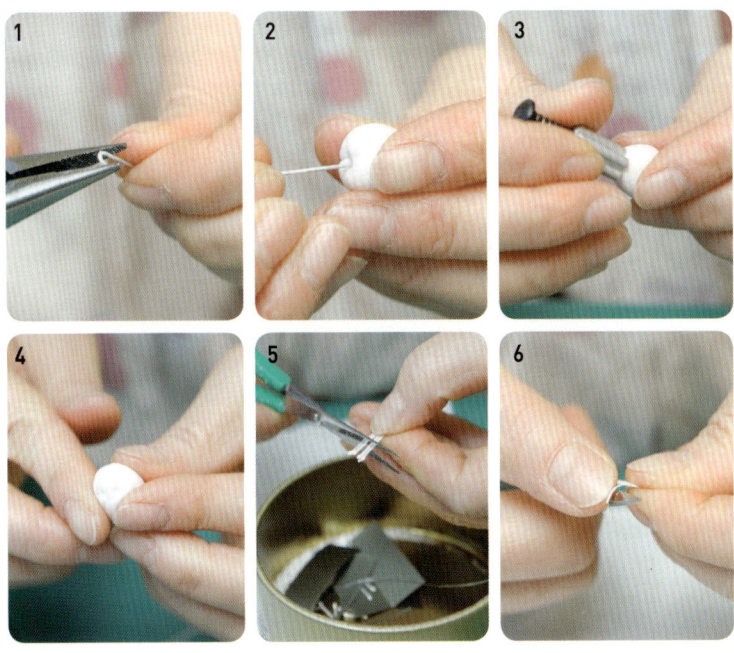

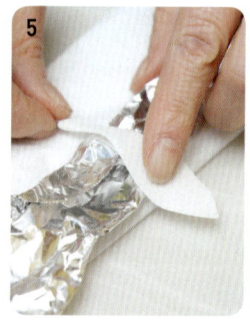

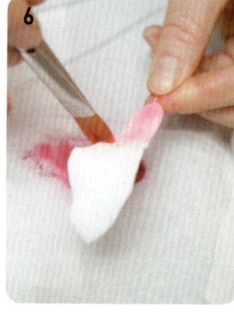

7. 핀셋으로 ⑥을 ③의 홈에 하나씩 심는다.

8. ⑦의 윗부분을 자주색 가루색소로 더스팅한 후 밑부분을 녹색 가루색소로
   더스팅한다.

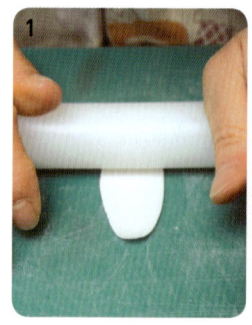

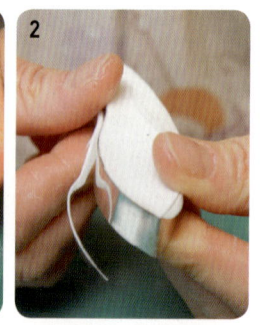

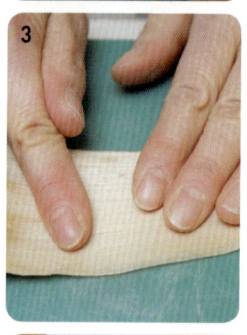

B 꽃잎

1. 흰색 페이스트를 안쪽에서 바깥쪽으로 얇게 밀
   어 편다.

2. 목련꽃잎틀(大,中,小)로 각각 3장씩 찍어내고 손
   으로 매만져 부드럽게 한다.

3. 말린 옥수수 잎에 ②를 올리고 또 다른 옥수수
   잎으로 눌러 잎맥 무늬를 낸다.

4. 하드스펀지 위에 올려 스틱으로 끝부분의 중심
   부터 균형을 맞추며 얇게 편다.

5. ④에 와이어 끝에 물을 묻혀 꽂은 후 굴곡진 곳
   에서 말린다.

   * 포일을 뭉쳐 굴곡이 있는 플라워 스탠드를 만들어 사용
   한다.

6. 자주색 가루색소로 꽃잎의 아랫부분부터 더스
   팅하고 노란색과 갈색 가루색소를 섞어 꽃잎 가
   운데를 살짝 더스팅한다.

C 조합

1. 꽃심에 중간 크기의 꽃잎 3장을 배치한 후 얇은 와이어로 고정시킨다.
2. ①의 사이사이에 큰 꽃잎 3장을 배치한 후 얇은 와이어로 고정시킨다.
3. ②의 약간 아랫부분에 작은 크기의 꽃잎 3장을 배치한 후 와이어로 고정시킨다.
4. 굵은 와이어를 대고 갈색 플로리스트 테이프를 당기면서 감아준다.

V 마무리

1. 잎의 윗부분과 아랫부분에 로열 아이싱을 바른다.
2. 커버링한 케이크를 일정한 간격으로 8등분해 ①을 아래쪽에 둘러 붙이고 여분의 아이싱은 붓으로 닦아낸다.
3. 둥글게 뭉친 페이스트에 로열 아이싱을 묻혀 케이크의 윗면에 붙인다.
4. 꽃봉오리, 꽃, 만개한 꽃을 배치하고 갈색 플로리스트 테이프를 감아 다발을 만든다.
5. 꽃을 꽂아 고정시킨다.
6. 리본을 꽂아 마무리한다.

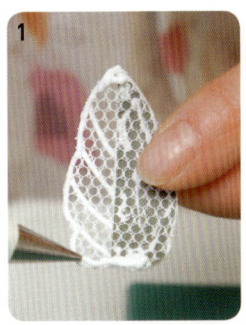 

천국의 봄노래 *Angel & Indian Strawberry*

리본과 레이스, 꽃모양 받침으로 화려하게 장식된 슈거페이스트 몰드 안에서 빨간색 뱀딸기꽃(Indian Strawberry Flower)과 열매, 반짝이는 아기천사가 봄노래라도 부르는 듯하다. 다양한 기법이 돋보이는 작품.

사용도구 밀대, 주걱스틱, 달걀형 몰드, 칼, 롤링커터, 미니 타르트틀, 꽃모양커터, 레이스커터, 스트랩커터, 붓, 가위, 천사틀, 뱀딸기틀,
◇◇◇◇◇ 하드스펀지, 니퍼, 다섯꽃잎커터, 둥근 스틱, 플라워 스탠드, 뱀딸기잎틀, 왁스페이퍼, 원형깍지(0, 1번)

사용재료 슈거파우더, 굵은 와이어(18번), 가루색소(금색, 노란색, 녹색, 분홍색, 갈색, 브론즈, 은색 펄),
젤타입색소(검정색, 빨간색), 꽃술, 와이어(28번), 플로리스트 테이프, 바니시

I 기본틀 만들기

A 달걀형 케이스

1. 흰색 페이스트를 2mm 정도의 두께로 밀어 편 후 슈거파우더를 충분히 묻힌 달걀형 몰드에 밀착시킨다. 형태를 잡고 여분의 페이스트는 칼로 제거한다
   * 동일한 방법으로 2개 제작한다.

2. 하나는 그대로 건조시키고, 나머지 하나는 몰드에서 빼내 바닥에 놓고 롤링커터를 이용해 원하는 크기로 구멍을 낸다.

3. 다시 한 번 몰드에 슈거파우더를 충분히 묻힌 다음 구멍 낸 페이스트를 넣고 그대로 건조시킨다.

4. 공정②~③을 거치지 않은 ①의 가장자리에 로열 아이싱을 짠 다음 ③과 접착시킨다. 로열 아이싱이 완전히 굳기 전 굵은 와이어(18번)로 달걀형 케이스의 아랫부분에 구멍을 낸다.
   * 접착 과정 중 삐져나온 로열 아이싱은 굳기 전에 붓으로 매끄럽게 정리한다.
   * 아랫부분에 구멍을 내는 이유는 와이어를 통과시켜 받침대 위에 단단하게 고정시키기 위해서이다.

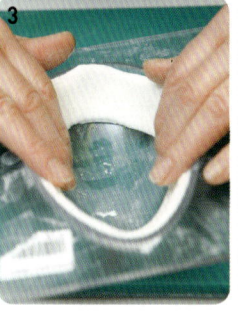
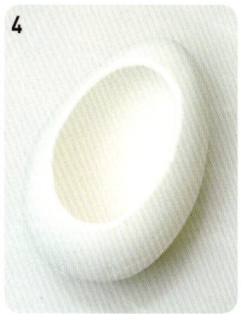

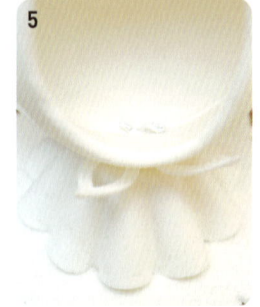

B 받침대

1. A(달걀형 케이스)의 공정 ①과 동일한 방법으로 만들되, 몰드는 미니 타르트 틀을 사용한다(1개 제작). 틀에서 빼내 바닥에 놓고 가운데에 롤링커터로 직경 1.5~2cm 크기의 구멍을 낸다. 다시 한 번 슈거파우더를 충분히 묻힌 틀에 넣고 그대로 건조시킨다.

2. 흰색 페이스트를 얇게 밀어 편 다음 꽃모양커터로 찍는다. 슈거파우더를 묻힌 반구형 몰드 위에 올린 다음 중앙에 와이어로 구멍을 뚫고 그대로 건조시킨다.

3. 흰색 페이스트를 밀어 펴고 레이스커터로 찍는다. 바닥의 페이스트가 마르기 전 중앙에 ①을 올려 대강의 위치를 잡고 살짝 눌러 자국을 낸다. 그 안에 적당량의 페이스트 뭉친 것을 로열 아이싱으로 접착시킨다. 다시 ①을 올려 바닥의 페이스트와 접착되도록 꾹 눌러 그대로 건조시킨다.

* 반드시 바닥의 페이스트가 마르기 전에 작업해야 건조되면서 ①과 잘 접착된다.

4. ③의 윗면에 로열 아이싱을 충분히 바른 다음 ②를 뒤집어 올려 접착시킨다.

5. A(달걀형 케이스)의 아랫부분에 로열 아이싱을 발라 접착시킨다. 로열 아이싱이 완전히 건조되기 전에 끝을 구부려 고리를 만든 굵은 와이어(18번)를 A의 공정 ④에서 미리 뚫어놓은 구멍에 통과시켜 고정시킨 후 완전히 건조시킨다.

꽃모양커터(받침용)

레이스커터(바닥용)

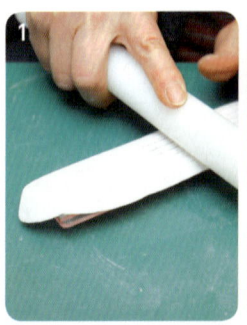

C 리본

1. 흰색 페이스트를 밀어 펴고 스트랩커터로 찍는다. 스트랩커터를 반대로 뒤집어 밀대로 밀어 페이스트를 틀에서 떼어낸다.

2. 양끝을 반듯하게 잘라 12~13cm 길이의 띠를 만들어 A(달걀형 케이스)의 접착 부분에 접착시킨다.

3. ②의 나머지 띠들을 붓대에 돌돌 말아 스프링 형태의 리본을 만든다. 바닥에 내려 붓을 살며시 제거한 다음 반건조시킨다.

* 리본이 완전히 건조되면 달걀 형태를 따라 흘러내리는 자연스러운 모양을 연출하기 힘들며, 작업 중 부러지기 쉬우므로 반쯤 건조된 상태가 되었을 때 다음 공정을 진행한다.

4. 리본의 한쪽 끝부분에 물칠해 A(달걀형 케이스)의 꼭대기 부분에 접착시킨다.

* A와 맞닿는 리본의 굴곡 부분에 물칠해 접착시키고 가위로 잘라 길이를 조절한다.

* 리본의 굴곡을 더 많이 주고 싶다면 리본의 간격을 더 좁혀 접착시킨다.

5. 공정 ①~②와 동일하게 작업해 4~5㎝ 길이의 리본을 만든다. 리본의 중앙에 손가락을 넣고 구부려 공간을 만들고 양끝에 물을 발라 접착시킨 다음 반건조시킨다.

6. A의 꼭대기 부분에 ⑤를 겹쳐 올려 꽃 모양으로 접착시킨다.

* 위로 올라갈수록 길이가 짧은 리본을 사용한다.

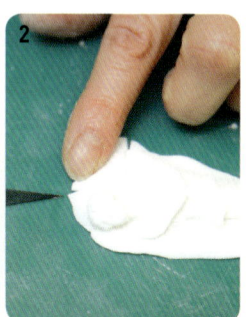
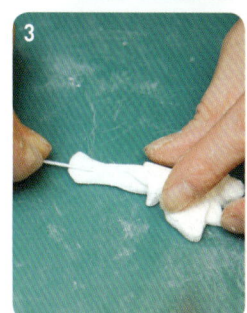
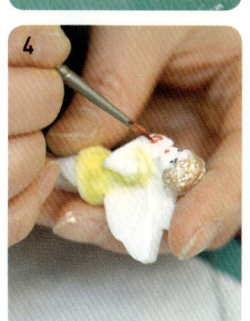

II 천사

A 꽃심

1. 슈거파우더를 충분히 묻힌 천사틀에 흰색 페이스트를 넣고 꾹 눌러 모양을 낸 다음 틀을 제거한다.

2. 천사의 모양을 칼로 다듬어 여분의 페이스트를 제거한다.

3. ②의 아랫부분에 흰색의 굵은 와이어(18번)를 끼워 건조시킨다.

4. 천사의 머리카락은 물칠한 후 금색 가루색소로 더스팅한다. 천사의 옷 전체를 노란색 가루색소로 더스팅하고 녹색 가루색소로 명암을 준다. 검은색 색소로 눈을, 그리고 빨간색 색소로 입술과 손끝을 살짝 칠해 꽃을 들고 있는 것처럼 표현한다. 은색 펄 가루로 날개를 더스팅한다.

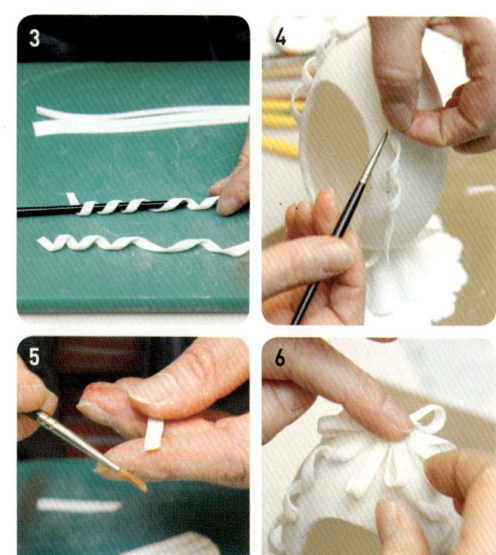

실리콘 천사틀

III 뱀딸기

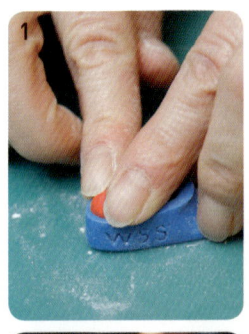 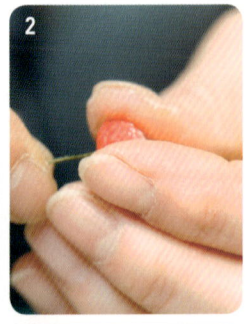

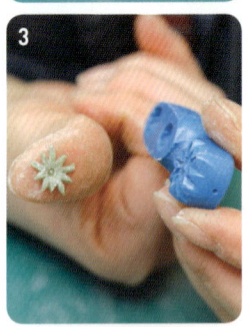 

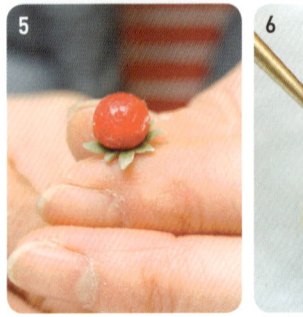 

A 열매

1. 슈거파우더를 묻힌 뱀딸기틀의 열매 부분에 둥글게 빚은 빨간색 페이스트를 넣고 오돌토돌한 딸기 무늬를 낸다.

2. 와이어 끝을 살짝 구부려 고리를 만든다. 고리 부분에 물칠한 후 ①에 꽂아 완전히 건조시킨 후 바니시를 발라준다.

3. 녹색 페이스트를 얇게 밀어 펴 뱀딸기틀의 꽃받침 부분으로 찍고 여분의 페이스트를 제거한다. 손가락으로 꾹 눌러 틀에서 떼어낸다.

4. 하드스펀지 위에 ③을 올려 둥근 스틱으로 부드럽게 만든다.

5. ④를 뒤집어 물칠하고 중앙에 ②의 와이어를 통과시켜 딸기의 밑부분에 오게 한다. 꽃받침의 모양을 잡아가며 접착시킨 후 건조시킨다.

 * 공정 ②에서 완전히 건조시킨 열매를 사용해야 꽃받침을 접착시킬 때 ②의 모양이 망가지지 않는다.

6. 꽃받침 부분을 녹색 가루색소로 더스팅한다.

뱀딸기틀(열매와 꽃받침)

B 꽃

1. 반으로 자른 꽃술의 수술 부분으로부터 1/3 지점에 고리를 만든 와이어(28번)를 걸어 니퍼로 고정시킨다.

2. 꽃술의 실을 가위로 짧게 자른다. 플로리스트 테이프로 와이어의 고정 부분부터 끝까지 감는다.

3. 꽃술을 노란색 가루색소로 더스팅한다.

4. 흰색 페이스트를 얇게 밀어 편 후 다섯꽃잎커터로 찍는다. 하드스펀지 위에 올려 둥근 스틱으로 각각의 꽃잎을 눌러 살짝 오므려준다.

5. ④의 중앙에 ②의 와이어를 통과시킨다. 꽃술의 아래쪽에 로열 아이싱을 조금 짜서 접착시킨다.

6. 플라워 스탠드에서 건조시킨다.

* 플라워 스탠드의 크기로 꽃이 핀 정도를 다양하게 조절한다.

7. A(열매)의 공정 ③~⑤와 동일한 방법으로 작업한다.

8. 꽃잎의 가장자리는 분홍색 가루색소, 중심부는 녹색 가루색소로 더스팅한다.

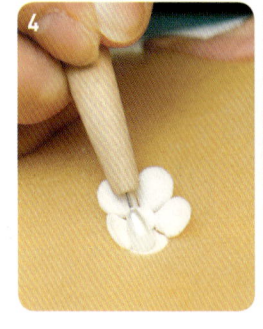

다섯꽃잎커터(뱀딸기꽃용)

C 잎

1. 녹색 페이스트를 얇게 밀어 펴 뱀딸기잎틀로 찍고 여분의 페이스트를 제거한다. 손가락으로 꾹 눌러 잎맥의 모양을 내고 틀에서 떼어낸다.

* 와이어를 꽂는 부분의 페이스트는 조금 두껍게 밀어 편다.

2. 하드스펀지 위에 올려 주걱스틱으로 잎의 끝부분을 얇게 만든다.

* 부드럽게 만들어 굴곡을 주는 것이 아니라 얇게 편다.

3. 와이어의 끝부분에 물을 묻혀 페이스트에 꽂는다. 와이어를 중심으로 살짝 오므려 자연스러운 잎의 모양을 잡고 티슈를 받쳐 건조시킨다.

4. 녹색 가루색소를 전체적으로 칠한 다음 갈색 가루색소로 명암을 준다.

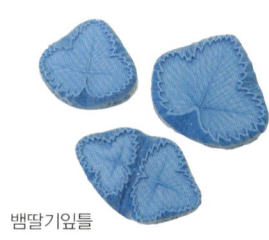

뱀딸기잎틀

IV 마무리

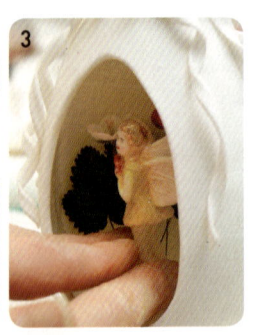
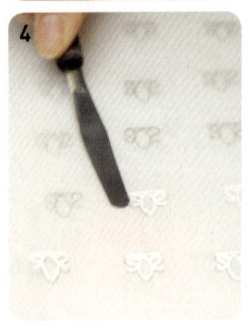

1. 흰색 페이스트를 적당량 뭉친 것에 로열 아이싱을 충분히 발라 I-A(달걀형 케이스)의 공간에 넣어 접착시킨다.

2. III(뱀딸기)의 열매 1개, 꽃 1개, 잎 3개를 보기 좋게 배치하고 플로리스트 테이프로 감아 고정시킨다. 특히 열매는 아래를 향하도록 니퍼로 구부린다.

3. ②의 와이어 아래로 로열 아이싱을 발라 I-A의 가장 안쪽 공간에 배치한다. 가운데에 II(천사)를 꽂고 적당한 길이로 자른 열매, 꽃, 잎으로 장식한다.

4. 밑그림 위에 왁스페이퍼를 올려 테이프로 고정시킨다. 원형깍지(0번)를 사용해 밑그림을 따라 로열 아이싱으로 선을 그려 건조시킨 후 칼이나 작은 팔레트 나이프로 떼어낸다.

* 밑그림은 단순하면서 아름다운 문양을 그리도록 한다. 또한 선들이 끊어지지 않도록 로열 아이싱을 짜는 것이 중요하다.

5. ④의 아래쪽에 로열 아이싱을 짜 I-A의 구멍 가장자리에 차례대로 부착한다.

6. 원형깍지(1번)를 사용해 I-B(받침대)의 옆면, 바닥과 닿는 경계 부분을 셸 모양으로 장식한다.

7. I(기본틀 만들기)에 전체적으로 브론즈 가루 색소를 칠한 다음 녹색 가루색소로 받침대의 가장자리를 칠한다.

봄을 기다리는 마음 *Oncidium & Protea*

나비 같기도 하고 무희 같기도 한 온시듐(Oncidium)과 수줍은 듯 얼굴을 붉힌
프로테아(Protea Blushing Bride)의 색채가 잘 어우러진다. 봄날의 사랑을 축복하는 듯.

사용도구 밀대, 칼, 둥근 보드, 레이스커터, 하트 모양 플런저, 삼각스틱, 니퍼, 온시듐커터, 뾰족한 스틱, 골이 파인 스틱, 소프트스펀지,
◇◇◇◇◇◇ 다섯꽃잎커터, 하드스펀지, 둥근 스틱, 붓, 장미꽃받침커터(大, 中, 小), 칼

사용재료 녹색 와이어(18, 28번), 가루색소(노란색, 녹색, 빨간색, 밤색, 분홍색), 가는 플로리스트 테이프,
꽃술, 극소 꽃술, 목공용 본드

I 케이크 더미

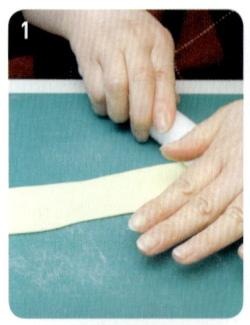 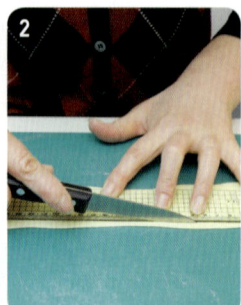 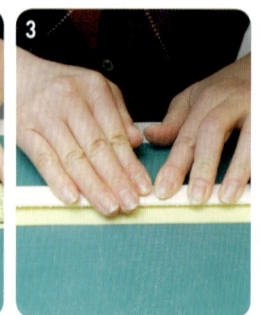

1. 노란색 페이스트를 둥글고 길게 모양 잡은 다음 직사각형 형태로 밀어 편다.
2. 폭 2.5cm의 긴 직사각형 형태로 자른다.
3. ②를 레이스커터로 찍는다.
4. 하트 모양 플런저로 ③의 중앙에 간격을 맞춰 찍어낸다.
5. ④에 전체적으로 물을 바른 다음 케이크 더미에 둘러 접착시킨다.

II 온시듐

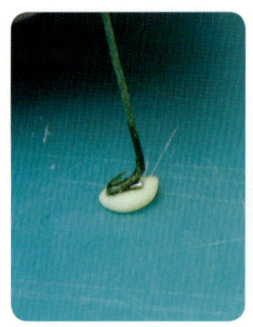 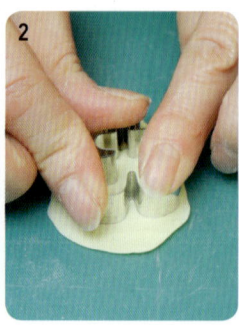 

A 온시듐 꽃

1. 녹색 와이어(28번)로 고리를 만든 다음 쌀알 모양으로 작게 빚은 노란색 페이스트에 끼운다.
2. 노란색 페이스트를 얇게 밀어 펴고 온시듐커터로 찍는다.
3. 삼각스틱으로 ②의 중심에 선을 긋는다.

4. 골이 파인 스틱으로 ③의 꽃잎을 각각 밀어 펴 잎맥 무늬를 낸다.

5. ①을 ④의 아랫부분에 끼운다.

6. 가장 작은 꽃잎(3등분 시 가장 작은 부분)으로 감싸 붙인다.

7. 소프트스펀지에 걸쳐 놓고 둥근 스틱을 이용해 꽃잎의 가운데 부분을 눌러준다.

8. 소프트스펀지에 걸쳐 완전히 건조시킨다.

9. 노란색 페이스트를 얇게 밀어 펴고 다섯꽃잎커터로 찍은 다음 골이 파인 스틱으로 꽃잎을 각각 밀어 펴 잎맥 무늬를 낸다.

10. 하드스펀지 위에 ⑨를 올리고 각각의 꽃잎을 둥근 스틱으로 밀어 편다.

11. ⑩의 중앙에 ⑧을 꽂아 통과시켜 아래쪽에 오게 한 다음 완전히 건조시킨다.

12. ⑪을 노란색 가루색소로 더스팅한다.

13. 다섯 꽃잎의 가장자리를 녹색 가루색소로 더스팅한다.

14. ⑬을 뒤집어 빨간색 가루색소와 갈색 가루색소를 섞어 알코올로 농도를 조절한 색소를 묻힌 붓으로 다섯꽃잎 부분에 붓 자국을 내며 점을 찍는다.

15. ⑭를 다시 뒤집은 다음 ⑭의 색소로 아랫부분은 점을 찍고, 가운데 부분의 중심은 칠한다.

다섯꽃잎커터

온시듐커터

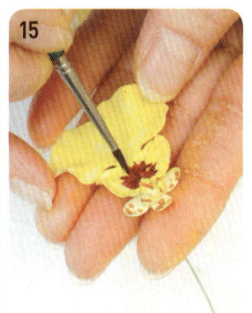

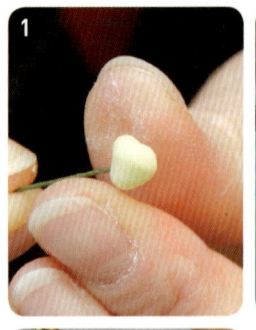
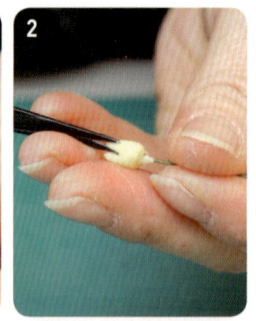

B 온시듐 봉오리

1. 녹색 와이어(28번)로 고리를 만든 다음 동그랗게 뭉친 노란색 페이스트에 끼운다.

2. ①의 윗부분에 가위집을 낸 다음 각각의 사이를 벌려 완전히 건조시킨다.

3. ②의 전체를 노란색 가루색소로 더스팅한 다음 아랫부분과 윗부분을 녹색 가루색소로 더스팅한다.

4. 빨간색 가루색소와 갈색 가루색소를 섞어 알코올로 농도를 조절한 색소를 묻힌 붓으로 ③의 아랫부분에 붓 자국을 내며 점을 찍는다.

C 온시듐 조합

1. 다양한 크기로 만든 B(온시듐 봉오리) 4개를 가는 플로리스트 테이프로 감아 고정시키면서 배치한다.

2. 니퍼를 이용해 ②의 간격을 벌려가며 와이어를 구부린다.

3. A(온시듐 꽃)를 배치한 다음 전체를 플로리스트 테이프로 감는다.

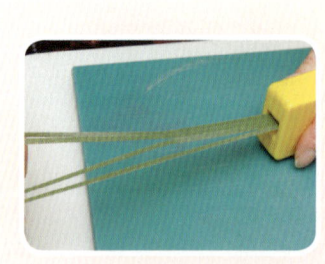

가는 플로리스트 테이프가 없는 경우, 일반 플로리스트 테이프를 커터기를 이용해 나눠서 사용한다.

Ⅲ 프로테아

A 프로테아 꽃술 준비

1. 1번 꽃술의 윗부분만 자른다.
2. 2번 극소 꽃술을 적당히 모은 다음 목공용 본드를 중심에 발라 꽃술끼리 고정시킨다.
3. ②의 본드가 굳으면 반으로 자른다.
4. ③의 끝쪽에 커브를 준다.

B 프로테아 꽃술

1. 흰색 페이스트를 뭉친 다음 고리를 만든 녹색 와이어(18번)를 꽂고 아랫부분을 매만진다.
2. 건조된 ①의 윗부분에 아이싱을 짠 다음 A(프로테아 꽃술 준비)의 ①을 붙인다.
3. ②의 옆면에 아이싱을 촘촘한 간격으로 길게 짠다.
4. ③에 A(프로테아 꽃술 준비)의 ④를 붙인다.
5. 플로리스트 테이프를 전체적으로 감는다.

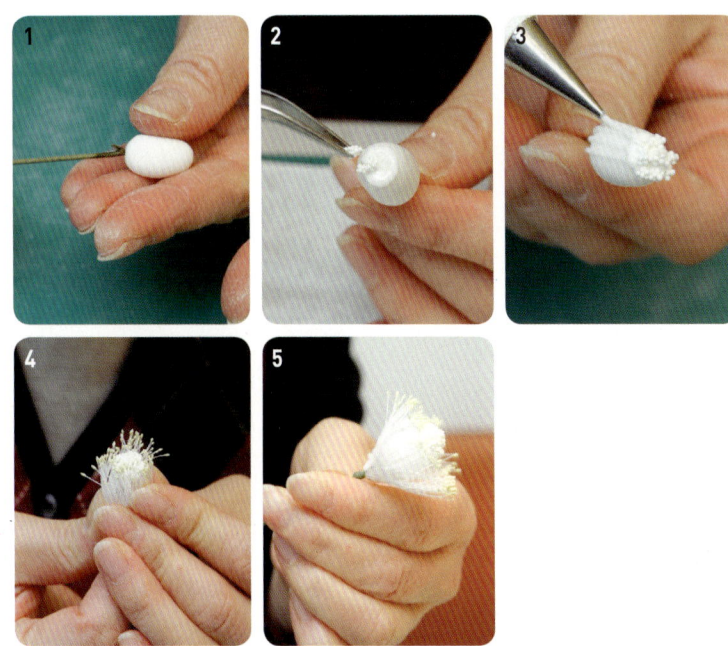

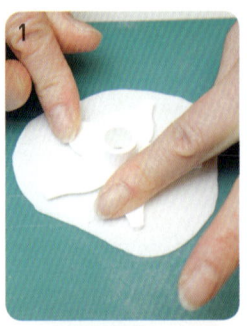

C 프로테아 꽃잎

1. 흰색 페이스트를 밀어 편 다음 장미꽃받침커터를 이용해 꽃잎(大 2장, 中 2장, 小 1장)을 찍는다.

2. 칼로 각각의 꽃잎 끝의 뾰족한 부분을 잘라준다.

3. 골이 파인 스틱으로 ②의 각각의 꽃잎을 밀어펴 잎맥 무늬를 낸다.

4. 하드스펀지 위에 ③을 올리고 꽃잎의 가장자리를 얇게 밀어 편다.

5. 소프트스펀지 위에 ④를 올리고 가장자리를 눌러 굴곡을 준다.

6. 둥근 스틱으로 ⑤의 꽃잎 중심 부분을 눌러준다.

프로테아 꽃봉오리

프로테아 꽃봉오리는 Ⅲ(프로테아)의 B(프로테아 꽃술)공정 ①~②를 진행한 다음 C(프로테아 꽃잎 大 2장, 中 2장, 小 1장)의 간격을 좁게 해서 모아 붙이면 된다.

D 프로테아 조합

1. B(프로테아 꽃술)를 C(프로테아 꽃잎)의 大 1 장에 꽂아 통과시킨다.

2. B의 아랫부분에 아이싱을 바르고 꽃잎을 밀착시켜 붙이고 손으로 만져 둥글게 커브를 준다.

3. C의 大 1장을 ②에 꽂아 꽃잎이 교차되도록 붙여준다.

4. 같은 방법으로 C의 中 2장, 小 1장을 각각 교차시켜 꽂는다.

* 이때, 활짝 핀 꽃의 느낌을 내려면 꽃잎 사이에 간격을 많이 주고 피고 있는 느낌을 내려면 간격을 좁힌다.

5. ④를 거꾸로 뒤집은 다음 와이어와 꽃잎 이음새를 매만져 단단하게 연결한다.

6. 꽃의 중심을 노란색 가루색소로 더스팅한다.

7. 분홍색 가루색소로 꽃잎의 윗부분을 더스팅한다.

8. 꽃송이를 뒤집어서 같은 색소로 꽃잎의 가장자리를 더스팅한다.

* 페이스트의 흰색과 분홍색 가루색소가 그러데이션을 이루도록 더스팅한다.

IV 마무리

1. I(케이크 더미) 윗면에 둥글게 뭉친 흰색 페이스트를 아이싱으로 고정시킨다.

2. II(온시듐)를 'V'자 형태로 배치해 고정시킨다.

3. ②의 사이에 III(프로테아)을 고정시킨 다음 장식용 리본과 잎을 꽂는다.

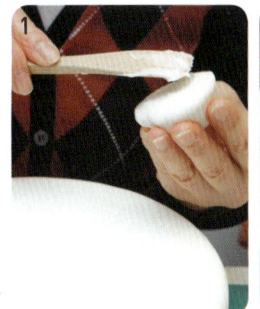  

팬지꽃 바구니 *Pansy*

연두색 페이스트로 커버링한 케이크를 이용해 귀여운 바구니를 만들었다.
그 위에 활짝 핀 꽃들과 향기를 맡고 날아온 듯한 나비가 봄의 기운을 물씬 풍긴다.

사용도구 스틱, 핀, 원형깍지, 톱니 모양깍지, 나비 문양 도면, 꽃술, 티슈, 가위, 작은 팔레트 나이프, 다섯꽃잎커터
◇◇◇◇◇ 데이지커터, 팬지커터, 핀셋, 줄무늬스틱, 둥근 스틱, 니퍼, 롤링커터, 삼각스틱, 송곳

사용재료 왁스페이퍼, 녹색 와이어(18, 24, 26, 30번), 가루색소(녹색, 빨간색), 플로리스트 테이프, 말린 옥수수 잎,
흰색 와이어(30번), 녹색 리본, 노란색 리본

I 바구니 케이크

1. 사각형 케이크를 연두색 페이스트로 커버링한
   다. 페이스트가 마르기 전에 스틱을 이용해 대
   각선 방향으로 마주보는 2개의 모서리에 구멍
   을 낸다.

2. 케이크의 각 옆면을 9등분하고 핀을 이용해 위
   아래에 점을 찍어 간격을 표시한다.

   * 케이크의 크기에 따라 알맞게 등분하도록 한다.

3. 원형깍지를 끼운 짤주머니에 로열 아이싱을 담
   고 표시점을 따라 위에서 아래로 곧게 짠다. 단
   케이크의 옆면 상단에 레이스 짤 부분은 남겨
   둔다.

4. 톱니 모양의 깍지를 끼운 짤주머니에 연두색 로
   열 아이싱을 담아 바구니 엮는 형태로 짠다.

   * 같은 식으로 4면을 모두 채운다.

   * 9등분일 경우 각 옆면에는 10개의 직선이 생기게 된다
   (모서리의 직선 포함).

5. 공정 ③에서 남겨둔 부분에 ④의 짤주머니로
   짧은 셸 모양을 짜서 레이스를 만든다.

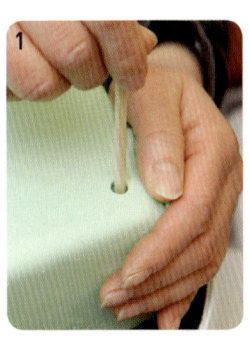
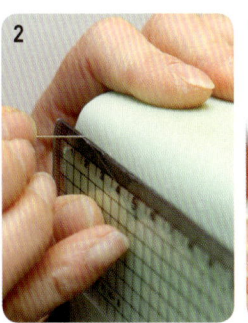

Ⅱ 나비

1. 왁스페이퍼 위에 도면을 따라 로열 아이싱을 짠 다음 건조시킨다.

2. 로열 아이싱을 동그랗게 짜 머리 부분을 만들고, 한쪽 술을 자른 꽃술 2개를 꽂아 더듬이를 만든다. 원하는 더듬이의 각도에 따라 티슈를 받친다.

3. 작은 팔레트 나이프로 날개를 떼어낸다.

4. 머리 아래쪽으로 로열 아이싱을 짜 몸통을 만든다.

* 공정 ①～③은 하룻밤 정도 두어 완전히 건조시킨다.

5. ④를 몸통에 접착시키고 원하는 각도로 티슈를 받쳐 건조시킨다.

Ⅲ 팬지꽃과 잎

데이지틀(팬지꽃받침용)

A 꽃받침

1. 녹색 페이스트를 얇게 밀어 편 후 데이지커터로 찍어낸다.

2. 꽃잎을 하나씩 자르고 작은 팬지커터를 이용해 꽃잎의 윗부분을 살짝 찍어낸다.

3. 얇은 스틱을 살짝 돌려 커브를 준다.

4. 1/3 지점을 핀셋으로 살짝 집어 리본 모양을 만든다.

B 팬지꽃 봉오리

다섯꽃잎커터
(팬지꽃 봉오리용)

1. 보라색 페이스트를 꼭지가 짧은 고깔 모양으로 빚는다.
2. 셀보드의 구멍에 ①의 꼭지 부분을 넣고 밀대로 얇게 밀어 편다.
3. 페이스트를 평평한 곳에 놓고 꽃잎커터 중앙에 꼭지 부분을 넣고 찍어낸다.
4. 줄무늬스틱을 돌려 꽃잎을 1장씩 눌러가며 무늬를 낸다.
5. 녹색 와이어(24번)의 끝을 구부려 고리를 만들고 고리 부분에 물을 묻혀 통과시킨다. 와이어와 꽃잎의 경계 부분을 만져 매끄럽게 이어지도록 한 후 여분의 페이스트를 제거한 다음 거꾸로 들어 꽃잎을 안으로 살짝 모아준다.
6. 꽃잎과 꽃잎이 맞닿는 부분에 물칠한 후 서로 접착시킨다.
7. 니퍼를 이용해 와이어를 직각으로 꺾고 ⑥의 밑 부분에 물칠한다. A(꽃받침) 5장을 접착시키고 그대로 건조시킨다.
* 팬지꽃은 원래 그 모양이 조금 꺾여 있다. 특히 봉오리일 때는 꺾이는 정도가 더욱 심하다.
8. 꽃받침을 녹색 가루색소로 더스팅한다.

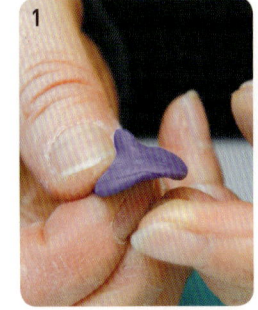
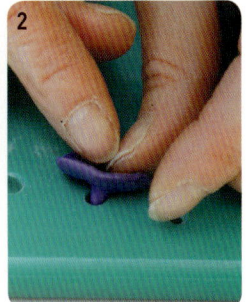
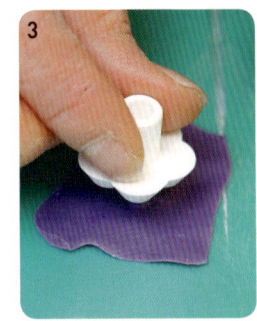

C 만개한 팬지꽃

팬지커터(작은 팬지커터,
큰 팬지커터, 하트 모양 팬지커터)

하드스펀지

셀보드(골이 파이고
구멍이 뚫려 있는 보드판)

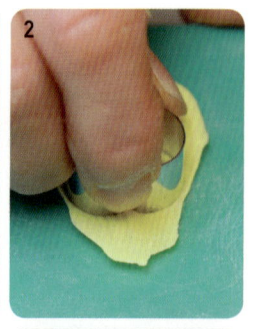

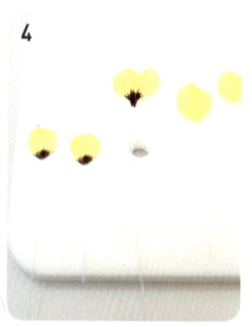

1. 셀보드의 파인 골 위에서 노란색 페이스트를 밀어 편 다음 말린 옥수수 잎으로 찍어 무늬를 낸다.

* 노란색, 분홍색, 보라색, 주황색, 빨간색, 흰색 등 다양한 색의 페이스트로 팬지꽃을 만들어 화사함을 더한다.

2. 페이스트를 평평한 곳에 놓고 두툼한 부분이 중앙에 오도록 하여 각각의 팬지커터로 찍는다.

* 작은 팬지커터 2개, 큰 팬지커터 2개, 하트 모양 팬지커터 1개로 찍어낸 총 5장의 꽃잎으로 한 송이의 팬지꽃을 만든다.

* 작은 팬지커터와 큰 팬지커터는 장미꽃잎커터와 모양이 비슷하므로 장미꽃잎커터를 사용해도 무방하다.

3. 둥근 스틱으로 각각의 꽃잎 가장자리를 부드럽게 만들어 자연스러운 프릴을 준 다음 흰색 와이어(30번) 끝에 물을 묻혀 꽃잎의 두툼한 부분에 꽂는다. 와이어와 꽃잎의 경계 부분을 손으로 만져 매끄럽게 이어지게 한 후 모양을 잡고 완전히 건조시킨다.

* 셀보드에서 작업한 페이스트는 판에 파인 골 때문에 두툼한 부분이 생겨 아주 얇게 페이스트를 밀어 펴더라도 무리 없이 와이어를 꽂을 수 있다.

4. 작은 팬지 꽃잎 2개와 하트 모양 꽃잎의 밑부분을 보라색 젤타입색소를 알코올로 농도를 조절하여 칠한다.

5. 큰 팬지 꽃잎을 뒤로 젖혀 작은 팬지 꽃잎 뒤쪽으로 겹쳐 배치하고, 하트 모양 꽃잎을 마주보게 배치한다. 길게 2등분한 플로리스트 테이프를 감아 고정시킨다.

6. 조금 떼어내 둥글게 빚은 녹색 페이스트를 와이어에 통과시킨 후 꽃잎과 닿는 부분에 물칠해 접착시킨다.

7. 녹색 페이스트 부분에 물칠해 A(꽃받침) 5장을 접착시킨다.

* 꽃이 완전히 건조되기 전에 꽃받침을 접착시키면 꽃의 모양이 망가지기 쉽다.

8. 꽃잎의 중심에 노란색 로열 아이싱을 동그랗게 짜고 물 묻힌 붓으로 표면을 매끄럽게 정리해 건조시킨 다음 녹색 가루색소로 꽃받침을 더스팅한다.

* 다양한 색깔의 페이스트로 꽃을 만들되, 각각의 중심에는 모두 노란색 로열 아이싱을 짠다.

D 팬지꽃 잎

1. 셀보드의 파인 골 위에서 녹색 페이스트를 밀어 편 다음 롤링커터로 대강의 잎 모양을 자른다.

   * 큰 팬지커터의 뾰족한 부분으로 잎의 가장자리를 찍어 거칠게 표현한다.

2. 가위로 표면을 매끄럽게 정리한다.

3. 삼각스틱으로 잎의 가장자리를 부드럽게 다듬고 선을 그어 잎맥을 표현한다.

4. 녹색 와이어(26번) 끝에 물을 묻혀 꽃잎의 두툼한 부분에 꽂는다. 잎맥을 중심으로 안으로 살짝 모아 모양을 잡고 그대로 건조시킨 다음 녹색 가루색소로 더스팅한다.

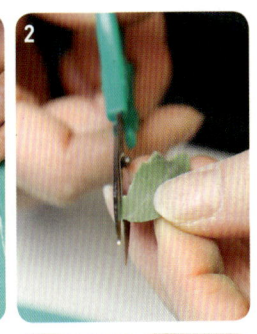

핀 꽃, 봉오리, 활짝 핀 꽃

Ⅳ 은방울꽃과 잎

A 은방울꽃 봉오리 & 핀 은방울꽃

1. 녹색 와이어(30번)의 끝을 구부려 고리를 만들고 고리 부분에 물칠해 둥글게 빚은 흰색 페이스트를 꽂아 은방울꽃 봉오리를 만든다.

2. 흰색 페이스트로 Ⅲ-B(팬지꽃 봉오리)의 공정 ①~③과 동일하게 작업한다. 둥근 스틱의 작은 봉으로 꽃잎을 1장씩 부드럽게 한다.

   * 둥근 스틱의 양쪽에는 각기 다른 크기의 봉이 달려 있어 상황에 맞게 활용 가능하다.

3. 스틱의 작은 봉을 넣어 돌려가며 꽃의 중앙에 공간을 만든다.

4. 녹색 와이어(30번)를 꽃 중심에 통과시키고 꽃잎을 살짝 뒤로 젖힌 다음 그대로 건조시킨다.

   * 꽃잎을 뒤로 젖힐수록 활짝 핀 꽃이 된다.

5. ④를 거꾸로 들어 와이어와 꽃의 경계 부분에 녹색 가루색소로 더스팅한다.

여섯꽃잎커터
(은방울꽃용)

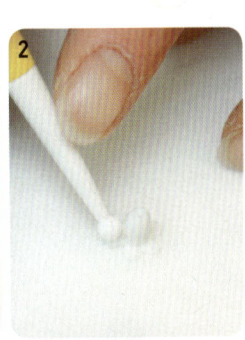
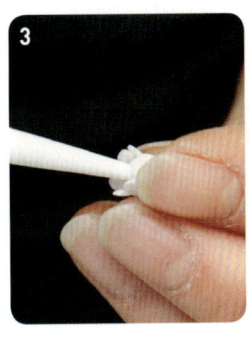
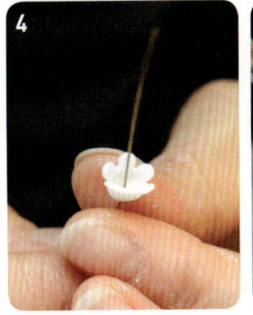

B 은방울꽃 조합

1. 봉오리 2개를 플로리스트 테이프로 연결하고 봉오리와 꽃을 더하며 감아 내려간다.
* 아래로 내려갈수록 활짝 핀 꽃을 배치한다.
2. 니퍼로 각각의 꽃이 아래를 향하도록 구부린다.
3. 와이어 부분을 한 번 더 플로리스트 테이프로 감아 단단하게 고정시킨다.
4. 각각의 꽃의 위치를 균형있게 잡는다.

C 은방울꽃 잎

1. 셀보드의 파인 골 위에서 녹색 페이스트를 밀어 편 다음 롤링커터를 이용해 잎 모양으로 자른다.
2. ①에 말린 옥수수 잎을 덮어 무늬를 찍는다.
3. 스틱으로 잎의 중심 부분에 밑에서 위로 초승달 형태의 선을 긋고 가위로 표면을 매끄럽게 정리한다.
4. 주걱스틱으로 가장자리를 부드럽게 만든다.
5. 녹색 와이어(24번) 끝에 물을 묻혀 꽃잎의 두툼한 부분에 꽂는다.
6. 잎맥을 중심으로 안으로 살짝 모아 모양을 잡고 티슈를 받쳐 건조시킨다. 전체적으로 녹색 가루 색소로 더스팅한 다음 끝부분만 빨간색 가루색소로 더스팅한다.

V마무리

1. 은방울꽃과 만개한 팬지꽃 2개를 흰색 와이어 (30번)로 감아 고정시킨 후 플로리스트 테이프 로 감는다.

2. ①의 아래쪽으로 팬지꽃 봉오리와 잎, 은방울꽃 잎을 적절히 배치해가며 감아 내려가 보기 좋게 다발을 만든다.

3. 녹색 와이어(18번) 3개를 겹쳐 녹색 리본을 감 는다. 그 위에 노란색 리본을 감아서 일정한 간 격으로 녹색 리본과 사선을 이루는 패턴을 만 든다.

   * 리본의 시작과 끝은 셀로판 테이프로 고정시킨다.

4. ③을 U자 모양으로 살짝 구부린다.

5. ④의 양 끝에 녹색 로열 아이싱을 발라 1(바구 니 케이크)의 구멍에 꽂아 바구니의 손잡이를 만든다.

6. 녹색 로열 아이싱으로 구멍을 메운다.

7. 작품의 정면을 정하고 꽃다발 2개를 배치한다.

8. 와이어 부분이 보이지 않도록 팬지꽃이나 은방 울꽃의 잎사귀를 덮어 로열 아이싱으로 접착시킨 다.

9. 나비를 보기 좋은 위치에 배치하고 로열 아이싱 으로 접착시킨다.

   * 머리 부분 아래쪽에 적당량 떼어낸 녹색 페이스트를 받 쳐 나비가 위를 향해 날아오르도록 표현하고, 바닥과 닿 는 꼬리 부분은 로열 아이싱으로 접착시킨다.

신데렐라 구두 *Shoes*

로열 아이싱으로 셸 장식을 둘러 구두의 우아한 곡선을 살리고, 장미와 에어럼 릴리(Arum Lily)를 가득 담아 로맨틱함을 더했다. 신데렐라의 유리구두만큼이나 아름답고 특별한 설탕구두가 우리를 마법의 세계로 인도할 듯.

사용도구 구두틀, 롤링커터, 둥근 스틱, 붓, 에어럼 릴리커터, 스펀지, 주걱스틱, 꽃잎커터, 장미꽃받침커터, 잎커터, 실리콘 잎맥틀, 티슈
◇◇◇◇◇◇
사용재료 콘스타치, 콘밀, 말린 옥수수 잎, 가루색소(녹색, 빨간색), 녹색 와이어(24, 28번), 구슬실, 리본

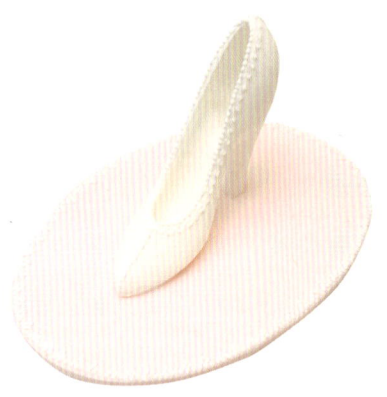

I 구두

A 구두

1. 흰색 페이스트를 밀어 편 다음 콘스타치를 충분히 묻힌 몰드에 넣어 구두의 형태를 잡는다.
   * 이때 둥근 스틱의 크고 작은 봉을 적절히 이용한다.
2. 몰드에서 페이스트를 빼 뒤집어 바닥에 놓고 롤링커터로 구두 모양을 따라 자른다.
3. 다시 몰드에 콘스타치를 충분히 묻힌 다음 ②의 페이스트를 넣고 그대로 건조시킨다.
4. 반쪽짜리 구두의 가장자리에 로열 아이싱을 짠 다음 나머지 반쪽과 접착시킨다.
5. 구두의 앞뒤 부분을 먼저 맞추고 빈 공간은 로열 아이싱으로 메운다.
   * 여분의 로열 아이싱은 굳기 전에 약간 물기가 있는 붓으로 표면을 매끄럽게 정리한다.
6. 구두의 앞코, 굽 등 접착 부분과 가장자리에 로열 아이싱으로 셸 모양을 짠다. 여기에 코넬리 기법으로 장식해도 좋다.

구두틀

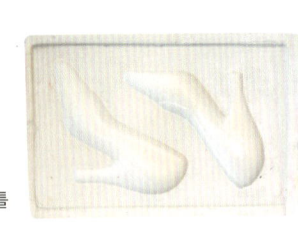

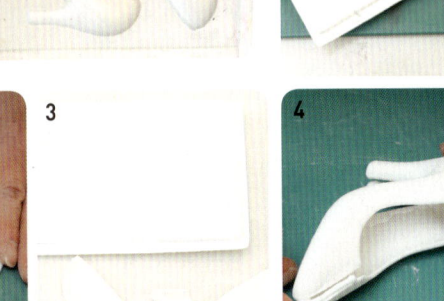

코넬리 기법

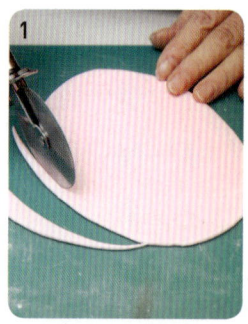
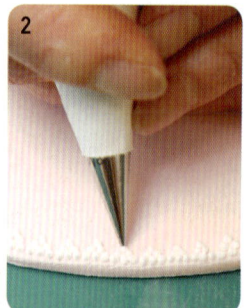

B 바닥

1. 분홍색 페이스트를 두께 3mm로 밀어 편다. 롤링 커터를 이용해 원하는 크기의 타원형을 만든 다음 건조시킨다.
   * 타원형으로 재단한 두꺼운 종이를 대고 잘라도 된다.

2. 로열 아이싱으로 가장자리를 따라 원하는 문양을 그려 넣는다. 페이스트가 완전히 건조되기 전에 A(구두)를 올려 위치를 잡고 살짝 눌러 자국을 낸다.

3. A의 바닥면에 로열 아이싱을 묻혀 접착시킨다.

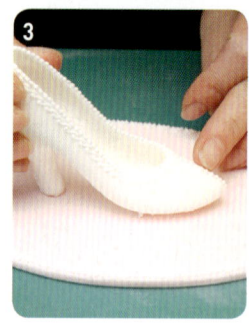
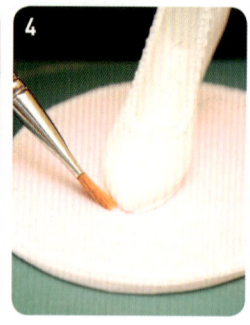

4. 약간의 물기가 있는 붓으로 여분의 로열 아이싱을 정리한다.
   * 붓에 물기가 너무 많으면 페이스트가 녹아버리므로 주의한다.

에어럼 릴리커터

Ⅱ 에어럼 릴리

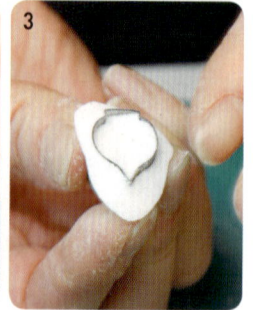

1. 녹색 와이어(24번)에 고리를 만들어 물을 묻힌 다음 쌀알 크기로 빚은 흰색 페이스트에 끼워 완전히 건조시킨다. 와이어와 페이스트의 경계 부분을 매끄럽게 연결한 후 적당한 커터의 크기를 결정한다.

2. 페이스트에 물칠한 후 콘밀을 묻혀 수술을 표현한다.

3. 흰색 페이스트를 밀어 펴 에어럼 릴리커터로 찍어내고 가장자리를 매끄럽게 정리한다.

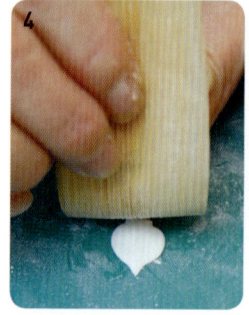
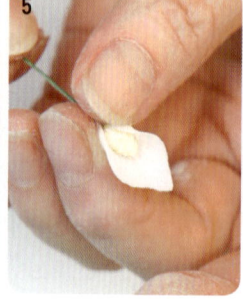

4. 스펀지 위에서 주걱스틱으로 가장자리를 부드럽게 만든 다음 말린 옥수수 잎으로 찍어 자연스러운 잎맥을 표현한다.

5. ①의 아래쪽에만 물칠한 후 ②의 심을 감싸 접착시키고 완전히 건조시킨다.

6. 꽃잎의 뾰족한 부분과 와이어의 경계 부분을 녹색 가루색소로 더스팅한다.

Ⅲ 장미

장미꽃받침커터

다섯꽃잎커터

1. 노란색 페이스트를 밀어 편 다음 다섯꽃잎커터로 찍는다. 스펀지 위에서 주걱스틱으로 꽃잎을 1장씩 부드럽게 밀어 편다.

2. 노란색 페이스트로 Ⅱ(에어럼 릴리)의 공정 ①과 동일한 방법으로 만든 심을 ①의 꽃잎 중앙에 통과시킨다. 꽃잎과 심이 맞닿는 부분에 물칠한 후 접착시킨다.

3. 꽃잎 1장을 골라 물칠한 다음 심을 완전히 감싸 접착시킨다.

4. 남은 4장의 꽃잎 중 세 번째 꽃잎에 물을 발라 ③을 포개어 접착시킨다. 단, 윗부분에 약간의 공간을 둔다.

5. 남은 꽃잎 중 중간 꽃잎을 공정 ④와 동일한 방법으로 작업한다.

6. 나머지 2장의 꽃잎을 마주보게 해 공정 ④와 동일한 방법으로 작업한다.

   ∗ 여기에서 작업을 마치면 장미꽃 봉오리가 된다.

7. 노란색 페이스트를 밀어 편 다음 다섯꽃잎커터로 찍고 꽃잎 1장만 자른다. 이것을 스펀지 위에서 주걱스틱으로 부드럽게 밀어 편다.

8. 공정 ①~⑤까지 동일한 방법으로 작업한 것에 ⑦을 두 번째와 네 번째 꽃잎 사이에 넣고 규칙적으로 감싼다. 페이스트가 맞닿는 부분에 물칠한 다음 건조시킨다.

   ∗ 이 단계에서 작업을 마치면 핀 장미꽃이 된다.

9. 노란색 페이스트를 밀어 편 다음 다섯꽃잎커터로 찍는다. 스펀지 위에서 주걱스틱으로 꽃잎을 1장씩 부드럽게 밀어 편다. 이것의 중앙에 ⑧을 통과시켜 페이스트가 맞닿는 부분에 물칠한 후 접착시킨다.

   ∗ 꽃잎을 밀어 펼 때 공정 ⑦의 꽃잎보다 더 넓게 만든다.

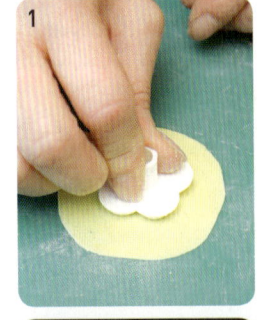

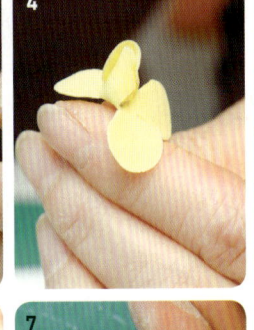
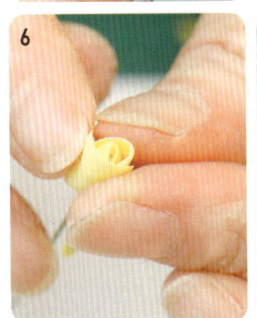

10. 편 장미꽃의 겹쳐진 꽃잎과 엇갈리도록 배열해 꽃잎을 규칙적으로 감싼다. 꽃잎을 바깥쪽으로 살짝 젖혀 가운데를 모아 모양을 잡고 건조시킨다.

* 이 단계에서 작업을 마치면 풍성한 장미꽃이 된다. 여기에 더 볼륨감을 주려면 한 사이즈 큰 꽃잎커터를 사용해 공정 ⑨~⑩과 동일한 방법으로 작업한다.

11. 녹색 페이스트를 밀어 펴고 장미꽃받침커터로 찍는다. 5장의 꽃받침 중 3장의 가장자리에 칼집을 낸다.

12. ⑪을 하드스펀지 위에 놓고 주걱스틱으로 눌러 편 다음, 한쪽 면에 물칠한 후 중앙에 작업해 놓은 꽃(⑥, ⑧, ⑩)을 통과, 접착시킨다.

* 각각의 꽃(⑥, ⑧, ⑩)을 동일한 방법으로 작업한다.

13. 녹색 페이스트를 쌀알 크기로 동글납작하게 빚어 ⑫에 통과시킨다. 꽃받침과 맞닿는 부분에 물칠한 후 접착시켜 그대로 건조시킨다.

14. 꽃잎은 노란색 가루색소, 꽃받침은 녹색 가루색소로 더스팅하고 여분의 가루색소를 털어낸다.

* 페이스트가 완전히 건조된 상태에서 더스팅할 경우 전체적으로 골고루 색을 낼 수 있는 반면, 덜 건조된 상태에서는 착색이 잘 되고 부분적으로 강약을 표현할 수 있다. 작품에 맞게 각각의 장점을 잘 활용하도록 한다.

IV 잎

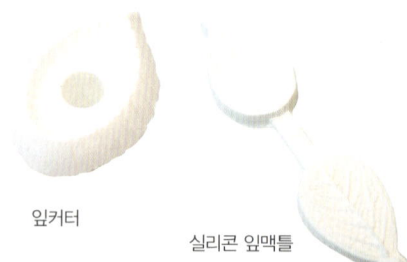

잎커터

실리콘 잎맥틀

1. 녹색 페이스트를 밀어 편 후 잎커터로 찍어낸다.

2. 실리콘 잎맥틀 사이에 ①을 넣고 눌러 잎맥 무늬를 낸다.

3. 하드스펀지 위에 올려 주걱스틱으로 가장자리를 살짝 밀어 편다.

4. 녹색 와이어(28번) 끝부분에 물칠한 후 ③의 아랫부분에 꽂는다. 중앙 잎맥을 중심으로 안으로 살짝 모아 모양을 잡고 티슈에 받쳐 건조시킨다.
5. 녹색 가루색소를 전체적으로 더스팅한 다음 빨간색 가루색소로 가장자리를 더스팅해 명암을 준다.

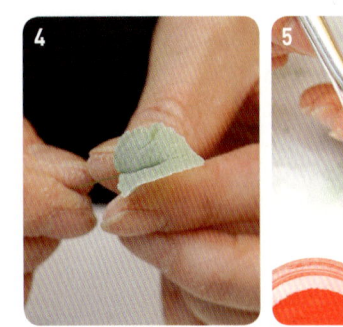

V 마무리

1. 적당히 뭉친 흰색 페이스트 바닥에 로열 아이싱을 넉넉히 묻혀 I-A(구두)에 넣고 스틱으로 구두의 앞코까지 페이스트를 밀어 넣는다.
2. 페이스트가 굳기 전에 페이스트의 뒤쪽에 적당한 길이로 자른 구슬실을 끼워 넣는다.
3. 리본을 접어 와이어로 고정시킨다.
4. ③의 리본, II(에어럼 릴리), III(장미), IV(잎)를 적당한 길이로 잘라 끝부분에 로열 아이싱을 묻혀 보기 좋게 배치한다.
   * 다른 아이템들에 비해 무거운 장미꽃은 끝부분을 살짝 구부려 고리를 만든다.
5. I-B(바닥)의 둘레에 로열 아이싱을 짜고 리본을 둘러 장식한다.

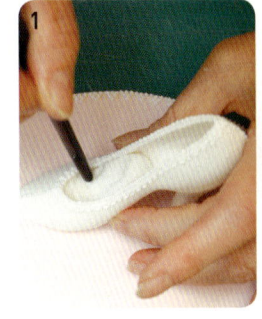

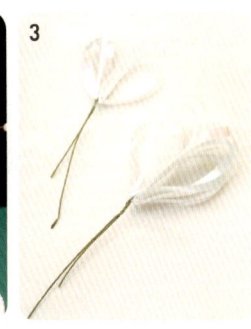

Theme 02 | 여름
Summer

푸른 색과 녹색의 싱그러움.
태양을 닮은 듯 비비드한 색감의 여름 꽃들.
바람에 흩날리는 드레스 자락, 넘실대는 파도
여름을 연상케 하는 모든 것들이 슈거크래프트로 재현되었다.

스위트 브라이어 로즈 *Sweet Briar Rose*

스모킹 프릴을 두른 케이크 위에 독특한 향과 우아한 멋을 자랑하는 스위트 브라이어 로즈(Sweet Briar Rose)를 장식했다.
흰색과 녹색의 조화가 싱그러워 여름에 잘 어울린다.

사용도구 자, 스모킹 전용 밀대, 롤링커터, 핀셋, 레이스커터, 장미꽃받침커터, 하드스펀지, 주걱스틱, 하트커터,
◇◇◇◇◇ 실리콘 잎맥틀, 왁스페이퍼, 티슈, 붓, 나뭇잎커터, 니퍼

사용재료 녹색 와이어, 플로리스트 테이프, 가루색소(갈색, 녹색, 분홍색, 은색 펄), 콘밀, 꽃술, 바니시,
청록색 리본, 말린 안개꽃, 풀색 리본

I 프릴 케이크

1. 15*cm* 길이의 띠지를 준비한 후 위, 아랫부분을
   어느 정도 남기고 1*cm* 간격으로 5개의 가로선을
   그어 밑그림을 그린다.

  * 간격과 선의 개수는 케이크의 크기에 맞춰 조절한다.

2. 2*mm* 두께로 밀어 편 흰색 페이스트에 스모킹 전
   용 밀대로 무늬를 낸다. 롤링커터로 페이스트의
   양 끝을 반듯하게 잘라 ①의 밑그림 위에 올린다.

  * 프릴을 만드는 페이스트는 커버용 페이스트에 꽃용 페이
   스트를 섞어 부드럽게 만든다.

  * 프릴을 만들 때는 페이스트가 쉽게 말라 갈라지지 않도
   록 콘스타치가 아닌 슈거파우더를 덧가루로 사용한다.

  * 밑그림의 가로선과 페이스트의 세로선이 교차되도록
   한다.

3. 페이스트 위에 자를 대고 밑그림의 선과 나란히
   줄을 맞춘 후 3개의 세로선을 한 단위로 보고 첫
   번째 선과 세 번째 선을 핀셋으로 집어 가운데
   두 번째 선에 모은다.

  * 단, 아랫단과 윗단이 하나씩 어긋나도록 작업한다.

4. 윗부분과 아랫부분을 레이스커터로 찍는다.

5. 레이스를 따라 스틱을 돌려가며 프릴을 만든다.

  * 중심을 정한 다음 그 중심을 기준으로 부채꼴 모양으로
   스틱을 돌린다. 안쪽보다 바깥쪽에 힘을 주고 돌려 바깥
   쪽만 부드럽게 만든다.

6. 흰색 페이스트로 커버링한 케이크에 물칠한 다
   음 ⑤를 접착시킨다. 케이크와 보드의 경계 부분
   에 닿는 프릴의 모양을 잡는다.

  * 공정 ③에서 핀셋으로 집은 점과 이음매가 규칙적으로
   연결되게 계산해 페이스트를 접착한다.

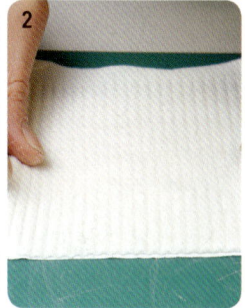

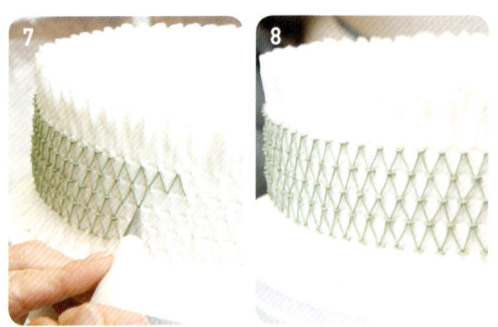

7. 공정 ③에서 집은 점들을 연결해 녹색 로열 아이싱을 짜 다이아몬드 모양을 만든다.

* 다소 시간이 걸리더라도 한 땀씩 작업해야 수놓은 듯 자연스러운 모양을 연출할 수 있다.

8. 선과 선이 만나는 곳에 녹색 로열 아이싱으로 고리 모양을 짠 다음 완전히 건조시킨다.

장미꽃받침커터
(스위트 브라이어 로즈 꽃받침용)

Ⅱ 스위트 브라이어 로즈

A 꽃봉오리

1. 녹색 와이어의 한쪽 끝을 구부려 고리를 만든다. 고리 부분에 물칠한 후 물방울 모양으로 빚은 흰색 페이스트에 꽂는다. 와이어와 페이스트의 경계 부분을 매만져 매끄럽게 하고 완전히 건조시킨다.

2. 녹색 페이스트를 밀어 편 다음 장미꽃받침커터로 찍어낸다. 5개의 꽃받침 중 3개는 네 군데에, 나머지 2개는 두 군데에 칼집을 낸다.

* 꽃받침을 길게 늘여 작업할 것을 감안해 보통보다 약간 두껍게 밀어 편다.

3. 하드스펀지 위에 올려 주걱스틱으로 길게 늘인다.

4. 한쪽 면에 물칠한 후 중앙에 ①을 통과시킨다. 꽃받침을 오므려 심을 완전히 감싼다.

5. 녹색 페이스트를 쌀알 크기로 동글납작하게 빚어 ④에 통과시킨다. 꽃받침과 맞닿는 면에 물칠한 후 접착시켜 그대로 건조시킨다.

6. 와이어에 플로리스트 테이프를 감고 갈색 가루색소와 녹색 가루색소로 플로리스트 테이프와 꽃받침을 더스팅한다.

B 핀 꽃

1. 흰색 페이스트를 밀어 편 후 하트커터로 찍는다. 실리콘 잎맥틀 사이에 페이스트를 넣고 찍어 무늬를 낸다.

   * 페이스트의 아랫부분은 두껍게, 윗부분은 얇게 밀어 펴고 하트 모양커터의 뾰족한 부분이 아래쪽을 향하게 해 찍는다. 이렇게 하면 꽃잎의 무게 중심이 아래로 향하여 보다 안정적이고 실감나는 꽃잎을 표현할 수 있다.

2. 하드스펀지 위에 올려 주걱스틱으로 부드럽게 만든다.

3. A(꽃봉오리)의 공정 ①과 동일한 작업으로 심을 만든 다음 ②의 꽃잎 가운데 부분에 물칠해 심에 접착시킨다.

4. 꽃잎의 한쪽에도 물칠해 심에 완전히 접착시키고, 다른 한쪽은 심을 살짝 감싸는 정도로만 접착시킨 후 완전히 건조시킨다.

5. 공정 ①~②와 동일한 작업으로 만든 또 1장의 꽃잎은 아랫부분에만 물칠한 후 ④를 감싼다. 아랫부분은 오므려 여분의 페이스트를 제거하고, 윗부분은 자연스럽게 모양을 잡고 그대로 건조시킨다.

6. A의 공정 ②~③과 동일한 작업으로 만든 꽃받침의 한쪽 면에 물칠한 다음 ⑤에 접착시킨다. A의 공정 ⑤~⑥과 마찬가지로 작업하고 꽃잎의 끝부분을 분홍색 가루색소로 살짝 더스팅한다.

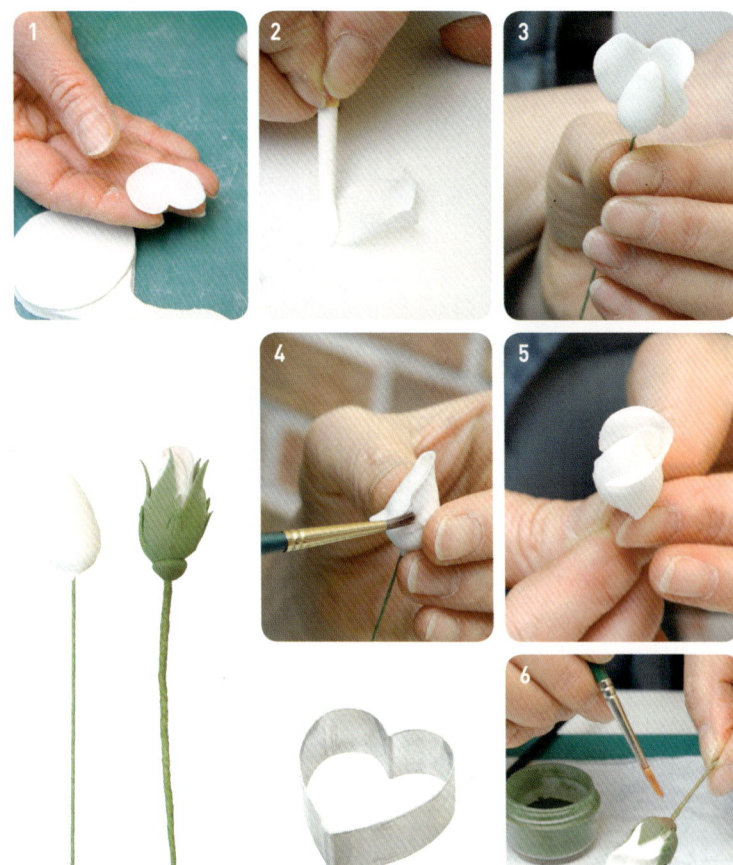

하트커터
(스위트 브라이어 로즈 꽃잎용)

C 만개한 꽃

1. 와이어의 한쪽 끝을 구부려 고리를 만든다. 고리 부분에 물칠한 후 아랫부분은 둥글게, 윗부분은 약간 뾰족하게 빚은 흰색 페이스트에 꽂는다. 와이어와 페이스트의 경계 부분을 매만져 매끄럽게 하고 완전히 건조시킨다.

2. 윗부분에 물칠한 다음 콘밀을 묻힌다.

3. 아랫부분은 갈색 젤타입색소에 알코올로 농도를 조절하여 칠하고 그대로 건조시킨다.

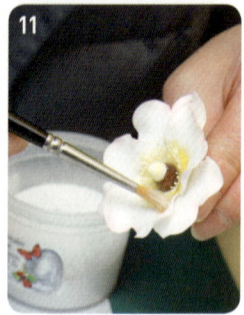

4. 반으로 자른 노란색 꽃술을 ③의 주위에 배치하고 종이가 감기지 않은 얇은 와이어로 감아 고정시킨다.

5. ①의 와이어 끝까지 플로리스트 테이프를 감아 단단하게 고정시킨다. 직선으로 뻗어있는 꽃술을 안쪽으로 살짝 구부린다.

6. 사각형으로 자른 왁스페이퍼의 중심에 구멍을 뚫고 그 구멍을 중심으로 네 귀퉁이를 깊숙이 잘라 꽃잎 고정용지를 만든다. 돌돌 만 티슈 위에 올린 다음 구멍 바로 옆에 로열 아이싱을 조금 짠다.

7. B(편 꽃)의 공정 ①~②와 동일하게 5장의 꽃잎을 만들고, 1장을 ⑥의 로열 아이싱 위에 올려 고정시킨다. 나머지도 1장씩 균형있게 배치하고 각 꽃잎이 맞닿는 부분에 물칠해 접착시킨다.

* 꽃잎들이 서로 들러붙지 않도록 꽃잎 사이에 티슈를 끼워 건조시킨다.

8. ⑤의 심을 통과시켜 로열 아이싱으로 접착시키고 그대로 건조시킨다.

9. A(꽃봉오리)의 공정 ②~③과 동일하게 만든 꽃받침의 한쪽 면에 물칠하고 ⑧을 통과시켜 접착시킨다. 꽃을 뒤집어 꽃받침의 모양을 잡는다.

10. A의 공정 ⑤와 동일한 작업을 한 후 완전히 건조시킨다. 와이어에 플로리스트 테이프를 감고 티슈를 덧댄 다음 다시 한 번 플로리스트 테이프를 감아 줄기의 두께감을 표현한다.

11. 갈색 가루색소로 플로리스트 테이프 부분을 더스팅하고, 녹색 가루색소로 플로리스트 테이프와 꽃받침을 더스팅한다. 꽃술은 노란색, 꽃잎의 가장자리는 분홍색 가루색소로 살짝 더스팅한 다음 전체적으로 은색 펄 가루색소를 더스팅해 광택을 준다.

D잎

1. 녹색 페이스트를 밀어 편 후 나뭇잎커터로 찍어낸다. 하드스펀지 위에 올려 끝부분을 주걱스틱으로 얇게 펴준다.

2. 실리콘 잎맥틀 사이에 ①을 넣고 찍어 무늬를 낸다.

3. 녹색 와이어(26번) 끝에 물을 묻혀서 페이스트에 꽂는다.

4. ③을 다시 한 번 하드스펀지 위에 올려 끝부분을 주걱스틱으로 얇게 펴준다. 와이어를 중심으로 안쪽으로 살짝 모으고 자연스러운 굴곡을 준 다음 티슈에 올려 그대로 건조시킨다.

5. 갈색 가루색소로 부분적으로 더스팅해 명암을 주고 녹색 가루색소로 전체적으로 더스팅한다.

6. 여분의 가루를 털어낸 후 바니시를 전체적으로 발라 건조시킨다.

* 바니시가 없을 경우 스팀을 살짝 쬐면 광택이 나는 효과를 얻을 수 있다.

* 바니시가 완전히 마르지 않으면 서로 들러붙으므로 하루 동안 충분히 건조시키도록 한다.

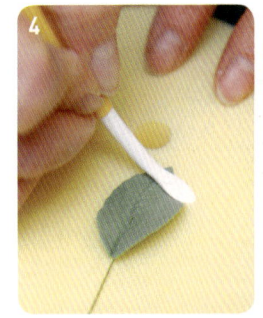

Ⅲ 꽃다발

1. 와이어에 플로리스트 테이프를 감은 Ⅱ-D(잎) 3개를 아치 형태로 배치한 다음 플로리스트 테이프로 감아 고정시킨다.

2. 청록색 리본을 2번 겹쳐 8자를 만들고 가운데를 와이어로 고정시킨 것과 Ⅱ-A(꽃봉오리), 말린 안개꽃을 적절히 배치한 후 얇은 와이어로 묶어 고정시킨다. 다시 한 번 플로리스트 테이프를 감아 단단하게 고정시킨다.

3. 링 리본, 말린 안개꽃, 꽃봉오리, 핀 꽃, 만개한 꽃, 잎을 보기 좋게 배치해 얇은 와이어와 플로리스트 테이프를 차례로 감아 고정시킨다.

* 아래로 갈수록 만개한 꽃이 위치하도록 배치한다.

* 각 아이템을 조금씩 배치해 두 겹으로 고정시켜 나가면 더욱 튼튼하고 풍성한 꽃다발을 만들 수 있다.

4. 니퍼로 전체적인 꽃의 모양을 잡고 꽃다발의 아랫부분을 가위로 자른다.

Ⅳ 마무리

1. Ⅰ(프릴 케이크)의 윗면 중앙에 로열 아이싱을 짜고 그 위에 조금 떼어낸 페이스트를 올린다. 페이스트를 살짝 들어 Ⅲ(꽃다발)의 줄기 부분을 넣어 접착시킨다.

2. 3개의 Ⅲ을 균형있게 배치해 접착시킨다.

3. 풀색 리본을 6번 감아 와이어로 묶어 리본을 만들고, 감고 남은 와이어 끝부분에 로열 아이싱을 묻혀 Ⅲ 사이사이 페이스트에 꽂아 접착시킨다. 남은 아이템들도 적절하게 활용해 풍성함을 더한다.

여름의 신부 *Gardenia*

하얗고 탐스럽게 피었다가 노란빛으로 지는 꽃, 가르데니아(Gardenia)의 꽃말은 '순결'과 '행복'.
여름신부를 위해 레이스를 더한 푸른색 웨딩 케이크와 가르데니아 코르사주를 준비했다.

사용도구 왁스페이퍼, 테이프, 원형깍지(1번), 붓, 스크레이퍼, 모양주걱, 스패츌러, 가위, 뾰족한 스틱,
◇◇◇◇◇ 크리스마스 로즈커터(大, 中, 小), 실리콘 잎맥틀, 둥근 스틱, 심플리프커터(大, 中, 小)

사용재료 녹색 와이어(22, 26번), 가루색소(흰색, 노란색, 녹색), 플로리스트 테이프,
흰색 와이어(26, 30번), 바니시, 리본

I 케이크

A 런아웃 방식 꽃

1. 꽃 밑그림에 왁스페이퍼를 대고 로열 아이싱을
   원형깍지(1번)를 끼운 짤주머니에 담아 선을 따
   라 짜준다. 아이싱의 늘어나는 성질을 이용해 밑
   그림을 따라가며 떨어뜨려 주는 느낌으로 작업
   한다.
   * 꽃잎을 그릴 때는 한 잎을 나누어 반쪽씩 짜줘야 더 예쁜
     모양이 나온다.

2. 가는 붓에 물을 묻혀 물기를 완전히 제거한 다
   음 선의 깔끔하지 않은 부분을 정리한다.

3. ①에 사용한 로열 아이싱보다 묽은 로열 아이싱
   을 짤주머니에 넣어 선 안쪽을 채운다.
   * 바로 옆의 꽃잎을 채우지 말고 교차적으로 채운 후 ②와
     같은 방법으로 각진 부분을 붓으로 다듬는다.

4. 하루 정도 건조시킨다.

5. 얇은 스크레이퍼를 이용해 떼어내거나 모서리
   에 왁스페이퍼를 돌려가며 떼어낸다.

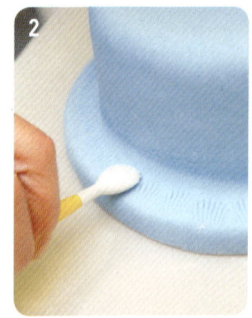

B 케이크 커버링

1. 케이크 대용 스티로폼과 둥근 보드를 접착시킨 다음 묽은 로열 아이싱을 바르고 일정한 두께로 넓게 밀어 편 페이스트를 씌운다.
* 롤링커터를 이용해 여분의 페이스트를 제거한 다음 돌려가며 손으로 매만진다.
2. 모양주걱을 이용해서 보드의 가장자리에 모양을 낸다.

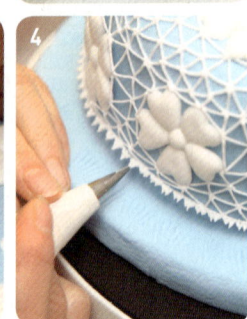

C 조합

1. A(런아웃 방식 꽃)에 로열 아이싱을 짠 다음 스패튤러를 이용해 A에 얇게 펴 바른다.
2. A를 케이크의 위와 옆면에 원하는 간격으로 붙인다.
3. 원형깍지(1번)를 끼운 짤주머니에 로열 아이싱을 담아 A를 이어주는 느낌으로 전체에 선을 짠다.
4. 옆면 밑부분에 로열 아이싱으로 레이스를 짠다.
* 레이스는 3개의 층으로 삼각형을 만드는데, 첫 번째 층은 3개, 두 번째 층은 2개, 마지막 층은 1개를 짠다. 이때 각각의 삼각형을 만드는 것이 아니라 한 층씩 완성해가야 일정한 간격으로 짤 수 있다.

Ⅱ 가르데니아 꽃봉오리

A 꽃봉오리

1. 흰색 페이스트로 물방울 모양을 만든 다음 녹색 와이어(24번)로 고리를 만들어서 끼운다. 스틱을 이용해서 ①을 돌려가며 선명하게 선을 넣는다.
2. 끝부분을 잡고 꼬아서 꽃잎이 말린 느낌을 만든 다음 완전히 건조시킨다.

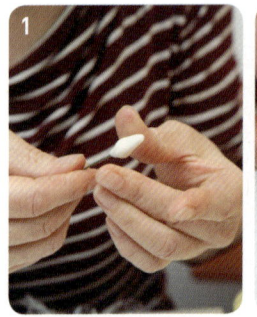
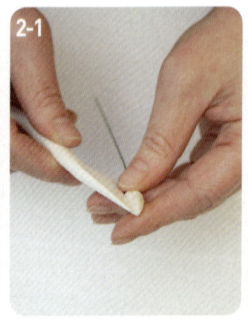

B 꽃받침

1. 녹색 페이스트를 둥글고 길게 모양을 잡아 윗부분을 가위로 6등분한다.
2. 뾰족한 스틱을 이용해 중앙에 구멍을 깊게 내고 6면을 바깥으로 얇게 펼치면서 늘인다.

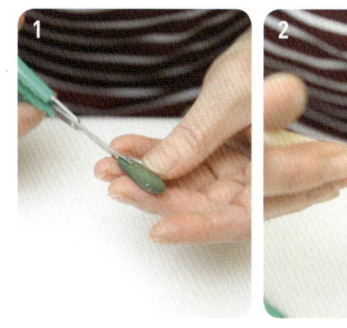

C 조합

1. A(꽃봉오리)를 B(꽃받침)의 가운데에 꽂은 다음 A의 아랫부분에 물을 묻혀 붙인다.
2. 핀셋을 이용해 B의 아랫부분을 세로로 집어준 다음 남은 페이스트는 자른다.
3. A의 윗부분을 노란색과 흰색을 섞은 가루색소로 더스팅하고, B는 녹색 가루색소로 더스팅한다.
4. 녹색 플로리스트 테이프를 감는다.

Ⅲ 가르데니아 꽃

A 꽃심

1. 노란색 페이스트를 동그랗게 빚은 다음 흰색 와이어(26번)로 고리를 만들어 끼운다.
2. 노란색 페이스트로 길쭉한 반달 모양을 3개 만든다.
3. ①에 물을 바른 다음 붙인다.
4. 완전히 마르면 노란색 가루색소로 더스팅한다.

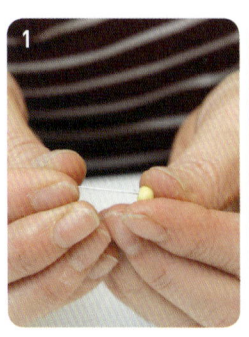
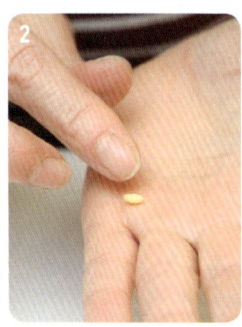
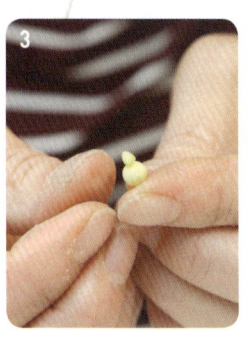

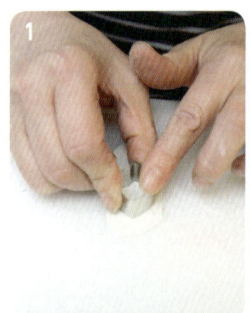
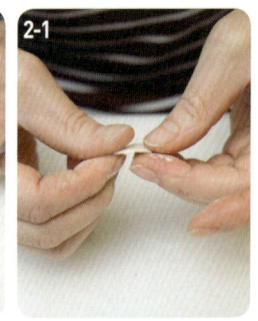

실리콘 꽃잎맥틀

크리스마스
로즈커터(大, 中, 小)

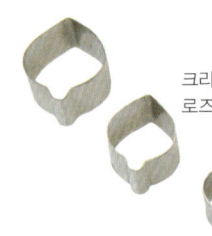

B 꽃잎

1. 흰색 페이스트를 얇게 밀어 펴 크리스마스 로즈 커터(大, 中, 小)로 각각 6장씩 찍는다.

2. 가장자리를 손으로 만져 매끄럽게 하고 실리콘 잎맥틀로 찍어 잎맥 무늬를 낸다.

3. 흰색 와이어(30번)에 물을 묻혀서 꽂는다.

4. 작은 꽃잎은 아직 피지 않은 느낌을 주기 위해 둥근 스틱으로 가운데 부분을 말아주는 느낌으 로 둥글린다. 중간 크기의 꽃잎은 살짝 말리는 느낌으로 펴준다. 큰 꽃잎은 엄지손가락으로 가 운데를 누른 상태에서 바깥 부분으로 젖힌다.

5. 완전히 마른 다음 노란색과 흰색 색소를 섞어서 아래에서 위로 명암 주듯이 살짝 더스팅한다.

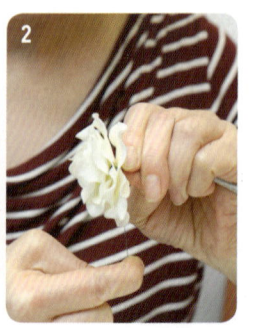

C 조합

1. B의 작은 꽃잎 3장과 A(꽃심)를 가장 가는 와이 어로 감아 고정시키고 같은 사이즈의 꽃잎 3장 을 교차해서 고정시킨 다음 폭이 좁은 녹색 플 로리스트 테이프로 감는다.

2. 두꺼운 와이어를 꽃 아래쪽에 대고 B의 중간 크 기 꽃잎 3장을 ①의 꽃잎과 교차해서 고정시킨 다음 다시 같은 사이즈의 꽃잎 3장을 교차해서 고정시킨다.

3. 같은 방법으로 B의 큰 꽃잎을 배치하고 두꺼운 플로리스트 테이프를 당겨 가며 감아 단단하게 고정시킨 다음 마지막 꽃잎을 바깥으로 퍼지게 매만 져준다.

4. 노란색과 흰색 가루색소를 섞어서 더스팅한다.

IV 가르데니아 잎

1. 녹색 페이스트를 약간 두께가 있게 밀어 펴 여러 가지 크기의 심플리프커터로 찍어낸다.

2. 가위를 이용해 가장자리의 커브 부분을 잘라내 고 손으로 매만진 다음 실리콘 잎맥틀로 찍어 잎 맥 무늬를 낸다.

3. 녹색 와이어(26번)의 끝에 물을 묻혀서 페이스 트에 꽂는다. 모양을 잡은 후 골곡진 곳에 놓아 건조시키고 녹색 가루색소로 더스팅한 다음 바 니시를 발라 광택을 준다.

V 마무리

1. I(케이크)의 중앙에 로열 아이싱을 바르고 페이스트를 뭉쳐서 붙인다.

2. 그 위에 로열 아이싱을 짜고 III(가르데니아 꽃)을 붙인 다음 아이싱을 이용 해 IV(중간 정도 크기의 가르데니아 잎)를 2장 붙인다.

〈응용〉

가르데니아 코르사주

1. 두 송이의 II(가르데니아 꽃봉오리)와 IV(가르데니아 잎)를 보기 좋게 배치해 가는 녹색 플로리스트 테이프를 당겨가며 감아 단단하게 고정시킨 다음 니퍼로 자른다.

2. 동일한 방법으로 III(가르데니아 꽃)을 한 송이씩 와이어로 감는다.

3. 두꺼운 녹색 플로리스트 테이프를 감아 고정시킨 다음 리본을 맨다.

러블리걸 *Hat & Sandals*

모자에 엠보싱 무늬를 찍어 볼륨을 살리고 바느질한 것처럼 레이스와 리본을 덧대어 손으로 굴곡을 잡아냈다.
그리고 프릴과 꽃으로 치장한 귀여운 샌들. 소녀를 위한 여름 아이템들이다.

사용도구 플라워 스탠드, 꽃모양커터(大,中,小), 하드스펀지, 둥근 스틱, 나뭇잎커터, 실리콘 잎맥틀, 퀼팅툴,
◇◇◇◇◇◇ 티슈, 격자 무늬 판, 롤링커터, 스트랩커터, 구두틀, 레이스커터, 이쑤시개

사용재료 반짝이, 슈퍼글루, 가루색소(분홍색, 녹색)

I 꽃과 잎

A 싱글 블라섬

1. 진분홍색 페이스트를 밀어 편 후 작은 꽃모양커터로 찍는다.
2. 하드스펀지 위에 올려 둥근 스틱으로 꽃잎을 부드럽게 한다.
3. 플라워 스탠드에 올려 꽃의 형태를 잡고 건조시킨다.
4. 로열 아이싱을 짜고 반짝이를 접착시킨다.
 * 로열 아이싱 대신 슈퍼글루(페이스트와 물을 섞은 것)로 접착하면 더욱 단단하다.

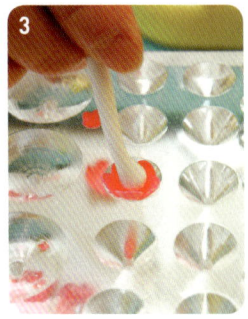

B 더블 블라섬

1. 진분홍색 페이스트(중간 크기 꽃모양커터)와 분홍색 페이스트(큰 꽃모양커터)를 A(싱글 블라섬)의 ①~③과 동일한 방법으로 만들어 큰 꽃에 물을 바른 후 중간 크기 꽃을 접착시킨다.
2. 로열 아이싱을 짜고 반짝이를 접착시킨다.

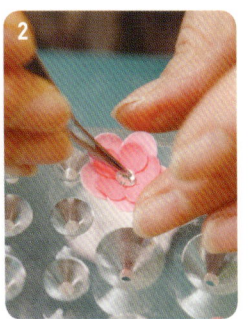

C 잎

1. 녹색 페이스트를 밀어 편 후 나뭇잎커터로 찍는다.
2. 잎맥틀로 잎맥 무늬를 낸다.
3. 끝부분의 모양을 살짝 잡고 건조시킨다.

Ⅱ 리본 모자

  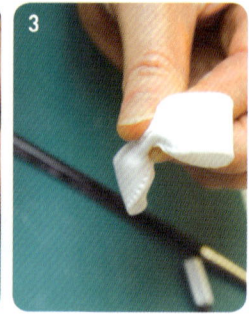
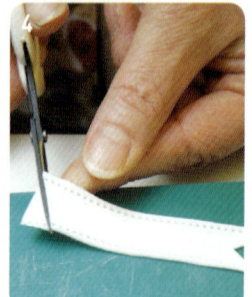 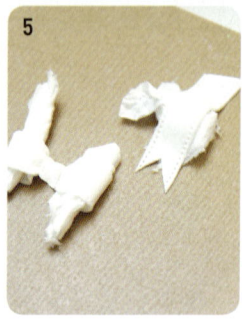

A 리본

1. 흰색 페이스트를 밀어 편 후 폭 1.5*cm*의 띠를 만들어 퀼팅툴로 바느질 무늬를 낸다.
   * 길이 8*cm*와 2*cm*로 1장씩, 길이 6*cm*로 2장을 만든다.
2. 길이 8*cm* 띠의 양 끝부분에 물을 바른 후 가운데로 모아 접착시킨다.
3. 가운데 주름을 잡고 길이 2*cm* 띠로 주름 부분을 감는다.
4. 길이 6*cm* 띠의 한쪽을 삼각형으로 잘라 리본꼬리를 만들고 다른 한쪽은 사선으로 자른다.
   * 2장을 동일하게 작업한다.
5. 리본에 볼륨을 주어 매만지고 티슈를 끼워 건조시킨다.

 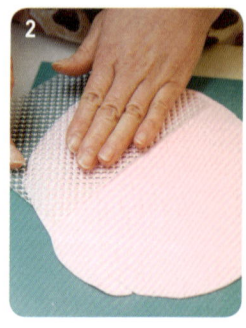 

B 모자

1. 모자를 만들 수 있는 틀을 준비한다.
2. 분홍색 페이스트를 넓게 밀어 편 후 격자 무늬 판으로 찍어 무늬를 낸다.
3. 모자틀에 올려 볼의 형태를 잡아주고 모자챙의 크기를 살짝 표시한다.

4. 모자틀에서 내려 뒤집어 모자챙 라인을 따라 롤링커터로 자른다.

5. 다시 모자틀에 올려 모양을 잡은 후 티슈를 받쳐 모자챙의 굴곡을 살려 건조시킨다.

6. 흰색 페이스트를 밀어 편 후 스트랩커터로 찍어 띠를 만든다.

7. 띠 두 가닥을 새끼 꼬듯 비틀어 꼬아준다.

8. 모자 볼과 챙의 경계 부분에 물을 바른 후 ⑦을 둘러 접착시킨다.

9. 흰색 페이스트를 밀어 편 후 자를 대고 롤링커터로 자른다.

10. 자른 면을 기준으로 레이스의 폭을 감안해 레이스커터로 찍는다.

11. 작은 꽃모양커터로 찍어 구멍을 내고 퀼팅툴로 미싱 효과를 낸다.

12. 모자챙 가장자리 부분에 물을 바른 후 ⑪를 접착시킨다.

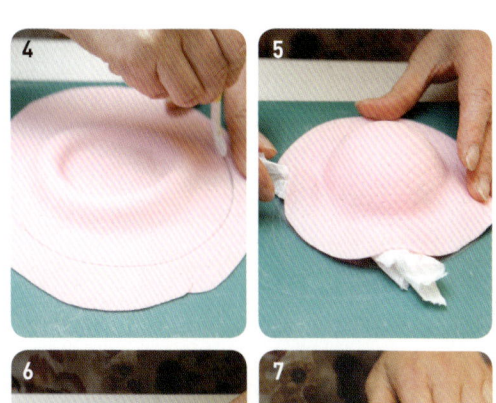
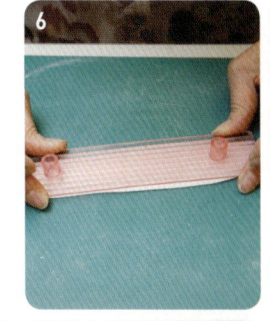
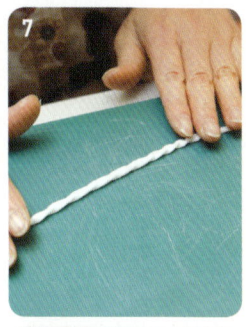
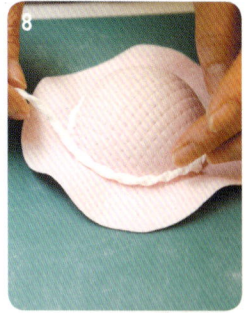

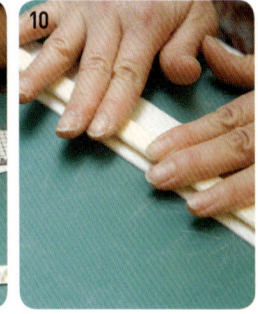

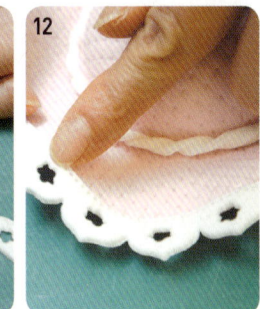

C 마무리

1. 모자 볼과 챙의 경계 부분에 로열 아이싱을 넉넉히 짜고 A(리본)를 접착시킨다.

2. 더블 블라섬과 잎을 로열 아이싱으로 접착시켜 장식한다.

3. 리본의 주름을 감싼 띠 부분에 로열 아이싱을 짜고 반짝이를 붙인다.

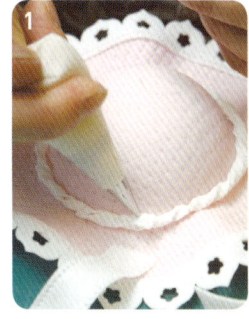
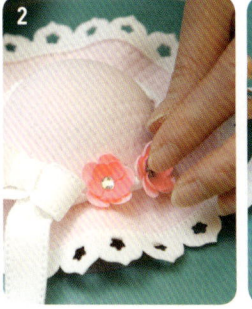

III 화려한 샌들

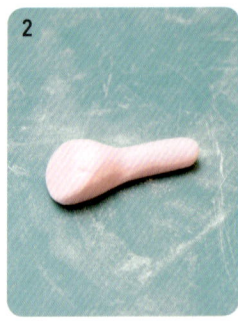
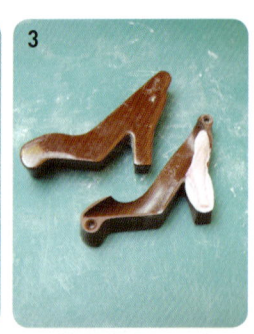

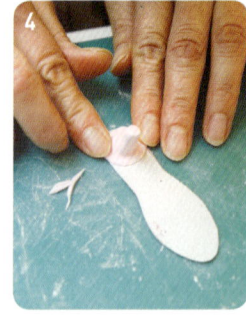

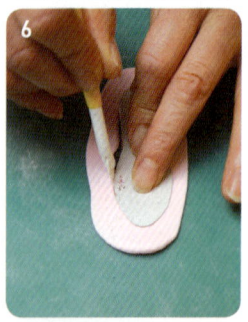

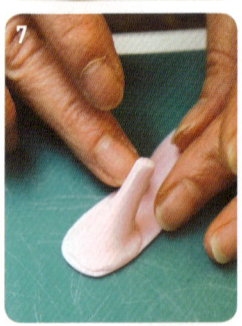

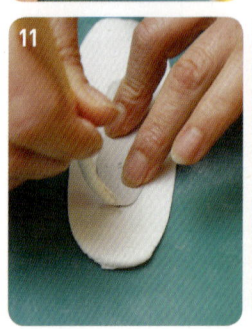
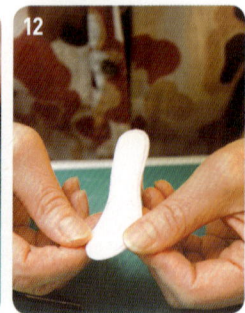

A 샌들

1. 신발의 바닥 모양으로 종이를 자른 것과 구두틀을 준비한다.

2. 분홍색 페이스트로 대강의 굽 형태를 잡는다.

3. 구두틀 사이에 ②를 넣고 구두굽 모양을 찍은 후 여분의 페이스트를 가위로 자른다.

4. ③을 ①의 종이 신발 바닥에 올려 바닥면과 닿는 굽의 크기를 조절한다.

5. 구두틀 사이에 ④를 넣고 고정해 건조시킨다.

6. 분홍색 페이스트를 밀어 편 후 ①의 신발 바닥을 대고 롤링커터로 자른다.

* 건조 과정에서 페이스트가 약간 수축된다는 점을 감안한다.

7. 건조시킨 굽에 슈퍼글루를 발라 ⑥과 접착시킨다.

* 슈퍼글루는 플라워 페이스트의 소량의 물을 섞어서 만든 접착제이다.

8. 구두틀에 ⑦을 넣고 구두의 형태를 잡는다.

9. 뒷꿈치 부분을 손가락으로 누른다.

10. 구두틀을 고정해 건조시킨다.

11. 흰색 페이스트를 밀어 편 후 신발 바닥보다 작게 재단한 종이를 대고 롤링커터로 자른다.

12. ⑩을 빼내 윗면에 물을 바르고 ⑪을 접착시키다.

13. 분홍색 페이스트를 밀어 편 후 띠 모양을 만들고 구두 뒷면에 물을 바른다.

14. 구두를 뒤집어 공간을 조절하고 띠를 접착시킨다.

15. 흰색 페이스트 띠와 분홍색 페이스트 띠를 겹쳐 붙이고 새끼 꼬듯 비틀어 꼬아준다.

16. ⑭와 동일한 방법으로 접착시킨 다음 티슈를 받쳐 건조시킨다.

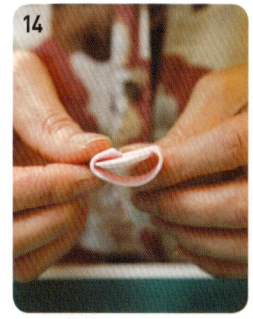
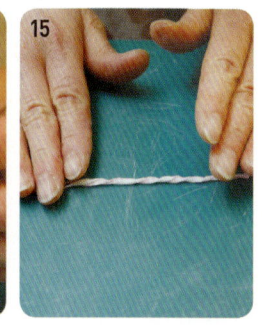

B 프릴

* A(샌들)가 완전히 건조되면 프릴을 접착시킨다.

1. 흰색 페이스트를 밀어 편 후 레이스커터로 찍어 폭 2cm의 레이스를 만든다.

* 상·하 레이스의 모양을 맞춘다.

2. 레이스 가장자리를 이쑤시개를 이용해서 얇게 편 후 주름을 잡는다.

3. 구두의 앞부분에 물을 발라 ②를 접착시킨다.

4. 이쑤시개로 가운데에 라인을 그어 프릴의 볼륨을 살린 후 건조시킨다.

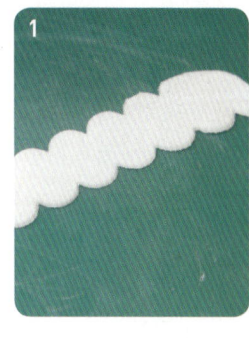
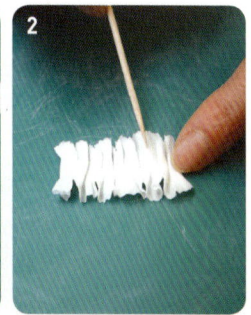

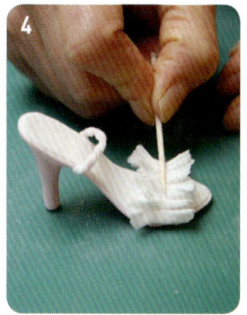

C 마무리

1. 싱글 블라섬에 로열 아이싱을 짜고 프릴 위에 접착시킨다.

* 프릴의 가운데부터 싱글 블라섬을 올려 균형을 맞춘다.

2. 고리 뒤로 로열 아이싱을 넉넉히 짠 후 더블 블라섬이 바깥쪽을 향하도록 접착시킨다.

3. 앞에 로열 아이싱을 짠 후 접착시킨다.

비즈나 반짝이, 헝겊 리본 등의 사용은 대회에서 결격 사유가 될 수 있으므로 반드시 각 대회의 기준을 잘 알아보고 사용하도록 한다.

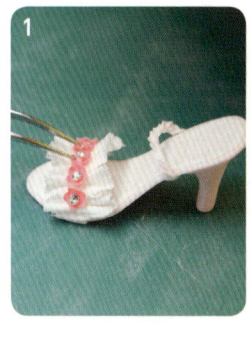
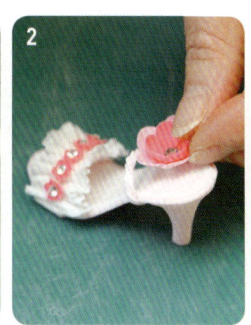

산 속에 핀 수국 *Hydrangea*

여름날, 골짜기에 핀 산수국의 청초한 아름다움을 새하얀 케이크 위에 연출했다.
아이싱으로 짜낸 정교한 익스텐션 기법의 프린지와 섬세한 문양이 보랏빛 수국을 더욱 돋보이게 한다.

사용도구 종이띠, 핀, 원형깍지(0.5, 1번), 붓, 핀셋, 뾰족한 스틱, 크리스마스 로즈커터, 하드스펀지, 주걱스틱,
심플리프커터, 장미 잎맥틀, 슈거케이크용 캡

사용재료 녹색 와이어(18번), 액체색소(보라색), 가루색소(보라색, 흰색, 파란색, 밤색, 브론즈 펄, 분홍색 펄), 바니시, 꽃술,
흰색 플로리스트 테이프, 알코올, 흰색 와이어(30번)

I 더미

1. 폭 6㎝로 접은 종이띠를 더미에 두른 다음 핀으로 자국을 낸다.

2. 둥글게 곡선 처리한 종이띠를 대고 뾰족한 스틱으로 그어 더미에 곡선 자국을 낸다.

3. ②의 곡선을 따라 원형깍지(1번)를 이용하여 아이싱을 짠다.

4. ③의 아이싱에 맞닿게 아이싱을 겹겹이 짜서 5겹의 두꺼운 아이싱을 표현한다.

5. 물기가 있는 붓으로 ④를 정리한다.

  * 완전히 매끈하게 정리하는 것이 아니라 아이싱의 겹이 표현되어 있어야 잘 된 아이싱이다.

6. ⑤의 면에 브론즈 펄로 더스팅한다.

7. ①에서 핀으로 자국을 낸 부분을 붓으로 한 바퀴 둘러 물칠한다

8. 더미의 둘레를 두르며 ⑦에서부터 ⑥까지 원형깍지(0.5번)를 이용하여 익스텐션 기법으로 아이싱을 짠다.

9. 더미 옆면의 위쪽에 꽃 무늬를 짠 다음 붓으로 다듬는다.

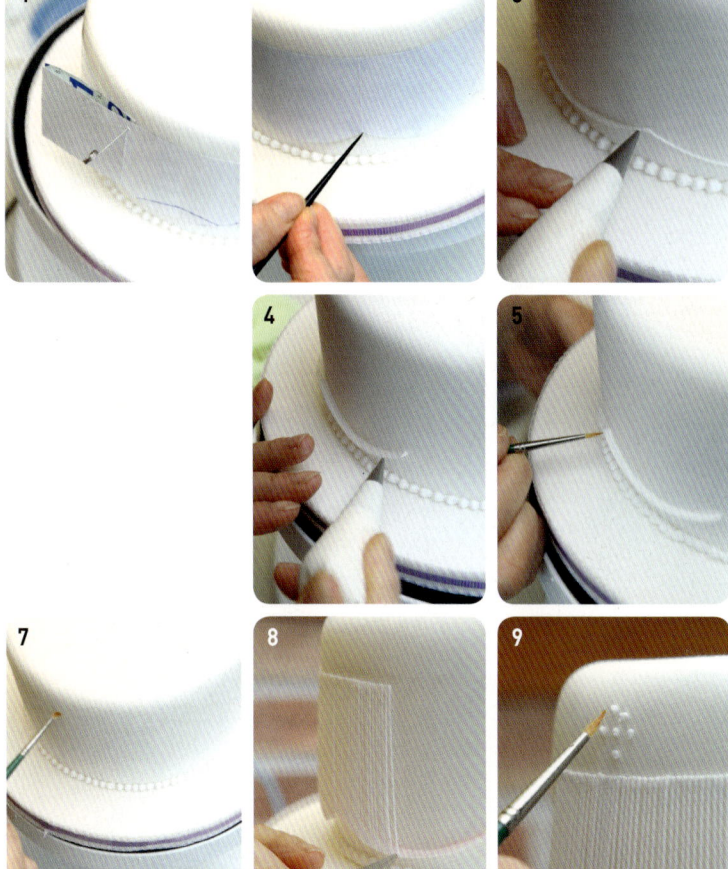

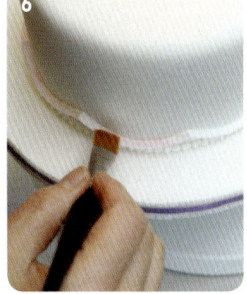

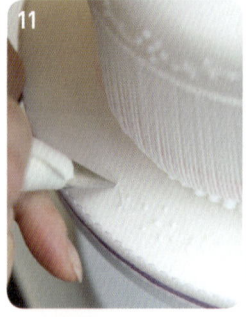

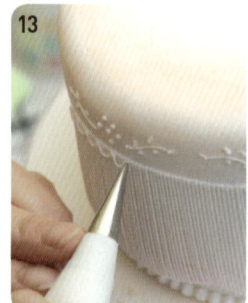

10. ⑨를 중심으로 양쪽에 넝쿨 모양으로 아이싱을 짠다.

* 이때, 물로 그림을 그린 후 아이싱을 짜면 물기를 따라 아이싱이 달라붙어 좀 더 정교하게 작업할 수 있다.

11. 더미의 아래쪽 보드에도 ⑩과 같은 방법으로 꽃 무늬를 짠다.

12. 더미의 윗면과 보드에 브론즈 펄로 더스팅한다.

13. 익스텐션이 시작된 부분에 좁은 간격으로 물결 무늬를 3단으로 짠다.

14. 3단 물결 각각의 모서리에 원형깍지를 이용하여 아이싱으로 점을 짠다.

15. ⑬~⑭와 같은 방법으로 익스텐션이 끝나는 부분에 좁은 간격으로 3단 물결 무늬를 짠다.

Ⅱ 꽃봉오리

1. 녹색 와이어(18번)로 고리를 만든 다음 직각으로 꺾는다.

2. 녹색 페이스트를 둥글납작하게 뭉쳐 ①에 꽂고 완전히 건조시킨다.

3. ②의 윗면에 전체적으로 물칠을 한 다음 좁쌀 크기로 둥글게 뭉친 녹색 페이스트를 붙인다.

4. 좁쌀 크기의 페이스트 윗면에 각각 가위집을 낸다.

5. 보라색 가루색소로 ④의 윗면을 더스팅한 다음 바니시를 바른다.

Ⅲ 유성화

1. 아주 작은 꽃술 3개를 반으로 접은 다음 고리로 감아 고정시킨다.
2. 꽃술로 사용한 부분을 제외한 나머지를 잘라 내고 핀셋을 이용해 꽃술에 높낮이를 준다.
3. 흰색 플로리스트 테이프로 ②를 감는다.
4. 흰색 페이스트를 물방울 모양으로 뭉친다.
5. ④의 위쪽에 가위집을 넣어 5등분한다.
6. 뾰족한 스틱으로 각각의 페이스트를 얇게 펴 꽃잎을 표현한다.
7. ⑥의 중심에 ③을 꽂는다.
8. 각각의 꽃잎을 뾰족하게 모양 잡는다.
9. 알코올에 보라색 액체색소를 섞고 ⑧을 담가 색을 입히고 여분의 색소를 털어낸다.
   * 색을 진하게 하고 싶으면 공정 ⑨를 여러 번 반복한다.
10. 흰색 가루색소에 물을 더해 페이스트 상태로 만든 다음 ⑨의 꽃술을 더스팅한다.

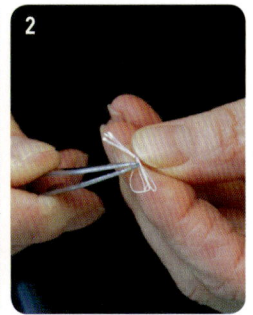
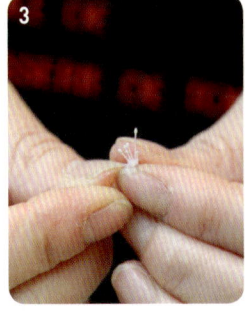
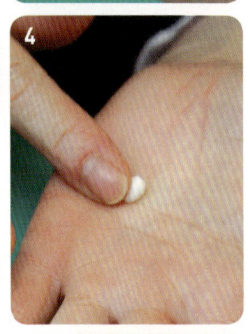
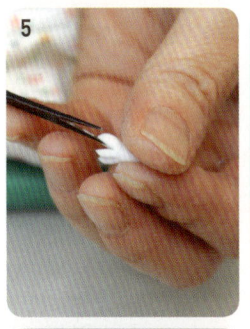

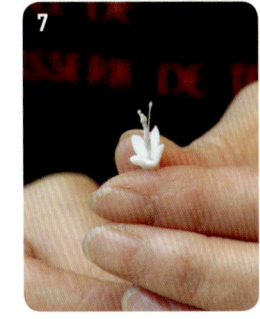

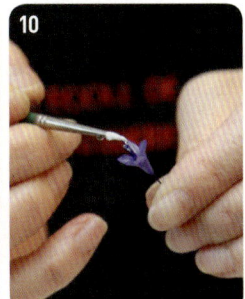

IV 무성화

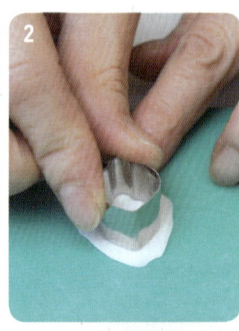
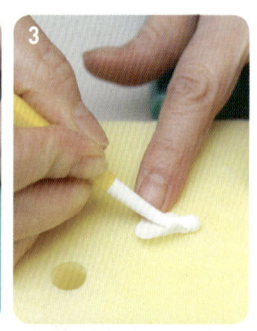
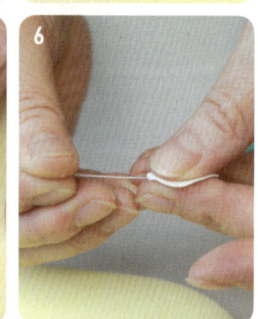

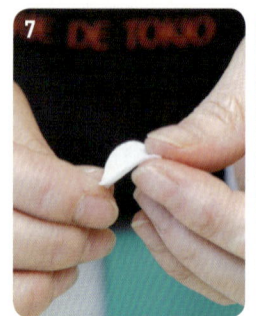
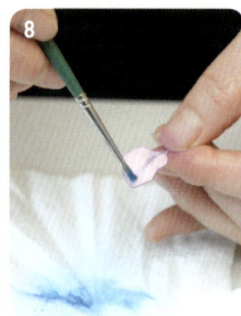

1. 흰색 페이스트를 얇게 밀어 편다.
2. ①을 크리스마스 로즈커터로 찍는다.
3. 하드스펀지 위에 ②를 올리고 주걱스틱으로 가장자리를 밀어 편다.
4. 장미 잎맥틀에 ③을 올리고 찍어 무늬를 낸다.
5. ④를 하드스펀지 위에 올리고 중심에 뾰족한 스틱으로 선을 긋는다.
6. 흰색 와이어(30번)를 ⑤의 밑부분에 꽂는다.
7. 손으로 매만져서 잎마다 굴곡을 다양하게 한다.
8. ⑦을 바깥에서 안쪽으로 보라색 가루색소로 더스팅하고 다시 아래에서 위쪽으로 파란색 가루색소로 더스팅한다.
9. ⑧을 전체적으로 분홍색 펄로 더스팅한다.

V 잎

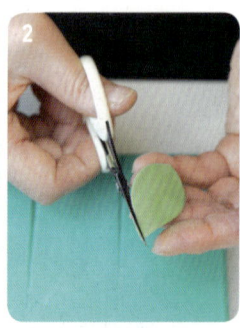
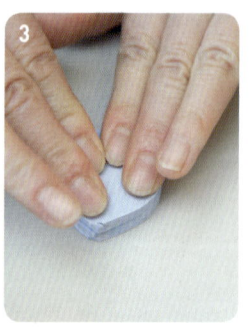

1. 녹색 페이스트를 얇게 밀어 펴고 심플리프커터로 찍는다.
2. ①의 가장자리를 가위로 잘라 깔끔하게 정리한다.
3. 장미 잎맥틀에 ②를 올리고 찍어 무늬를 낸다.

4. 하드스펀지 위에 올리고 주걱스틱으로 가장자리를 얇게 편다.

5. 보드에 ④를 올리고 심플리프커터의 뾰족한 부분을 이용해 뾰족한 잎 모양으로 찍어낸다.

6. ⑤의 자른 부분을 가위로 다듬는다.

7. 하드스펀지 위에 올리고 주걱스틱으로 가장자리를 얇게 편다.

8. 녹색 와이어(26번)를 ⑦의 밑부분에 꽂는다.

9. 잎의 윗부분을 두 손가락으로 잡고 반으로 약간 접는다.

10. 전체적으로 녹색 가루색소로 더스팅한 다음 부분적으로 밤색 가루색소로 더스팅한다.

11. 바니시를 바른다.

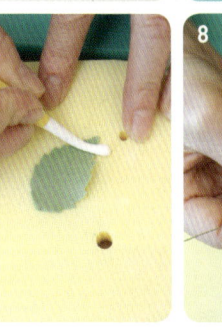

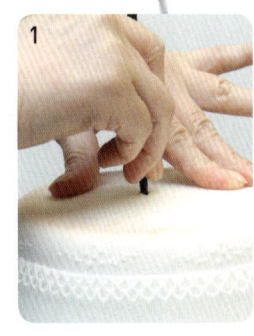

VI 마무리

1. 더미 윗면을 뾰족한 스틱으로 뚫는다.

2. ①의 구멍에 슈거케이크용 캡을 끼운다.

3. ②의 캡 안에 한 묶음으로 조합한 수국을 끼워 넣는다.

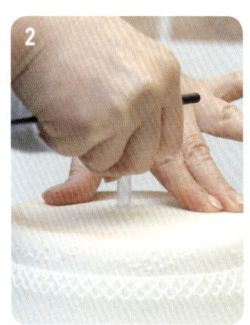

한여름의 장미 *Rose & Jasmin*

푸른색 더미를 둘러싼 스트링 장식이 여름바다의 파도처럼 유쾌하게 표현되었다.
크고 탐스런 장미와 분홍빛 재스민(Jasmin)의 조합 역시 인상적이다.

사용도구 종이띠, 핀, 자, 보드, 장미꽃잎커터(大, 小), 잎맥틀, 하드스펀지, 둥근 스틱, 가는 스틱, 소프트스펀지,
◇◇◇◇◇◇ 꽃받침틀, 스테퍼노티스커터, 뾰족한 스틱

사용재료 녹색 와이어, 가는 와이어, 플로리스트 테이프, 가루색소(녹색, 분홍색)

I 아이싱 장식

1. 폭 3*cm*로 접은 종이띠를 더미에 두른 다음 핀으로 간격을 표시한다.
2. 종이띠에 자를 수직으로 대고 ①과 같은 간격으로 더미의 중간과 보드의 바닥에 자국을 낸다.
3. 더미를 뒤집어 눈높이에 놓고 그 상태에서 제일 밑부분의 자국에 흰색 아이싱으로 점을 찍는다.
4. ③에 아이싱을 곡선으로 늘어뜨리듯 짠다.
5. 더미의 가운데 부분에 공정 ③~④를 반복한다.
6. 건조된 아이싱 장식의 아랫부분에 같은 방법으로 아이싱을 짠다.
7. 더미의 가운데 부분에도 아이싱을 짜고 건조되면 그 아랫부분에 같은 방법으로 아이싱을 짠다. 이러한 방식으로 3단까지 장식한다.

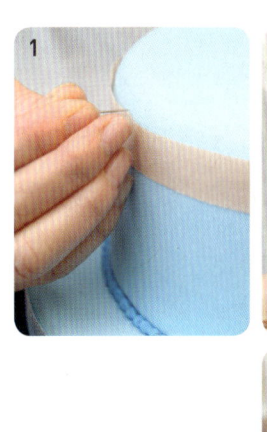 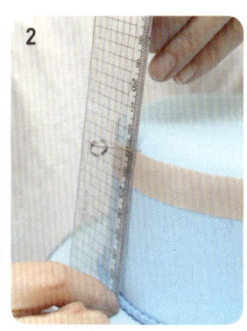 

 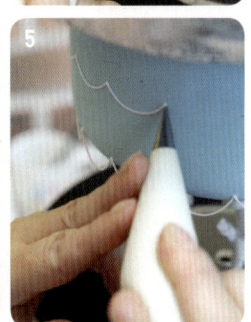

 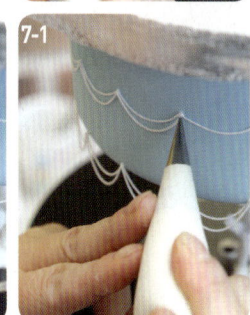 

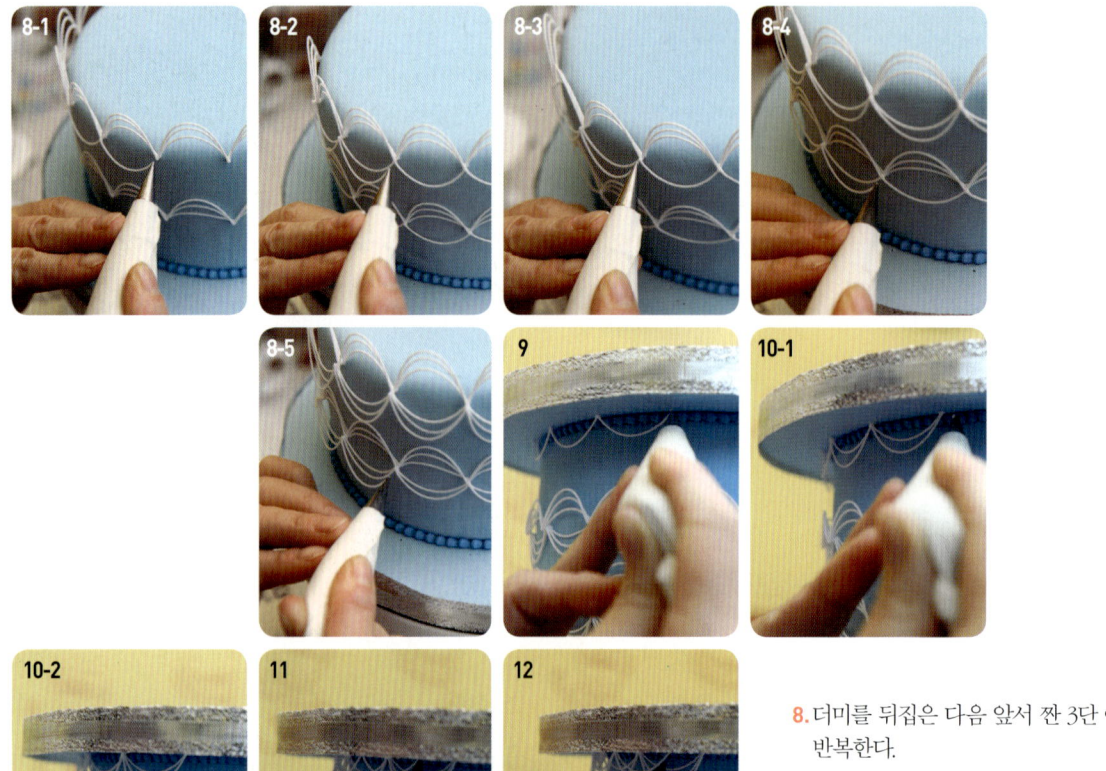

8. 더미를 뒤집은 다음 앞서 짠 3단 아이싱 장식을 반복한다.

9. 다시 더미를 뒤집은 다음 보드의 자국에 아이싱으로 점을 찍고 아이싱 장식을 짠다.

10. 같은 방법으로 아이싱을 3단으로 짠다.

11. ⑩과 교차되게 아이싱을 짠다.

12. 같은 방법으로 아이싱을 3단으로 짠다.

Ⅱ 장미

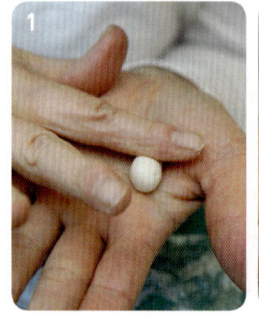 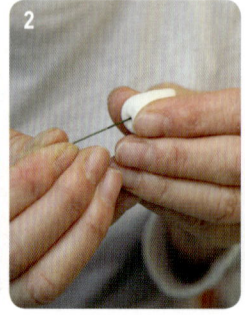 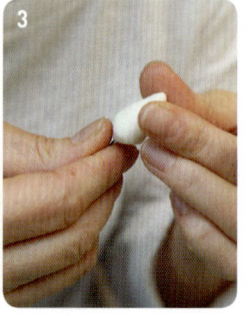

A 꽃심

1. 크림색 페이스트로 물방울 모양을 만든다.

   * 사용하는 꽃잎커터 중 가장 작은 크기보다 0.5㎝ 정도 작게 만든다.

2. 고리를 만든 녹색 와이어를 ①에 꽂는다.

3. 윗부분을 손으로 매만져 뾰족하게 한다.

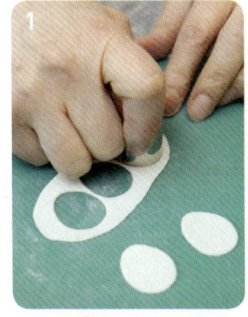

B 꽃잎

1. 크림색 페이스트를 얇게 밀어 편 다음 작은 장미꽃잎커터로 6장 찍는다.

2. 잎맥틀에 넣고 찍어 잎맥 무늬를 낸다.

3. 하드스펀지 위에 올린 다음 둥근 스틱으로 꽃잎의 가장자리를 얇게 편다.

4. A(꽃심)에 전체적으로 물을 바른 후 ③의 꽃잎을 꽃심이 보이지 않게 감싸 붙인다.

5. ④의 작은 꽃잎의 이음매가 있는 면에 1장의 작은 꽃잎을 배치한다.

6. 다른 1장의 작은 꽃잎을 ⑤의 작은 꽃잎과 교차시켜 배치한다.

7. ⑥의 2장의 작은 꽃잎을 ⑤에 감싸듯 붙인다.

8. ⑦의 윗부분을 가는 스틱을 이용해 벌려 공간을 넣는다.

9. 남은 작은 꽃잎 3장을 소프트스펀지 위에 올리고 작은 꽃잎의 중앙을 둥근 스틱으로 누른다.

10. ⑧의 꽃잎이 교차된 부분에 작은 꽃잎의 중심을 배치한다.

11. 작은 꽃잎 3장을 교차시켜 붙인다.

12. 얇게 밀어 편 크림색 페이스트를 중간 크기 장미꽃잎커터로 6장 찍어낸 다음 꽃잎이 교차된 부분에 중간 크기 꽃잎의 중심을 배치한다.

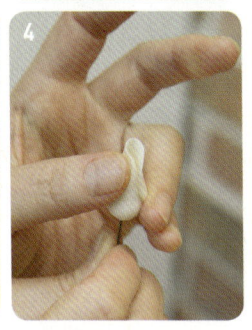
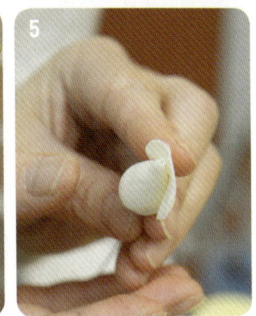

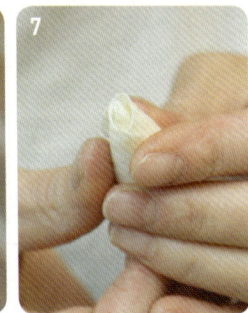
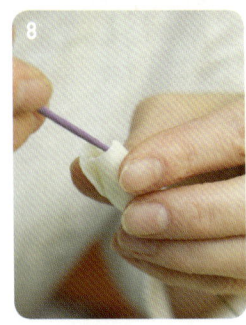

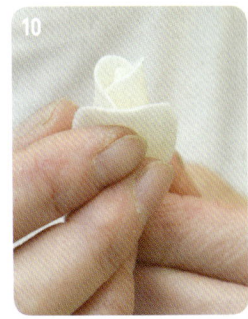

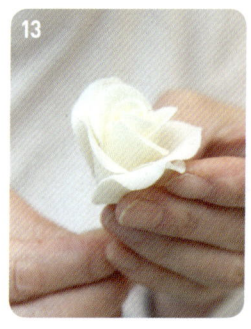

13. 중간 크기 꽃잎 3장을 교차시켜 붙이고 나머지 3장도 앞서 붙인 꽃잎 사이에 교차시켜 붙인다.

14. 얇게 밀어 편 크림색 페이스트를 큰 장미꽃잎 커터로 9장 찍어낸 다음 실리콘틀에 넣고 찍어 잎맥 무늬를 낸다.

15. 하드스펀지 위에 올린 다음 둥근 스틱으로 큰 꽃잎의 가장자리를 얇게 편다.

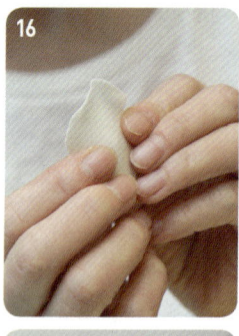
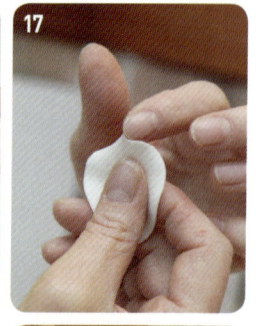

16. 한 손으로는 큰 꽃잎의 중앙을 엄지손가락으로 누르고 다른 한 손으로는 큰 꽃잎의 윗부분을 뒤로 제쳐준다.

17. 양손으로 꽃잎의 가장자리를 쥐고 안쪽으로 모아 누른다.

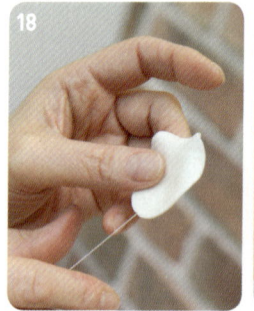

18. 큰 꽃잎 3장은 ⑬의 사이에 붙이고 나머지 큰 꽃잎 6장은 와이어를 꽂는다.

19. 와이어를 꽂은 큰 꽃잎 6장을 ⑱ 사이에 교차시켜 배치한다.

20. 가는 와이어로 ⑲를 감아 고정시킨 다음 플로리스트 테이프로 감싼다.

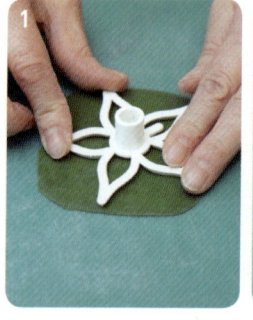

C 꽃받침

1. 녹색 페이스트를 얇게 밀어 편 다음 꽃받침커터로 찍는다.

2. 다섯 부분의 꽃받침 중 마주보는 2장에는 1개의 칼집을, 나머지 부분에는 2개의 칼집을 넣는다.

3. ②를 하드스펀지 위에 올리고 둥근 스틱으로 꽃받침의 끝부분을 끌어당기면서 얇게 편다.

D 조합

1. 꽃받침 중앙에 물을 바르고 장미꽃을 끼워 넣는다.
2. 꽃받침의 끝부분을 막대로 감는다.
3. 동그랗게 빚은 녹색 페이스트를 와이어에 끼우고 손으로 매만져 경계를 자연스럽게 한다.

Ⅲ 재스민

1. 흰색 페이스트를 고깔 모양으로 만든다.
2. 작업대에 올리고 뾰족한 부분을 남긴 채 얇게 민다.
3. 스테퍼노티스커터로 찍는다.
   * 스테퍼노티스커터를 이용하여 재스민을 만든다.
   * 재스민은 꽃잎의 갯수가 다양하다.
4. 뾰족한 스틱을 이용해 중앙에 깊게 구멍을 낸다.
5. 각각의 꽃잎을 스틱으로 눌러준다.
6. 각각의 꽃잎을 손으로 잡아 뾰족하게 한다.
7. 와이어 끝을 구부려 고리를 만든 다음 ⑤의 중앙에 꽂는다.
8. 플로리스트 테이프로 감은 다음 꽃의 바깥부분은 분홍색, 와이어는 녹색 가루색소로 더스팅한다.

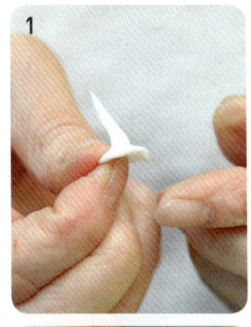 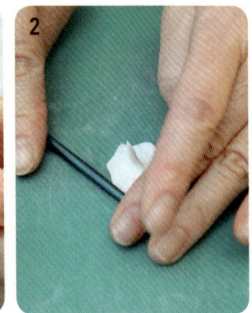

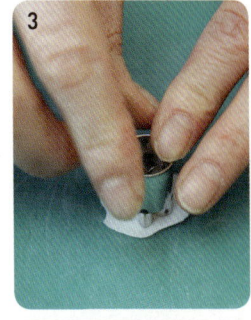 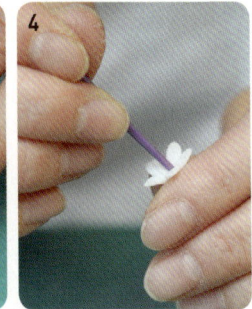 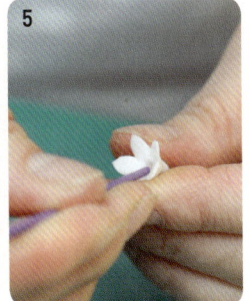

  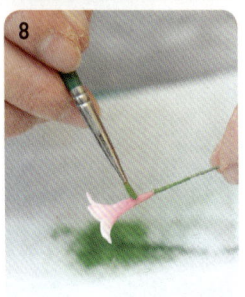

클레머티스 *Clematis*

클레머티스(Clematis)의 꽃말은 '마음의 아름다움'과 '고결'. 검은색 화병에 일본풍으로 꽂은 다채로운 빛깔의 꽃송이가 자못 화려하다. 꽃잎의 형태와 색상이 매우 정교하게 표현되었다.

사용도구 데이지커터, 칼, 얇은 붓, 스펀지, 둥근 스틱, 클레머티스 꽃잎커터, 잎맥틀, 니퍼, 롤링커터, 병, 실리콘 잎맥틀, 클레머티스잎커터

사용재료 흰색 와이어(24, 28번), 젤타입색소(갈색 또는 보라색, 검정색), 가루색소(파란색, 보라색, 분홍색, 녹색, 갈색), 가는 와이어, 녹색 액체색소, 갈색 플로리스트 테이프, 굵은 와이어

I 클레머티스

A 심

1. 노란색 페이스트를 지름 1cm 크기로 둥글게 빚는다. 흰색 와이어(24번)의 끝을 구부려 고리를 만들고 고리 부분에 물을 묻혀 페이스트에 꽂는다. 와이어와 페이스트의 경계를 만져 매끄럽게 한다.

2. 페이스트의 윗부분에 가위집을 넣어 12등분한 다음 완전히 건조시킨다.

3. 노란색 페이스트를 얇게 밀어 편 후 데이지커터로 찍어내 뾰족한 부분을 칼로 잘라낸다.

4. 얇은 붓등으로 돌려가며 ③의 꽃잎을 1장씩 펴 늘린다.

5. 꽃잎 끝부분에 촘촘히 칼집을 넣는다.

6. 스펀지 위에 올려 꽃잎 끝부분을 둥근 스틱으로 길게 밀어 펴 수술을 만든다.

7. ⑥의 중앙에 물칠한 후 ②를 통과시켜 접착시킨다. 균형 있게 모양을 잡고 건조시킨다.

   * 꽃의 크기에 따라 수술을 2~3장 더해도 좋다.

8. 수술 끝부분을 갈색 또는 보라색 젤타입색소로 칠하고 완전히 건조시킨다.

데이지커터
(클레머티스 꽃심용)

꽃이 핀
상태의 꽃잎

꽃이 피기 전
상태의 꽃잎

B 꽃잎

1. 파란색 페이스트를 밀어 편 후 꽃잎커터로 찍어 낸다.

2. 잎맥틀로 찍어 무늬를 낸다.

3. 스틱으로 중앙에 직선을 긋고, 그 양 옆으로 선 을 하나씩 더 그려 넣는다.

4. 스펀지 위에 올려 둥근 스틱으로 가장자리를 부 드럽게 만들어 굴곡을 준다.

* 잎이 자신을 향하도록 두고 작업한다.

5. 흰색 와이어(28번) 끝부분에 물을 묻혀 ④의 아 래쪽에 끼운다.

6. 꽃잎의 아래쪽을 뒤로 살짝 접거나(핀 꽃) 앞쪽 으로 말아서(피기 전 꽃) 그대로 건조시킨다.

7. 파란색 가루색소로 꽃잎의 가장자리를 더스팅 한 다음 보라색 가루색소로 중심을 더스팅한다.

* 클레머티스는 실제로 색상이 다양하므로 자신이 원하는 색으로 마음껏 표현해도 좋다.

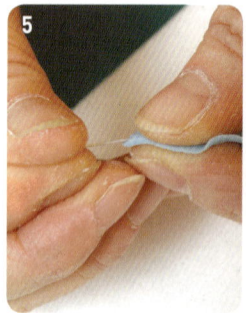

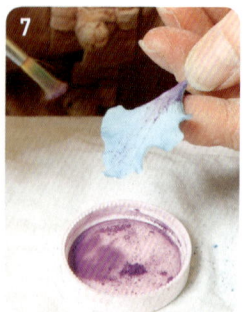

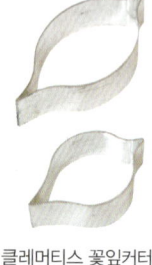

클레머티스 꽃잎커터

잎맥틀

C 조합

1. B(꽃잎)의 와이어와 페이스트의 경계 부분을 직각으로 젖혀 꺾은 다음 7~8개 정도를 A(심) 바로 아래에 보기 좋게 배치한다.

2. 가는 와이어로 감고 니퍼로 꼬아 고정시킨다.

3. 길게 반으로 자른 갈색 플로리스트 테이프로 ②를 감아 단단히 고정시킨다.

4. 꽃잎을 완전히 뒤로 젖힌다.

5. 심과 꽃잎 사이에 공간이 생기지 않도록 아래 와이어 중에서 가장 굵은 와이어 심을 찾아 니퍼로 잡아당긴다.

 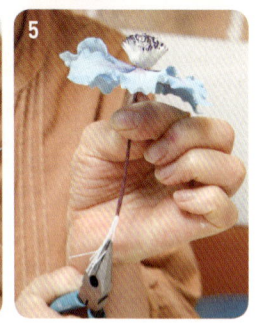

아래쪽 둘레에
턱이 없는 매끈한 병

검은색
젤타입색소

Ⅱ 바닥&화병

1. 흰색 페이스트를 가래떡 모양으로 길게 만든다.

2. 두께 2~3mm가 되도록 밀어 편 후 바닥의 크기로 미리 재단해 둔 종이를 대고 칼로 자른다.

   * 바닥의 크기는 만들고자 하는 화병의 크기에 맞춰 조절한다.

   * 롤링커터를 이용해 페이스트를 자르면 페이스트가 밀리게 되므로 칼을 사용하도록 한다.

3. 공정①~②와 같은 방법으로 바닥 2장, 화병의 옆면 1장을 만들고 완전히 건조시킨다.

   * 건조되면서 형태가 틀어지지 않았는지 중간 중간 체크한다.

   * 화병의 옆면은 준비한 병의 둘레와 높이를 재단해 만든다.

  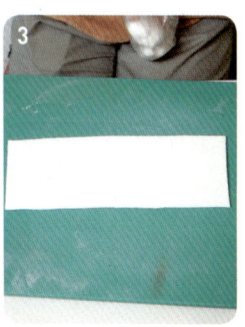

4. 흰색 페이스트를 두께 2~3mm로 둥글게 밀어 펴고 준비한 병을 올려 자국을 낸다.

5. ④의 자국을 따라 롤링커터로 잘라 화병 밑바닥을 만든다.

6. 병에 덧가루를 충분히 칠한 다음 ⑤의 화병 밑바닥 위에 병을 올린다.

7. ③의 화병 옆면 페이스트가 화병 밑바닥 페이스트와 맞닿는 부분, 화병 옆면 페이스트끼리 연결되는 부분에 물칠한 다음 병을 감싸 그대로 건조시킨다.

* 페이스트를 만졌을 때 누른 자국이 남지 않으면 병을 살짝 빼본다. 이는 완전히 건조되었을 때 병과 페이스트가 잘 분리되도록 하기 위함이다.

8. 완전히 건조시킨 다음 병을 제거하고 접착 부분은 로열 아이싱으로 메워 표면을 매끄럽게 정리한다. 검정색 젤타입색소에 알코올을 타서 화병의 안팎, 바닥의 아래위를 칠해 건조시킨다.

* 꽃의 심처럼 면적이 좁을 경우 물감에 물을 극소량 타서 색칠하기도 하나, 화병과 같이 면적이 넓은 경우 물 대신 알코올을 타서 색칠하도록 한다. 넓은 면적에 물을 탄 물감을 사용하면 페이스트가 녹아버릴 우려가 있다.

Ⅲ 클레머티스 잎

3종류의
클레머티스 잎

심플 리프

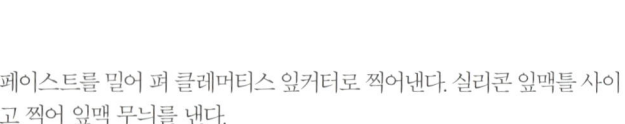

클레머티스 잎커터

1. 녹색 페이스트를 밀어 펴 클레머티스 잎커터로 찍어낸다. 실리콘 잎맥틀 사이에 넣고 찍어 잎맥 무늬를 낸다.

* 와이어를 꽂는 부분의 페이스트는 조금 두껍게 밀어 편다.

2. 스펀지 위에 올려 둥근 스틱으로 가장자리를 부드럽게 만든다.

3. 와이어 끝부분에 물을 묻혀 페이스트에 꽂는다. 아래쪽을 살짝 안으로 접어 모양을 잡고 건조시킨다. 작은잎커터를 사용해 공정 ①~③과 동일한 작업을 한다.

4. 작은 클레머티스 잎커터로 찍은 후 공정 ①~③ 과 동일하게 작업하되, 가장자리 뾰족한 부분 하나를 제거하고 그 크기를 조금 작게 만든다.

5. 갈색 가루색소로 중심을 더스팅한다.

6. 알코올에 녹색 액체색소 섞은 것에 ⑤를 담갔다 뺀 다음 돌려가며 여분의 색소를 털어준다.

* 여분의 색소를 충분히 털어내지 않으면 얼룩이 생기기 쉽다.

7. 길게 반으로 자른 갈색 플로리스트 테이프로 잎의 와이어 부분을 각각 감는다. 4종류의 잎(3종류의 클레머티스 잎, 심플 리프) 중 2개를 먼저 연결한 후 갈색 플로리스트 테이프를 감아 내려가며 잎을 하나씩 더해 배치한다.

IV 마무리

1. I(클레머티스 꽃)과 III(클레머티스 잎)을 배치해 가는 와이어로 감고 니퍼로 꼬아 고정시킨 후 갈색 플로리스트 테이프를 당겨가며 단단하게 고정시킨다. 이때 꽃다발의 끝까지 감지 말고 어느 정도 남긴 다음 이부분을 L자 모양으로 꺾어 지지대를 만든다.

* 만약 꽃다발의 길이가 짧은 경우 굵은 와이어(18번)를 덧대어도 좋다.

2. 페이스트 뭉친 것에 로열 아이싱을 충분히 발라 II(화병)에 넣고 접착시킨다. ①에서 테이프로 감지 않은 부분에 로열 아이싱을 바르고 페이스트에 꽂아 접착시킨다.

3. 로열 아이싱을 바른 페이스트를 넣어가며 빈 공간이 생기지 않도록 스틱으로 꾹꾹 눌러준다. II(바닥) 위에 올려 균형있게 배치한다.

여름 호수 *Swan & Lotus*

흑조와 백조가 우아한 대비를 이룬다. 만개한 두 송이의 연꽃과 사선으로 떨어지는 연잎이 물 위에 떠있는 듯하다.
더미의 독특한 마블 무늬는 흰색과 파랑색의 슈거페이스트를 섞어서 만들었다.

사용도구 밀대, 무늬 밀대, 핀, 칼, 핀셋, 연꽃잎커터(大, 中), 말린 옥수수 잎, 실리콘 잎맥틀, 하드스펀지, 주걱스틱, 소프트스펀지, 티슈,
◇◇◇◇◇◇ 연잎커터, 가위, 백조틀, 붓, 백조날개틀(大, 中), 실리콘 깃털무늬틀, 백조꼬리틀(大, 中)

사용재료 꽃술, 가루색소(진분홍색, 녹색, 붉은색), 바니시, 흰색 와이어(22, 26, 28번), 젤타입색소(검정색, 노란색), 흰색 플로리스트 테이프

I 커버

1. 흰색 페이스트 위에 동그랗게 뭉친 파란색 페이
   스트를 띄엄띄엄 올린다.
2. 자연스러운 마블 무늬가 생기도록 반죽한다.
3. 밀대를 이용해 케이크 더미를 충분히 덮을 정도
   의 크기로 밀어 편다.
4. 무늬 밀대로 밀어 물결 무늬를 낸다.
5. 밀어 펴는 도중 생긴 기포는 핀을 사용해 터트려
   준다.
6. 전체적으로 물을 바르고 반죽을 씌워 손으로 매
   만져 밀착시킨다.
7. 칼로 여분의 반죽을 잘라낸 후 손으로 만져 매
   끄럽게 한다.

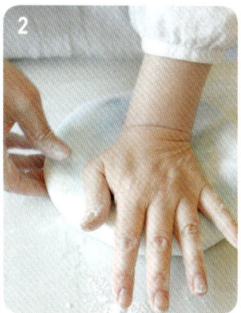
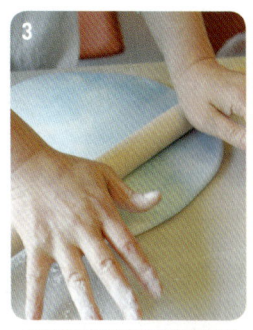
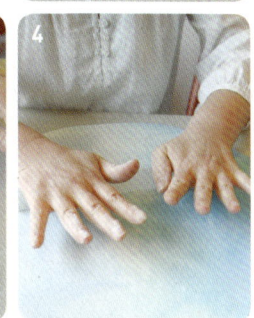
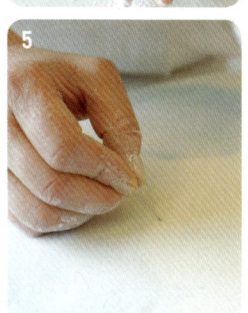
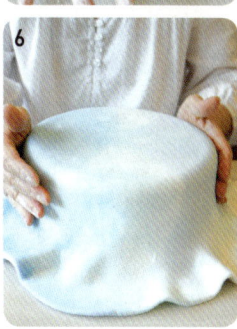

Ⅱ 연꽃

1. 노란색 페이스트를 둥글게 빚은 다음 핀셋을 이용해 적당한 길이로 자른 꽃술을 심어 꽃심을 만든다.
2. 흰색 페이스트를 밀어 편 다음 큰 크기와 작은 크기의 꽃잎커터로 찍는다.
3. 찍어낸 꽃잎의 가장자리를 손으로 매만져 부드럽게 한다.
4. 말린 옥수수 잎으로 눌러 무늬를 낸다.
5. 하드스펀지 위에 올려 주걱스틱으로 가장자리를 얇게 밀어 편다.
6. 잎의 끝부분을 손으로 만져 뾰족하게 한다.
7. 스틱을 이용해 꽃잎의 가운데에 선을 넣는다.
8. 소프트스펀지에 올리고 꽃잎 중앙을 살짝 눌러 굴곡을 준다.
9. 티슈를 둥글고 넓게 모양 잡은 후, 네 모서리에 가위집을 넣은 왁스페이퍼를 올리고 그 중앙에 아이싱을 짠다.
10. ②의 큰 꽃잎을 1장씩 붙인다.
11. ⑩과 교차되는 위치에 같은 방법으로 큰 꽃잎을 1장씩 붙인다.
12. 꽃잎과 꽃잎 사이에 티슈를 말아 넣고 모양을 잡는다.
13. ⑫와 교차되는 위치에 같은 방법으로 중간 크기의 꽃잎을 1장씩 붙이고 꽃잎을 안쪽으로 살짝 눌러 모양을 잡는다.
14. ①의 꽃심을 꽃의 중앙에 고정시킨다.
15. 각각 꽃잎의 뾰족한 부분부터 꽃잎의 뒷면까지 진분홍색 가루색소로 더스팅한다.

Ⅲ 잎

1. 얇게 밀어 편 녹색 페이스트를 두 가지 모양의 연잎커터로 찍어낸다.
2. 찍어낸 부분을 손으로 만져 매끄럽게 한다.
3. 실리콘 잎맥틀에 넣고 눌러 무늬를 낸다.
4. 가위로 잘라 모양을 낸다.
5. 하드스펀지 위에 올려 주걱스틱으로 가장자리를 얇게 밀어 편다.
6. 녹색 가루색소로 전체적으로 더스팅한다.
7. 붉은색 가루색소로 가장자리를 더스팅한다.
8. 바니시를 발라 광택을 준다.

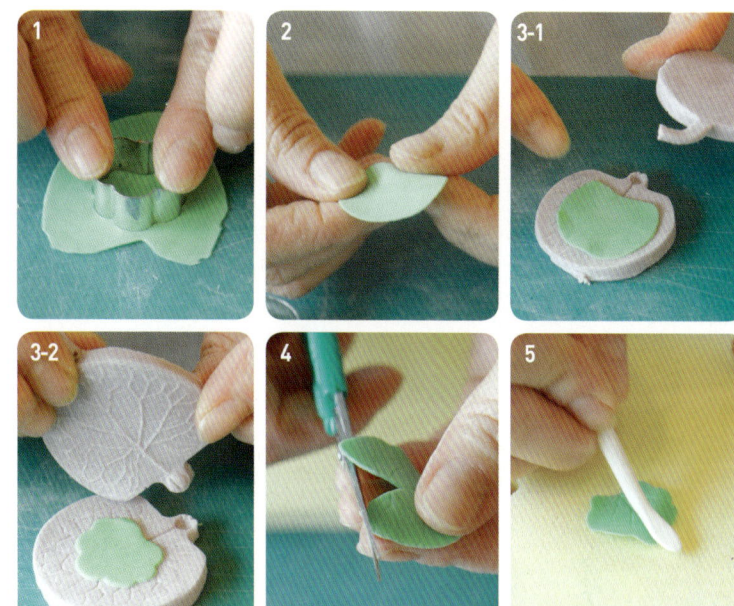

Ⅳ 백조

백조틀

A 목

1. 흰색 페이스트를 둥글고 길게 만든 다음 백조틀에 넣고 찍는다.
2. 가위를 이용해 남은 페이스트를 깔끔하게 다듬는다.

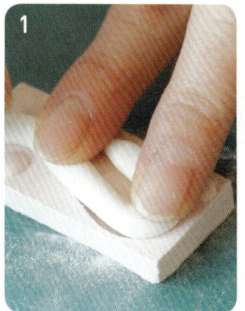
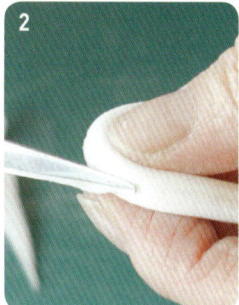

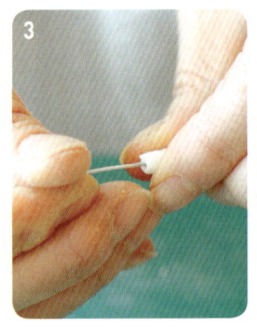
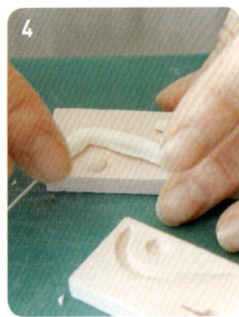
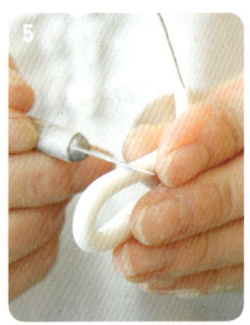

3. 흰색 와이어(22번)를 ②에 끼운다.
4. 백조틀에 다시 ③을 넣고 모양을 잡아 완전히 건조시킨다.
5. 완전히 건조된 ④의 이음매 부분을 칼을 이용해 다듬는다.
6. 노란색 젤타입색소를 이용해 부리 부분을 칠한다.
7. 검정색 젤타입색소를 이용해 눈을 그린다.

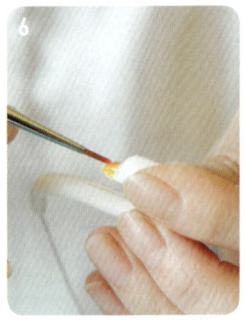
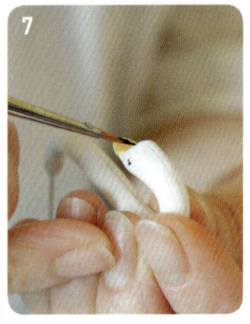

B 날개

1. 흰색 페이스트를 얇게 밀어 편 다음 큰 크기, 중간 크기의 백조날개커터로 찍는다.
2. 실리콘 깃털무늬틀에 넣고 찍어 무늬를 낸다.
3. 하드스펀지 위에 올려 주걱스틱으로 날개의 가장자리를 얇게 밀어 편다.
4. 손바닥 위에 올린 다음 가운데 부분을 매만져 둥글게 한다.
5. 흰색 와이어(26번)를 ③의 중앙에 끼운다.
6. 둥근 모양을 유지할 수 있게 바구니 모양으로 뭉친 티슈를 위에 올려 완전히 건조시킨다.

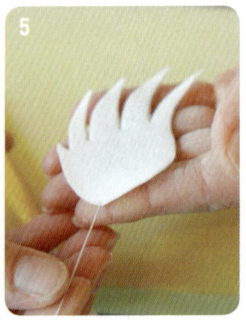
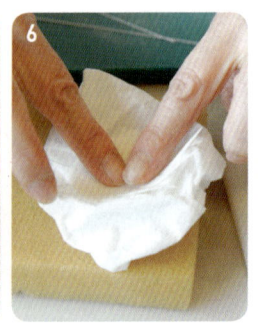

C 꼬리 깃털

1. 흰색 페이스트를 얇게 밀어 편 다음 큰 크기, 중간 크기의 백조꼬리커터로 찍는다.
2. 실리콘 깃털무늬틀에 넣고 찍어 무늬를 낸다.
3. 하드스펀지 위에 올려 주걱스틱으로 가장자리를 얇게 밀어 편다.
4. 흰색 와이어(28번)를 ③의 중앙에 끼운다.
5. 소프트스펀지에 올리고 중앙을 살짝 눌러 굴곡을 준다.
6. 완전히 건조된 꼬리 깃털을 여러 개 모아 배치한 후 흰색 플로리스트 테이프를 감아 완성한다.

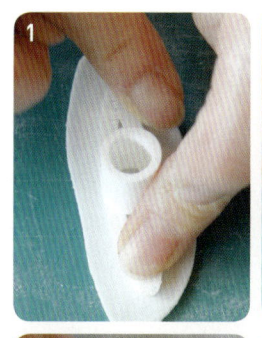 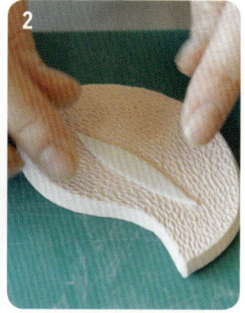 
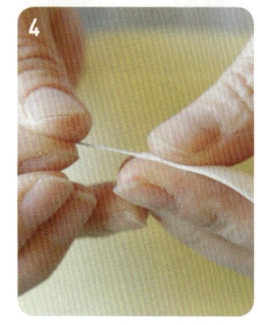 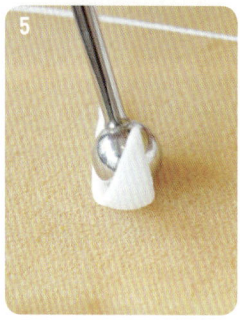 

D 조합

1. B(날개)의 큰 날개를 안쪽에, 작은 날개를 바깥쪽에 배치하고 A(목)의 자리를 잡은 후 가는 와이어를 감아 고정시킨다.
2. ①과 같은 방법으로 반대편 날개를 고정시킨 다음 흰색 플로리스트 테이프로 감아준다.
3. B 사이에 C(꼬리 깃털)를 넣고 와이어로 고정시킨 다음 흰색 플로리스트 테이프로 감아 완성한다.

V 마무리

1. 케이크 더미에 완성된 백조를 끼워 넣는다.
2. 연꽃의 뒷부분에 로열 아이싱을 짠 후, 백조의 앞부분에 배치해 고정시킨다.
3. 연잎을 원하는 배열대로 붙여 완성한다.

스위트피 *Sweet Pea*

새로운 출발, 추억, 기쁨 등의 꽃말을 가진 스위트피(Sweet Pea). 그 다양하고 화사한 색상의 스위트피를 가득 담아
플레이트와 꽃다발을 만들었다. 액자나 케이크 데커레이션에 활용하면 좋을 듯하다.

사용도구 스위트피커터(大, 小), 줄무늬스틱, 하드스펀지, 둥근 스틱, 티슈, 꽃받침커터, 나비커터,
◇◇◇◇◇◇ 실리콘 천사틀, 밀대, 롤링커터, 핀, 엠보싱 무늬 판, 크림퍼

사용재료 가루색소(노란색, 보라색, 진분홍색, 분홍색, 파랑색, 갈색), 슈거파우더, 녹색 젤타입색소, 와이어, 플로리스트 테이프

스위트피커터

I 플레이트

A 스위트피와 나비

1. 분홍색 페이스트를 조금 떼어내 둥글린 다음 바
   닥에 대고 절반만 눌러 입체적으로 만들어 건조
   시킨다.
2. 분홍색 페이스트를 밀어 편 후 스위트피커터
   (大, 小)로 찍고 가장자리를 매만져 부드럽게
   한다.
3. 줄무늬스틱으로 돌려가며 무늬를 내고 중심에
   선을 긋는다.
4. 하드스펀지 위에서 둥근 스틱으로 꽃잎을 부드
   럽게 한다.
5. 작은 스위트피 꽃잎 아래쪽에 물을 바르고 ①을
   감싼다.
6. 큰 스위트피 꽃잎 아래쪽에 물을 발라 ⑤를 감
   싼 후 꽃잎을 벌려 크기를 조절하고 티슈를 받
   쳐 건조시킨다.
7. 녹색 페이스트를 밀어 편 후 꽃받침커터로 찍는다.
8. ⑦에 물을 발라 ⑥의 아래쪽에 접착시킨 후 건
   조시킨다.
9. 가루색소(노란색, 보라색, 진분홍색)로 심과 꽃
   잎의 앞뒷면에 명암을 넣어가며 더스팅한다.

＊ 각각의 가루색소 색깔에 맞춰 해당 색상을 연하게 낸 플
   라워 페이스트로 스위트피를 만든다.

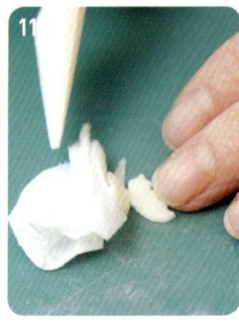
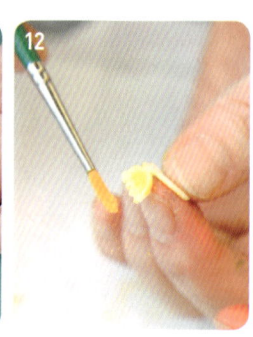

10. 노란색 페이스트를 약간 도톰하게 밀어 편 후 나비커터로 찍는다.

11. 중앙 부분에 선을 긋고 한쪽 날개를 세워 티슈를 받쳐 건조시킨다.

12. 노란색 색소를 칠한다.

* 부러지지 않게 접힌 부분을 손가락으로 받치고 조심스럽게 칠한다.

B 천사와 바닥판

1. 슈거파우더를 묻힌 실리콘 천사틀에 흰색 페이스트를 넣고 밀대로 밀어 펴 틀의 구석까지 페이스트가 들어가게 한다.

* 틀에 슈거파우더 대신 쇼트닝을 바르기도 한다.

2. 틀을 제거하고 여분의 페이스트를 자른 후 건조시킨다.

3. 천사의 옷은 분홍색, 날개는 파란색, 머리카락은 갈색 가루색소로 더스팅하고 눈, 코, 입을 표시한다.

4. 흰색 페이스트를 도톰하게 밀어 편 후 원형으로 재단한 종이를 대고 롤링커터로 자른다.

* 뾰족한 핀 등으로 찔러 반드시 공기를 빼주도록 한다. 공기를 빼지 않은 채로 건조시키면 그 자리가 움푹 파인다.

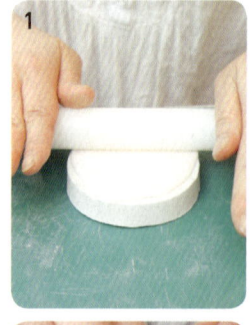
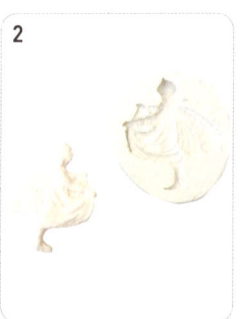
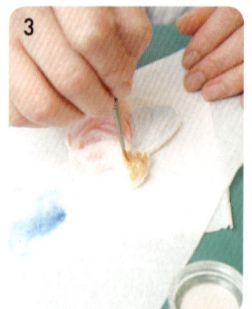

5. 가장자리에 6등분으로 점을 찍고, 엠보싱 무늬판으로 각 점을 이어 가장자리에 무늬를 낸다.

6. 둘레를 크림퍼로 살짝 집어 무늬와 볼륨을 낸 후 건조시킨다.

* 나무판에 올려 건조시키면 나무가 슈거페이스트의 수분을 흡수하여 빨리 건조된다.

7. ③의 뒷면에 물을 발라 ⑥의 중앙에 접착시킨 후 녹색 물감으로 스위트피 붙일 위치를 감안해 줄기를 그려 넣는다.

8. 스위트피에 로열 아이싱을 충분히 짜고 천사를 중심으로 적당한 위치에 접착시킨 다음 스위트 피 위에 나비를 접착시킨다.

9. 꽃 주변에 줄기를 그려 넣는다.

10. 바닥판의 가장자리를 노란색 가루색소로 더스 팅해 마무리한다.

Ⅱ 꽃다발

A 줄기

와이어와 플로리스트 테이프를 이용해 줄기 만드 는 3가지 방법을 소개한다.

〈방법 1〉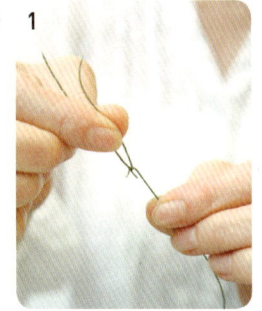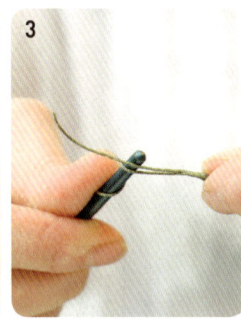

〈방법 1〉

1. 와이어 끝부분을 살짝 구부려 고리를 만든 다음 플로리스트 테이프 꼰 것을 걸어 연결하고 고리를 오므린다.

  * 플로리스트 테이프를 꼰 다음 가위 대신 손으로 잡아 당겨 끊기도록 하면 더욱 자연스럽다.

  * 플로리스트 테이프를 여러 개 걸어도 무방하다.

2. 연결 부분과 와이어를 플로리스트 테이프로 감는다.

3. 플로리스트 테이프 끝부분을 붓대에 감아 스프링 모양으로 말아준다.

〈방법 2〉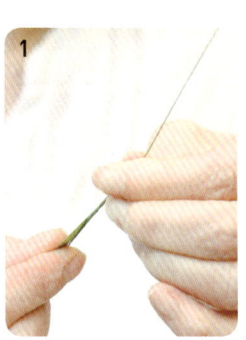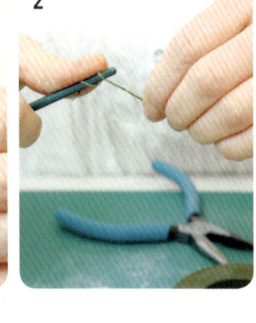

〈방법 2〉

1. 와이어의 아래쪽부터 플로리스트 테이프를 감아 내려 나중에는 플로리스 트 테이프만 꼬아준다.

2. 플로리스트 테이프 끝부분을 붓대에 감아 스프링 모양으로 말아준다.

〈방법 3〉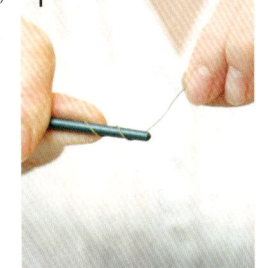

〈방법 3〉

1. 붓대를 이용해 와이어를 스프링 모양으로 말아준다.

백조의 호수 *Swan, Bouvardia & Fantasy Flower*

스캘럽 레이스로 물결을 표현하고 엄마백조 주변에 작은 아기 백조를 여러 개 장식했다.
백조의 왕관과 아기 백조의 반짝임, 부바리아(Bouvardia)와 판타지 플라워(Fantasy Flower)의 색감이 작품에 화사함을 더한다.

사용도구 보드판, 줄무늬 스틱, 스캘럽 레이스 재단지, 롤링커터, 스캘럽커터, 플라스틱 백조틀, 백조 모양펀치, 원형깍지(1, 2, 5번)
◇◇◇◇◇ 다섯꽃잎툴, 붓, 가위, 둥근 스틱, 니퍼, 스틱, 장미꽃받침커터, 가루색소(녹색, 분홍색)

사용재료 콘스타치, 반짝이 가루, 녹색 와이어(28,30번), 가는 와이어, 플로리스트 테이프, 가루색소(분홍색, 녹색)

I 스캘럽 레이스 케이크

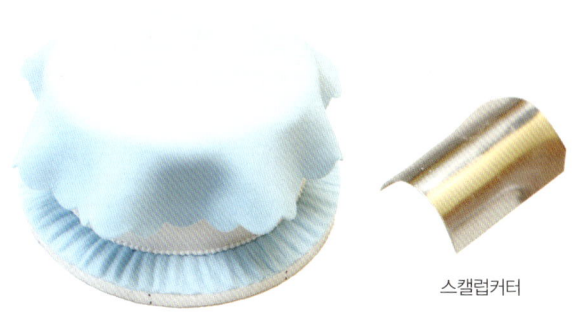

스캘럽커터

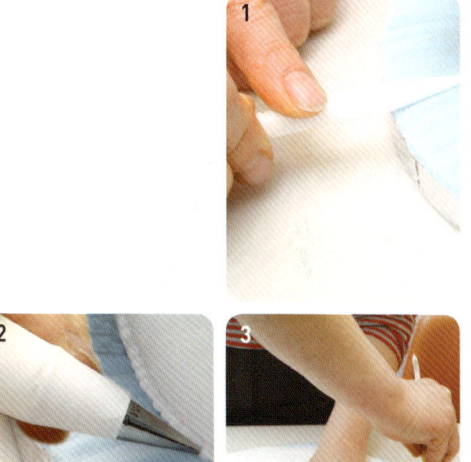

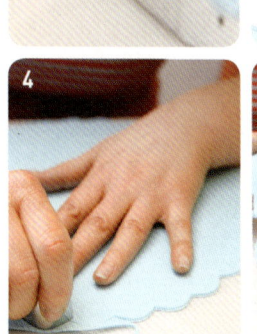

1. 보드판 위에 커버링한 케이크를 접착시키고 길게 밀어 편 하늘색 페이스트로 보드판 부분을 커버링한다. 줄무늬스틱을 돌려가며 굴곡을 주어 주름진 모양을 표현한다.

2. 케이크와 보드의 경계 부분에 로열 아이싱을 담은 짤주머니로 셸 모양을 짠다.

3. 하늘색 페이스트를 밀어 편 후 스캘럽 레이스 재단지를 대고 롤링커터로 자른다.
* 스캘럽(Scallop) 레이스 : 가리비의 가장자리와 같은 물결 무늬 모양의 레이스.
* 스캘럽 레이스 재단지 : 케이크의 윗면 반지름과 옆면의 레이스 길이를 더한 값이 반지름이 되도록 재단한 원형 종이.

4. 페이스트 표면의 기포를 제거한 다음 돌려가며 스캘럽커터로 모양을 낸다.

5. 커버링한 케이크 윗면에 물칠하고 ④를 접착시킨다.
* 케이크 윗면에만 물을 칠하고 옆면은 자연스럽게 레이스를 늘어뜨린다. 레이스의 볼륨을 더 원한다면 티슈를 받쳐 건조시킨다.

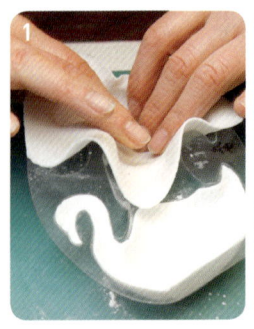 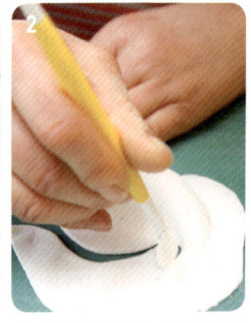

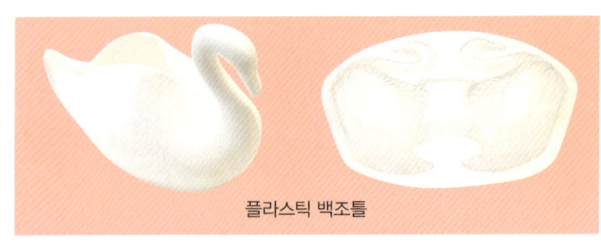

플라스틱 백조틀

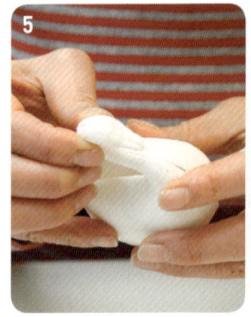 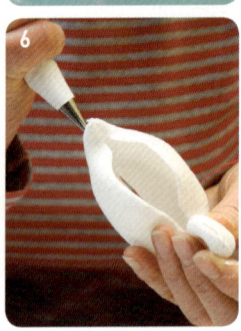

Ⅱ 백조

A 엄마백조

1. 밀어 편 흰색 페이스트를 콘스타치를 뿌린 백조 틀에 넣고 눌러 모양을 낸다.
2. 틀에서 꺼내 여분의 페이스트를 롤링커터로 잘라 정리한다.
3. 콘스타치를 충분히 뿌린 틀에 다시 한 번 ②를 넣고 그대로 건조시킨다.
4. 완전히 건조시킨 ③의 머리 부분 가장자리에 로열 아이싱을 짠다.
5. 대칭을 잡아 나머지 한쪽을 접착시킨다.
6. 꼬리 부분에 생긴 틈새를 로열 아이싱으로 메워 접착시킨 후 건조시킨다.

종이공예용 백조 모양펀치

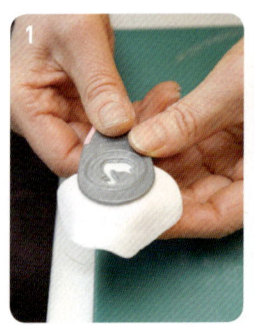 

B 아기백조

1. 흰색 페이스트를 얇게 밀어 펴 살짝 건조시킨 다음 백조 모양펀치에 넣고 찍어낸다.
2. 완전히 건조시킨 ①의 한쪽 면에 물칠한 후 반짝이 가루를 칠한다.

Ⅲ 안개꽃

A 안개꽃 봉오리

1. 녹색 와이어(30번) 끝부분을 구부려 고리를 만든다.

2. 흰색 페이스트를 쌀알 크기만큼 조금 떼어내 동그랗게 빚은 다음 다섯꽃잎툴로 살짝 찍어 모양을 낸다.

3. 고리 부분에 물을 묻힌 와이어를 ②의 중심에 통과시켜 그대로 건조시킨다.

    * 크기를 다양하게 만든다.

 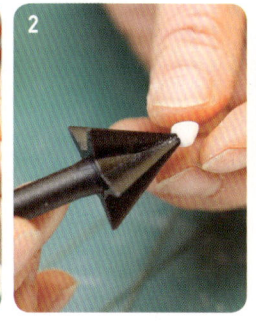 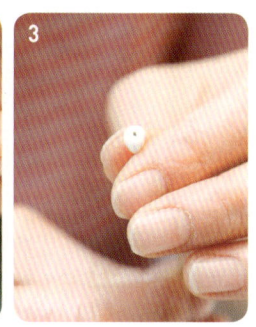

B 핀 안개꽃

1. A(안개꽃 봉오리)의 공정 ①~②와 동일한 방법으로 진행하고 라인을 따라 끝부분에 가위집을 넣는다.

    * A(안개꽃 봉오리)보다 조금 더 많은 양의 페이스트를 사용하고, 조금 더 깊게 다섯꽃잎툴로 찍는다.

2. 5장의 꽃잎 중심 부분(삼각형 모양으로 살짝 튀어나온 페이스트)에 쪽가위로 살짝 집듯이 가위집을 넣고 직각으로 세운다.

3. 꽃잎 끝부분을 손가락으로 살짝 눌러 편다.

4. 고리 부분에 물을 묻힌 녹색 와이어(30번)를 ③의 중심에 통과시켜 그대로 건조시킨다.

    * 꽃잎을 펼치거나 오므려 다양하게 연출한다.

 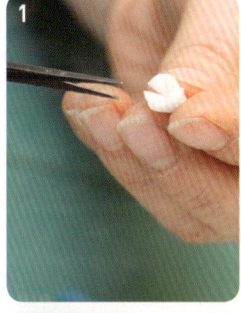 

C 더스팅

1. 와이어와 페이스트의 경계 부분을 녹색 가루색소로 더스팅해 자연스럽게 이어지도록 한다.

2. 분홍색 가루색소로 꽃잎의 중심 부분을 더스팅한다.

IV 부바리아 & 판타지 플라워

A 부바리아

1. 흰색 페이스트를 적당량 떼어내 물방울 모양으로 빚은 다음 2등분으로 가위집을 낸다. 각각을 다시 2등분으로 가위집을 내어 4장의 꽃잎을 만든다.

2. 각 꽃잎의 중심 부분에 둥근 스틱의 얇은 봉을 돌려가며 라인을 만들어 볼륨감을 준다.

3. 손가락으로 꽃잎 끝부분을 살짝 오므려준다.

4. 고리 부분에 물칠한 녹색 와이어(28번)를 ③의 중심에 통과시키고 와이어와 페이스트의 경계 부분을 손으로 매만져 자연스럽게 이어지도록 한 후 그대로 건조시킨다.

5. 와이어와 페이스트의 경계 부분과 꽃잎의 중심 부분을 녹색 가루색소로 더스팅한다.

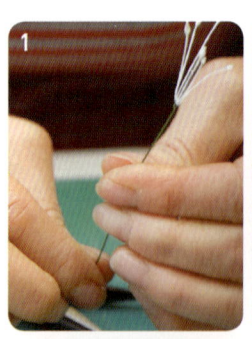

장미꽃받침커터(판타지 플라워용)

B 판타지 플라워

1. 3개의 꽃술을 반으로 접고 접힌 부분에 녹색 와이어(28번)를 걸어 니퍼로 고정시킨다.
   * 꽃술의 양은 자신이 원하는 만큼 사용해도 무방하다.

2. 연결 부분을 플로리스트 테이프로 감싼다.

3. 오렌지색 페이스트를 고깔 모양으로 빚는다.
   * 판타지 플라워는 이름 그대로 상상의 꽃이다. 때문에 다양한 색상의 페이스트를 사용해 만들어도 좋다.

4. 고깔의 아랫부분을 스틱으로 넓게 밀어 편다.

5. 장미꽃받침커터 중앙에 고깔의 뾰족한 부분을 넣고 찍은 후 가장자리를 손으로 매만져 부드럽게 한다.

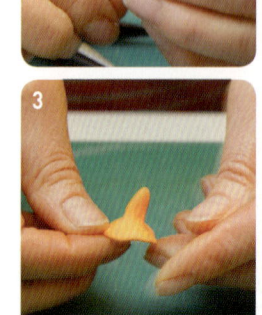

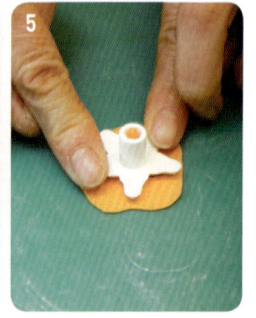

6. 스틱으로 중심에 구멍을 내고 돌려가며 각 꽃잎에 라인을 만들어 볼륨감을 준다.

7. ②의 플로리스트 테이프 부분을 물칠해 ⑥의 중심에 통과시키고 와이어와 페이스트의 경계 부분을 손으로 매만져 자연스럽게 이어지도록 한후 그대로 건조시킨다.

8. 분홍색 가루색소로 꽃잎의 중심 부분을 칠하고, 와이어와 페이스트의 경계 부분에 녹색 가루색소로 더스팅해 자연스럽게 이어지도록 한다.

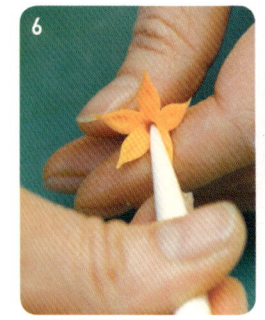

V 왕관

1. 흰색 페이스트를 적당량 떼어내 동그랗게 빚은 다음 돌려가며 물칠한다.

2. ①을 반짝이 가루에 넣어 굴린다.

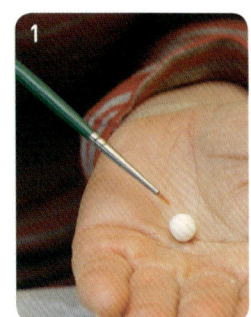

VI 마무리

1. 흰색 페이스트를 적당량 떼어내 타원형으로 빚은 다음 로열 아이싱을 발라 II-A(엄마백조)의 안쪽에 넣어 접착시킨다.

2. III(안개꽃)과 IV(부바리아 & 판타지 플라워)를 적당한 길이로 잘라 와이어 끝부분에 로열 아이싱을 묻힌다. 보기 좋게 배치해 ①의 페이스트에 꽂꽂이한다.

3. I(스캘럽 레이스 케이크)의 레이스 부분에 로열 아이싱을 짜서 장식한다.

4. ②의 밑부분에 로열 아이싱을 발라 I의 윗면 중앙에 접착시킨다.

5. II-A의 정수리 부분에 가위로 커브를 만든 리본을 놓고 로열 아이싱을 짠다. 그 위에 V(왕관)를 올려 접착시킨다.

6. I의 보드와 엄마백조 주위에 아기백조를 적절히 배치해 로열 아이싱으로 접착시킨다.

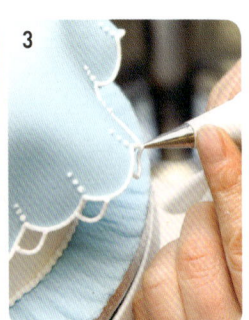

Part 03 | 가을겨울
Autumn Winter

가을의 노스텔지어, 겨울의 새하얀 환상.
그리고 화려한 크리스마스 장식을 모티브로 한 슈거크래프트.
슈거크래프트가 기억하고 싶은 가을, 겨울의 이미지를 담아냈다.
쇼윈도와 파티테이블 모두에 어울릴 듯.

가을을 수놓다 *Rambling Rose & Bryonia*

브러시 임브로이더리(Brush Embroidery) 기법으로 고급스러운 문양을 새기고 덩굴장미(Rambling Rose)와
화이트 브리오니아(White Bryonia)로 한쪽 편을 장식했다. 심플함과 단아함이 돋보이는 작품.

사용도구 엠보싱틀, 원형깍지(1번), 붓, 왁스페이퍼, 핀셋, 장미꽃잎커터, 실리콘잎맥틀, 하드스펀지, 둥근 스틱, 장미꽃받침커터, 니퍼,
◇◇◇◇◇ 브리오니아 꽃잎커터, 별 모양 꽃받침커터, 브리오니아 잎커터, 잎맥틀, 스틱

사용재료 녹색 와이어, 꽃술, 가루색소(은색 펄, 녹색, 밤색), 플로리스트 테이프, 콘밀

엠보싱틀

I 더미

A 커버

1. 연노랑색 페이스트를 도톰하게 밀어 편 다음 더미에 씌우고 페이스트가 굳기 전 엠보싱틀로 찍는다.

2. 엠보싱 자국을 따라 원형깍지(1번)으로 아이싱 테두리를 짠다.

3. 마른 붓에 물을 묻혀 물기를 제거한 다음 수놓듯 찍어 내리며 테두리 안쪽을 채운다. 채울 곳이 많은 부분은 아이싱을 더 많이 짠다.

   * 수놓는 느낌을 살리기 위해 길고 짧은 선을 섞어가면서 채운다.

   * 이때 면은 완벽하게 채우는 것이 아니라 빈 공간을 살려가며 채워야 한다.

   * 안으로 들어가는 부분을 먼저 채우고 면이 도드라지는 부분은 나중에 채워 입체감을 살린다.

4. 공정 ①~③을 반복하며 더미의 밑면도 장식한다.

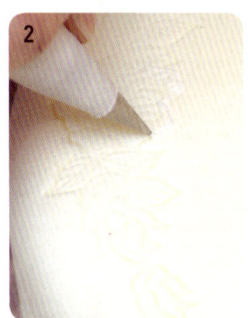
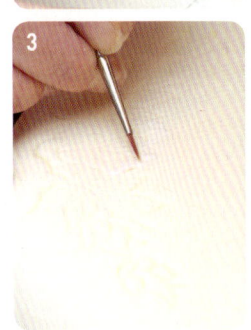

II 덩굴장미

A 덩굴장미 꽃심

1. 녹색 와이어의 끝부분을 구부려 고리를 만들고 직각으로 꺾는다.

2. 왁스페이퍼를 정사각형으로 자른 다음 네 모서리에 가위집을 넣는다. ②에 ①을 꽂는다.

3. ② 위에 원형깍지를 이용하여 아이싱을 듬뿍 짠다.

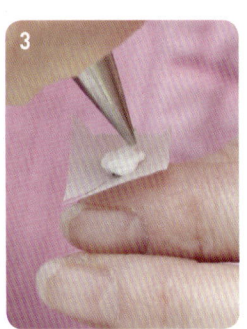

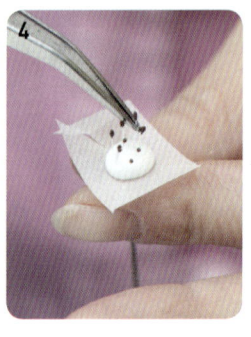

4. 미리 잘라 놓은 극소 꽃술을 핀셋으로 25~40개 정도 꽂는다.
* 극소 꽃술은 가는 철사가 아닌 실로 되어 있기 때문에 페이스트에 꽂기 매우 힘들다. 이때 아이싱을 이용하면 쉽게 작업할 수 있다.
5. ④의 아이싱이 완전히 건조되면 핀셋을 이용해 꽃술에 커브를 준 다음 왁스페이퍼를 제거한다.

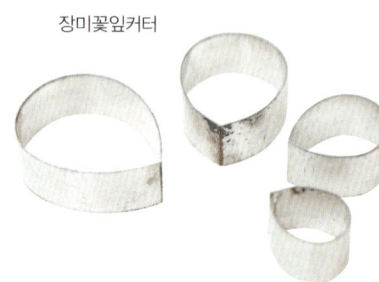

장미꽃잎커터

B 덩굴장미 꽃잎

1. 연노란색 페이스트를 얇게 밀어 편 다음 가장 큰 사이즈의 장미꽃잎커터로 6장 찍는다.
2. 실리콘 잎맥틀에 ①을 넣고 찍어 꽃잎 무늬를 낸다.
3. 손으로 매만져 매끄럽게 한다.
4. 하드스펀지 위에 ③을 올리고 둥근 스틱으로 가장자리를 당기면서 얇게 밀어 편다.
5. 소프트스펀지 위에 ④를 올리고 둥근 스틱을 이용해 꽃잎의 중앙을 눌러 커브를 준다.
6. 꽃잎의 뒷면 뾰족한 부분에 아이싱을 짠다.
7. 정사각형으로 잘라 네 모서리에 가위집을 넣은 왁스페이퍼에 아이싱을 짜고 ⑥의 꽃잎을 겹쳐 가며 붙인다.
8. 한 사이즈 작은 장미꽃잎커터로 연노란색 페이스트를 6장 찍어 ①~⑥의 공정을 반복한다.
9. ⑦의 꽃잎 사이사이 ⑧의 꽃잎을 붙인다. ⑧보다 한 사이즈 작은 장미꽃잎커터로 연노란색 페이스트를 6장 찍어 ①~⑥의 공정을 반복하고 ⑧의 꽃잎 사이사이 붙인 다음 꽃잎 아래쪽에 티슈를 넣어 공간을 띄운다.

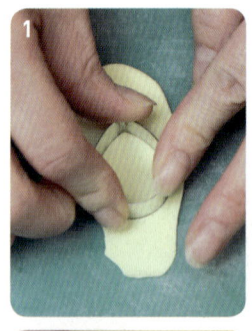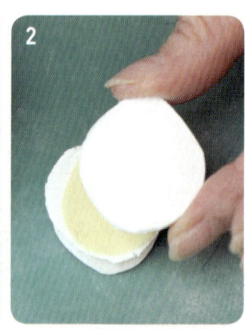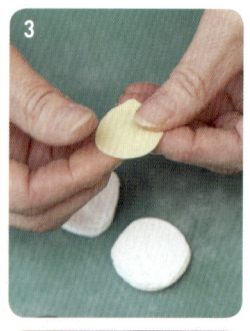

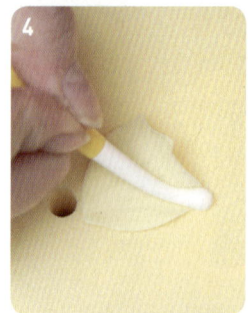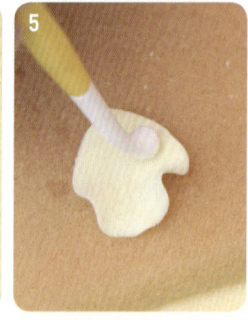

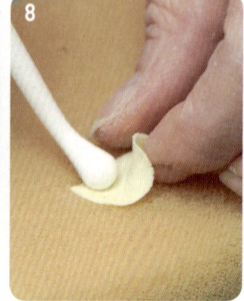

10. 가장 작은 사이즈의 장미꽃잎커터로 페이스트를 10장 찍은 다음 ①~⑥을 반복한다.

11. ⑨의 윗부분에 ⑩의 꽃잎을 6장, 4장 순으로 붙이고 완전히 건조시킨다.

12. ⑪의 중앙에 A(꽃심)를 꽂은 다음 꽃잎을 은색 펄 가루로 더스팅한다.

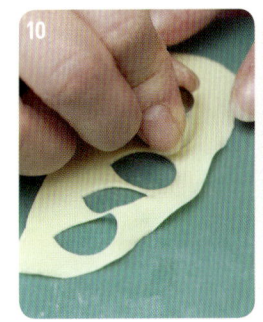  

C 꽃받침

1. 녹색 페이스트를 장미꽃받침커터로 찍어낸 다음 각각의 잎 양옆에 칼집을 넣는다.

2. 하드스펀지 위에 ①을 올리고 둥근 스틱으로 가장자리를 당기면서 늘인다.

 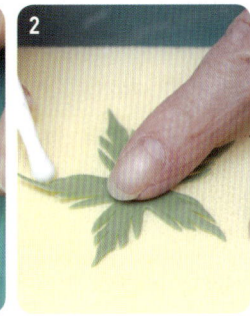

D 조합

1. C(꽃받침)에 전체적으로 물칠한 다음 B(꽃잎) 아랫부분에 꽂아 밀착시킨다.

2. ①을 녹색 플로리스트 테이프로 감는다.

3. 녹색 페이스트를 둥글게 뭉친 다음 ②에 꽂는다.

Ⅲ 브리오니아

1. 꽃술 3개를 반으로 접어 모은 다음 녹색 와이어로 고리를 만들어 끼운다.

2. ①을 니퍼로 조인 다음 남은 꽃술 부분은 가위로 자른다.

3. ②의 윗부분에 아이싱을 바른 다음 콘밀을 묻힌다.

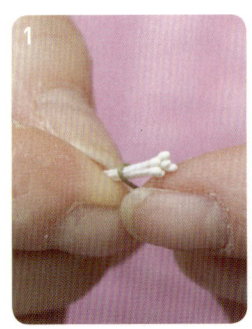 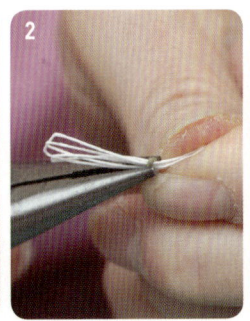 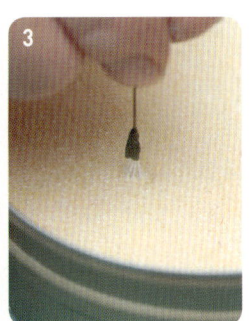

4. 흰색 페이스트를 얇게 밀어 편다.
5. ④를 브리오니아 꽃잎커터로 찍은 다음 하드스 펀지 위에 올려 둥근 스틱으로 가장자리를 얇게 밀어 편다.
6. ③을 ⑤에 꽂는다.
7. 녹색 페이스트를 별 모양 꽃받침커터로 찍어낸 다음 물칠하고 ⑥에 꽂는다.
8. 녹색 페이스트를 둥글게 뭉친 다음 ⑦에 꽂는다.
9. 녹색 가루색소로 꽃잎의 가장자리를 더스팅 한다.

Ⅳ잎

1. 녹색 페이스트를 밀어 편 다음 브리오니아 잎커 터로 찍는다.
2. 잎맥틀에 ①을 넣고 찍어 잎맥 무늬를 낸다.
3. ②를 하드스펀지 위에 올리고 가장자리를 스틱 으로 얇게 밀어 편다.
4. ③에 와이어를 꽂은 다음 살짝 반으로 접어 접 히는 부분을 와이어에 밀착시킨다.
5. ④를 전체적으로 녹색 가루색소로 더스팅한다.
6. ⑤의 중심을 밤색 가루색소로 가볍게 더스팅 한다.

이국적 정취의 꽃내음 *Encyclia Mariae & Lycaste Cruenta*

멕시코가 원산지인 엔시클리아 마리에(Encyclia Mariae)와 과테말라의 국화 리카스테 크루엔타(Lycaste Cruenta)가 어우러져 이국적인 가을정취를 뿜어낸다. 사이사이 장식된 분홍빛 샴록(Shamrock)이 분위기를 더한다.

사용도구 실리콘틀, 가위, 삼각스틱, 붓, 엔시클리아 마리에 꽃잎커터, 실리콘 잎맥틀, 하드스펀지, 난꽃잎커터(大, 中, 小), 둥근 스틱, 니퍼,
◇◇◇◇◇◇ 리카스테 크루엔타 꽃잎커터, 롤링커터, 밀대, 샴록꽃커터, 샴록잎틀, 무늬 밀대, 무늬 주걱, 티슈

사용재료 콘스타치, 흰색 와이어(26, 28번), 가루색소(노란색, 녹색, 분홍색), 녹색 와이어(22, 28, 30번), 알코올,
플로리스트 테이프, 말린 옥수수 잎, 바니시, 갈색 플로리스트 테이프, 파이핑젤

I 엔시클리아 마리에

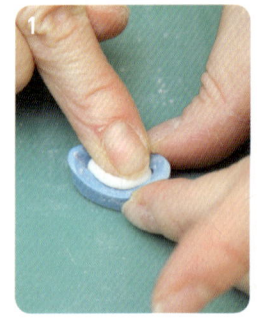 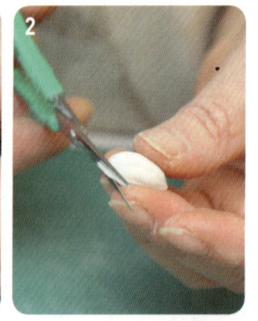

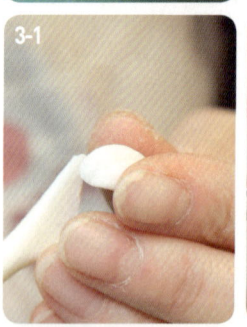 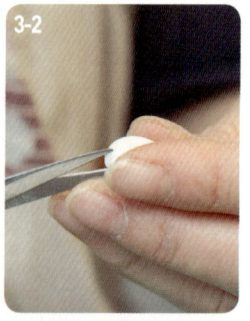

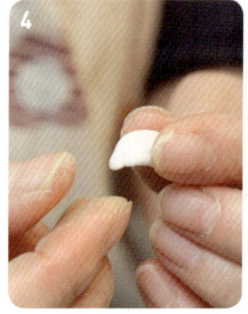 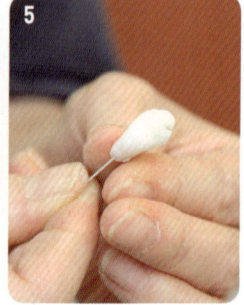 

난꽃심용 실리콘틀

A 엔시클리아 마리에 꽃심

1. 콘스타치를 충분히 묻힌 실리콘틀에 흰색 페이스트를 넣어 모양을 찍는다.

2. 틀에서 빼낸 후 여분의 페이스트를 가위를 이용해 다듬고 손으로 매만져 준다.

3. 볼륨감을 주기 위해 삼각스틱을 이용해 페이스트에 2개의 선을 살짝 넣고 가위집을 준다.

4. 손으로 매만져 부드럽게 만든 후 가운데 부분을 눌러준다.

5. 흰색 와이어(26번)의 끝을 구부려 작은 고리를 만들고 고리 부분에 물을 묻혀 페이스트에 꽂는다. 와이어와 페이스트의 경계를 만져 매끄럽게 한다.

6. 완전히 건조시킨 후 윗부분에 흰색을 남기며 노란색 가루색소를 사용해 아래에서부터 위로 더스팅한다.

B 엔시클리아 마리에 꽃잎

1. 흰색 페이스트를 얇게 밀어 펴 엔시클리아 마리에 꽃잎커터로 찍어낸다.

2. 가장자리를 손으로 만져 매끄럽게 한 후 실리콘 잎맥틀 사이에 넣고 찍어 잎맥 무늬를 낸다.

3. 하드스펀지 위에 올려 스틱으로 가장자리를 얇게 펴며 프릴을 준다.

   * 엔시클리아 마리에는 풍성한 프릴이 포인트이므로 충분히 펴준다.

4. 꽃잎 양쪽에 물칠을 한 후 A(엔시클리아 마리에 꽃심)를 ③ 위에 올려 잘 포개준다.

5. 스틱을 이용해 A와 꽃잎 사이에 공간을 충분히 준다.

6. 녹색 가루색소로 A와 두잎술 꽃잎 사이를 더스팅한 후 주변에 노란색 가루색소를 더한다.

   * 여분의 색소는 깨끗한 붓으로 털어낸다.

7. 아이싱으로 수술을 짜준다.

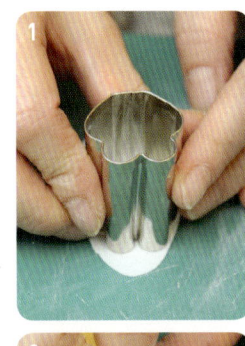
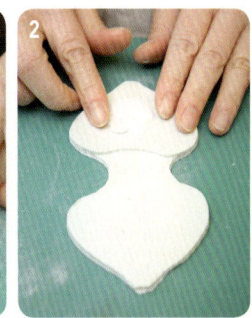

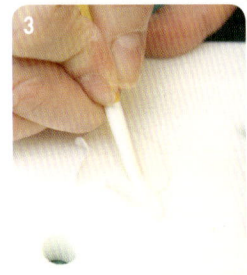

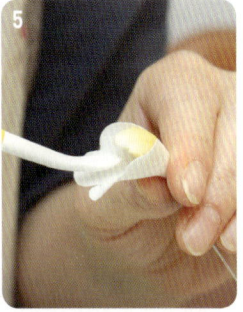

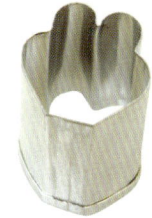

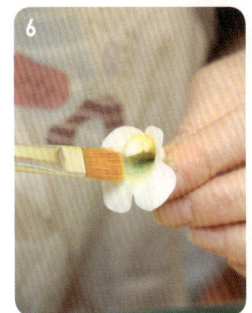

실리콘 잎맥틀

엔시클리아 마리에 꽃잎커터

C 엔시클리아 마리에 잎

1. 녹색 페이스트를 밀어 펴 작은 난꽃잎커터로 2장 찍는다.

   * 다른 꽃잎에 비해 두꺼운 편이므로 페이스트를 약간 두껍게 민다.

2. 꽃잎 가장자리를 손으로 매만져 깔끔하게 다듬은 후 실리콘 잎맥틀 사이에 넣고 찍어 잎맥 무늬를 낸다.

작은 난꽃잎커터

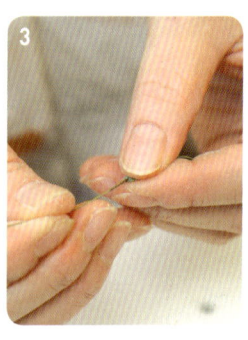

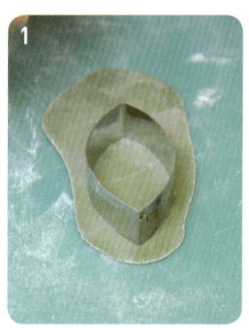

3. 녹색 와이어(30번)의 끝에 물을 묻혀 페이스트에 꽂는다.

4. 하드스펀지 위에 올려 스틱으로 가장자리를 얇게 펴며 부드럽게 해서 모양을 잡고 굴곡진 곳에 놓아 건조시킨다.

* 안쪽에서 바깥쪽으로 눌러줘야 가운데는 두껍고 끝은 얇은 자연스러운 굴곡이 진다.

D 엔시클리아 마리에 꽃받침

1. 녹색 페이스트를 밀어 펴 큰 난꽃잎커터로 3장 찍는다.
   * 다른 꽃잎에 비해 두꺼운 편이므로 페이스트를 약간 두껍게 민다.

2. 꽃잎 가장자리를 손으로 매만져 깔끔하게 다듬은 후 실리콘 잎맥틀 사이에 넣고 찍어 잎맥 무늬를 낸다.

3. 하드스펀지 위에 올려 스틱으로 가장자리를 얇게 펴며 부드럽게 해서 모양을 잡는다.

4. 녹색 와이어(28번)의 끝에 물을 묻혀 페이스트에 꽂는다.

5. 굴곡진 곳에 놓고 둥근 스틱을 이용해 가운데 부분을 눌러 오목하게 만들어 건조시킨다.

6. 완전히 건조시킨 다음 녹색 액체색소를 탄 알코올에 ⑤를 담갔다 뺀 후 여분의 색소를 털어내고 건조시킨다.
   * 물로 농도를 조절하면 페이스트가 녹으므로 높은 도수의 알코올을 사용한다.
   * 붓으로 색소를 칠하는 것에 비해 진하지 않으면서도 자연스러운 색감을 준다.

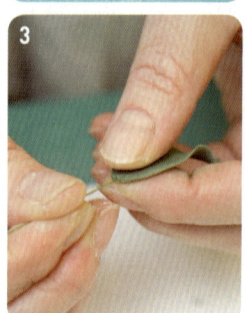

큰 난꽃잎커터

E 엔시클리아 마리에 조합

1. 먼저 B(엔시클리아 마리에 꽃잎)에 C(엔시클리아 마리에 잎) 2장을 종이가 감싸여 있지 않은 가장 얇은 와이어로 감아 고정시킨 후 C 1장을 더 고정 시켜 니퍼를 이용해 조인다.

2. 동일한 방법으로 D(엔시클리아 마리에 꽃받침)를 1장씩 고정시킨다.

3. 폭이 좁은 녹색 플로리스트 테이프를 당겨가며 감아 단단하게 고정시킨다.

II 리카스테 크루엔타

A 리카스테 크루엔타 꽃심

1. 노란색 페이스트를 물방울 모양으로 만들고 둥근 스틱을 이용해 가운데 부분을 오목하게 눌러주고 I-A(엔시클리아 마리에 꽃심) ③~⑤와 동일하게 작업한다.

* 난꽃심용 실리콘틀이 없는 경우이며 그렇지 않은 경우에는 I-A의 ①~⑤와 동일하게 작업한다.

 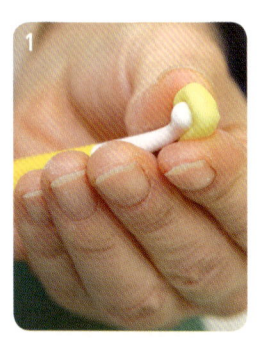

B 리카스테 크루엔타 꽃잎

1. 흰색 페이스트를 얇게 밀어 펴 리카스테 크루엔타 꽃잎커터로 찍어낸다.

2. 가장자리를 손으로 만져 매끄럽게 하고 실리콘 잎맥틀 사이에 넣고 찍어 잎맥 무늬를 낸다.

3. 하드스펀지 위에 올려 스틱으로 가장자리를 얇게 펴며 프릴을 준다.

* 프릴을 많이 주지 않고 다양한 모양으로 자연스럽게 주는 것이 포인트.

4. 꽃잎 양쪽에 물칠을 한 후 A(리카스테 크루엔타 꽃심)를 ③ 위에 올려 잘 포갠다.

리크스테 크루엔타
꽃잎커터

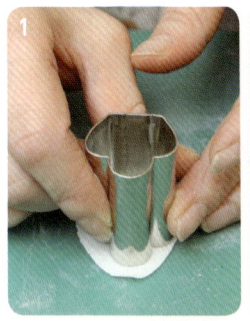 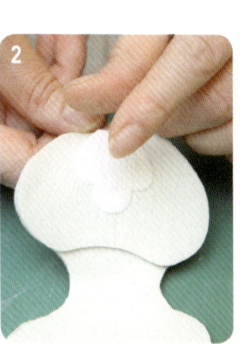

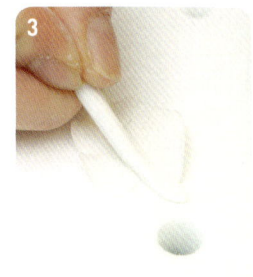 

5. 스틱을 이용해 A(리카스테 크루엔타 꽃심)와 꽃잎 사이에 공간을 충분히 준 후 뒤로 살짝 젖힌다.

6. 노란색 가루색소로 A의 밑부분만 남기고 전체적으로 진하게 더스팅한다.

7. 로열 아이싱으로 수술을 짠다.

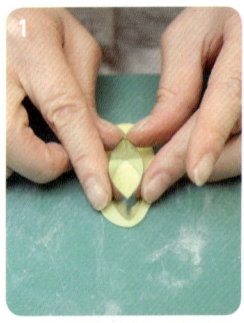 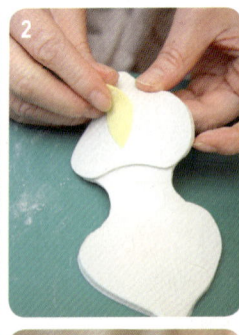 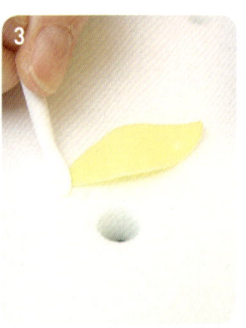

C 리카스테 크루엔타 꽃잎

1. 노란색 페이스트를 밀어 펴 중간 크기 난꽃잎커터로 2장 찍는다.

* 다른 꽃잎에 비해 두꺼운 편이므로 페이스트를 약간 두껍게 민다.

2. 꽃잎 가장자리를 손으로 매만져 깔끔하게 다듬은 후 실리콘 잎맥틀 사이에 넣고 찍어 잎맥 무늬를 낸다.

3. 하드스펀지 위에 올려 스틱으로 가장자리를 얇게 펴며 부드럽게 해서 모양을 잡는다.

4. 흰색 와이어(28번)의 끝에 물을 묻혀 페이스트에 꽂는다.

* 흰색 와이어를 사용하는 이유는 색이 비치지 않게 하기 위해서이다.

5. 바깥으로 휘게 모양을 잡고 굴곡진 곳에 놓아 건조시킨다.

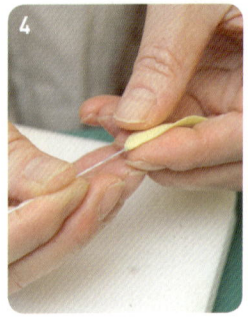 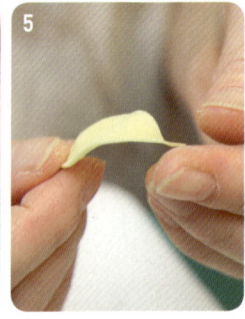

꽃심

D 꽃받침

1. I-D(엔시클리아 마리에 꽃받침)의 공정 ①~⑥과 동일하게 작업한다.

E 리카스테 크루엔타 꽃잎 조합

1. I-E(엔시클리아 마리에 조합)의 공정 ①~③과 동일하게 작업한다.

Ⅲ 난잎

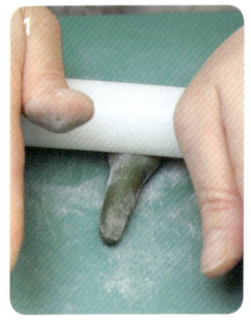 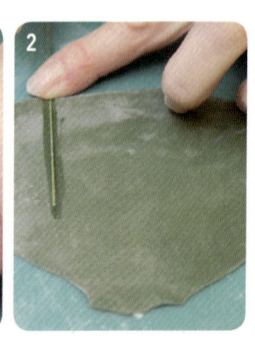

1. 녹색 페이스트를 둥글고 긴 모양으로 만들어 0.5mm 두께로 밀어 편다.

2. 1/4 지점에 물칠을 한 후 녹색 와이어(24번)를 놓는다.

3. 반으로 접어 잘 접착시킨다.

4. 롤링커터를 이용해 나뭇잎 모양으로 자른다.

5. 심을 중심으로 해서 양옆으로 얇게 민다.

6. 골이 선명한 말린 옥수수 잎을 대고 밀어서 모양을 낸다.

7. 하드스펀지 위에 올려 스틱으로 가장자리를 얇게 펴 부드럽게 한다.

8. 스틱을 이용해 와이어를 넣은 부분에 선을 넣는다.

9. 와이어 자체에 힘을 줘서 커브를 준 후 굴곡진 곳에서 건조시킨다.

* 난잎의 경우 두껍기 때문에 굵은 와이어를 넣지 않으면 모양을 잡을 수 없다.

10. 완전히 건조시킨 후 녹색 젤타입색소에 알코올을 섞어 농도를 조절해서 칠한다.

* 가장자리 부분에 색을 더 진하게 하면 더욱 자연스럽다.

11. 바니시를 발라 광택을 준다.

IV 샴록

A 샴록 꽃

1. 흰색 페이스트를 물방울 모양으로 만들고 둥근 부분을 손으로 매만져 멕시칸 모자처럼 만든다.

* 꽃의 크기에 따라 뾰족한 부분의 크기도 변한다.

2. 하드스펀지 위에 올려 뾰족한 부분을 제외하고 얇게 민 후 샴록꽃커터로 찍는다.

* 샴록꽃커터가 없는 경우 장미꽃받침커터를 이용해도 된다.

3. 스틱을 이용해 중앙에 깊게 구멍을 내고 잎을 얇게 펴면서 각각의 꽃잎 중앙에 선을 그어준다.

* 구멍을 낼 때는 안쪽으로 갈수록 점점 작아지게 한다.

샴록꽃커터

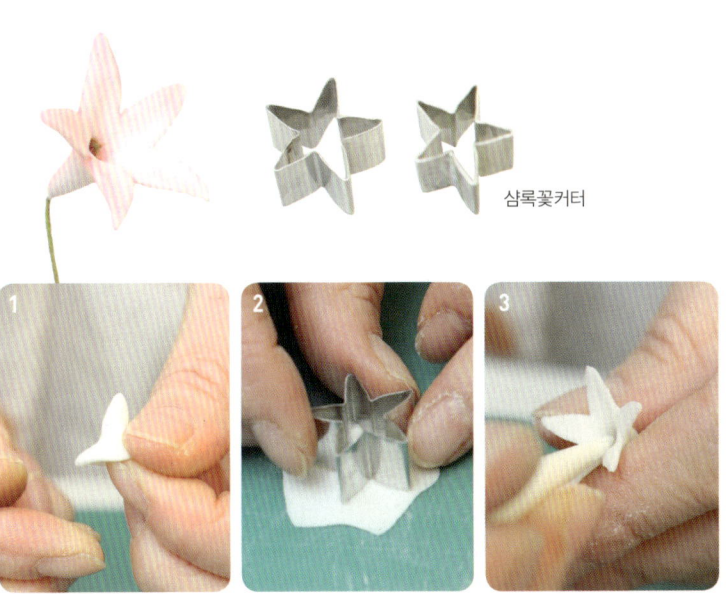

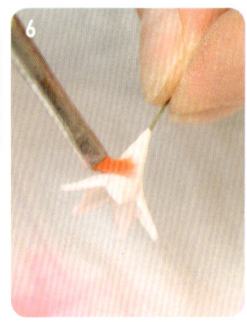

4. 녹색 와이어(28번)의 끝을 구부려 작은 고리를 만들고 고리 부분에 물을 묻혀 페이스트에 꽂는다.

5. 꽃잎을 손으로 뾰족하게 모양잡은 후 굴곡진 곳에 놓아 건조시킨다.

6. 분홍색 가루색소로 전체적으로 더스팅하고 꽃 부분을 직각으로 꺾는다.

샴록잎커터

B 샴록 잎

1. 녹색 페이스트를 얇게 밀어 펴 샴록잎커터로 찍는다.

2. 하드스펀지 위에 올려 스틱으로 가장자리를 얇게 펴서 부드럽게 한다.

3. 녹색 와이어(28번)의 끝에 물을 묻혀 페이스트에 꽂는다.

4. 잎을 뒤로 젖혀서 모양을 잡고 굴곡진 곳에 놓아 건조시킨다.

5. 녹색 액체색소를 탄 알코올에 담가 색을 입히고 바니시를 발라 광택을 준다.

V 접시

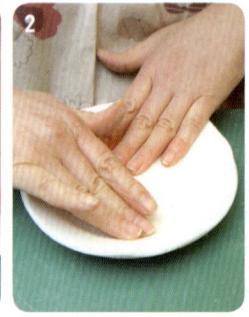

1. 흰색 페이스트를 두툼하게 밀어 편 후 모양 밀대로 밀어 무늬를 낸다.

* 중심에서부터 바깥쪽으로 밀어 펴야 일정한 두께로 만들 수 있다.

2. 원하는 크기의 접시에 콘스타치를 충분히 묻힌 후 페이스트를 올리고 꾹꾹 눌러 모양을 낸다.

3. 가장자리를 칼로 자르고 손으로 만져 매끄럽게 한다.

4. 테두리 부분에 무늬주걱을 이용해서 무늬를 낸다.

5. 페이스트가 완전히 마른 후 테두리 부분에 녹색 젤타입색소를 알코올로 농도 조절을 해서 칠해준다.

* 접시의 뒷부분까지 확실하게 칠한다.

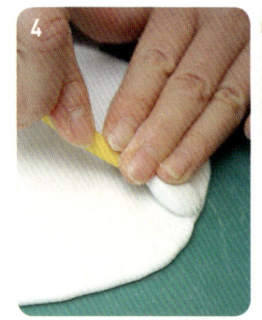

VI 나뭇가지

1. 와이어(18번)에 티슈를 감아가며 볼륨을 준다.

2. 갈색 플로리스트 테이프를 이용해 감아서 고정시킨다.

3. 플로리스트 테이프를 최대한 잡아당겨서 끝부분을 뾰족한 모양으로 만든다.

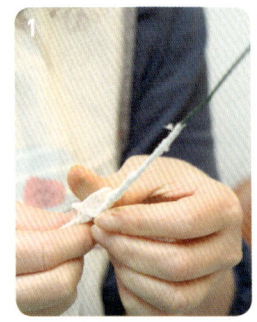

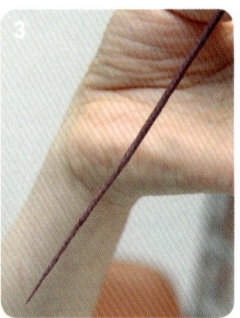

VII 마무리

1. V(접시) 중앙에 지지대 역할을 할 페이스트 덩어리를 둥글게 뭉쳐 로열 아이싱으로 고정시킨다.

2. I(엔시클리아 마리에)와 II(리카스테 크루엔타)의 와이어 끝부분을 고리 모양으로 만들어 로열 아이싱을 듬뿍 묻힌다.

* 줄기가 긴 꽃은 두꺼운 와이어를 덧대서 중심을 잘 잡을 수 있게 고정시킨다.

3. I를 중심으로 페이스트 깊숙이 꽂아서 고정시킨다.

4. III(난잎), IV(샴록), VI(나뭇가지)를 꽂는다.

5. 배치가 끝나면 파이핑젤을 이용해 물방울 효과를 내서 마무리한다.

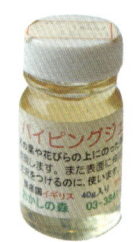

파이핑젤

가을공원 *Acorn & Bench*

정교한 솜씨로 페이스트를 잘라내고 붙인 끝에 운치있는 가을날의 공원 벤치를 완성했다.
울긋불긋 색을 들인 단풍잎과 은행잎도 완연한 가을을 표현하기에 좋은 소재이다.

사용도구 롤링커터, 하트커터, 프림로즈커터, 스트랩커터, 스펀지, 줄무늬스틱, 둥근 스틱, 삼각스틱, 티슈, 톱니스틱,
◇◇◇◇◇   잎커터, 주걱스틱, 이쑤시개, 니퍼

사용재료 스티로폼, 은행잎, 가루색소(노란색, 빨간색, 갈색), 단풍잎, 와이어,
       보드카, 갈색 액체색소, 바니시, 갈색 플로리스트 테이프

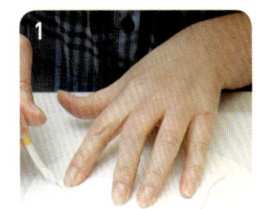

I 벤치

1. 흰색 페이스트를 약간 도톰하게 밀어 편 후 원하는 모양으로 재단한 종이를 대고 롤링커터로 모양을 따라 자른다.
2. 가장자리를 손으로 만져 매끄럽게 하고 중심을 큰 하트커터로 찍는다.
3. ②의 양옆을 작은 하트커터로 찍는다.
4. ③의 양옆을 작은 프림로즈커터로 찍는다.
5. 찍어낸 면을 롤링커터로 깨끗이 정리한 후 그대로 건조시킨다.

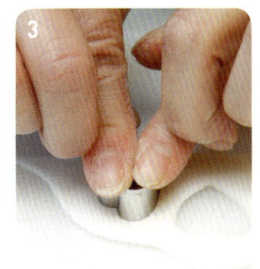
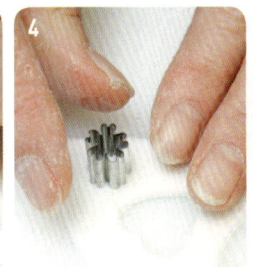
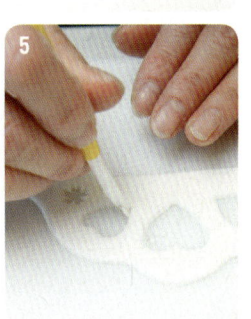

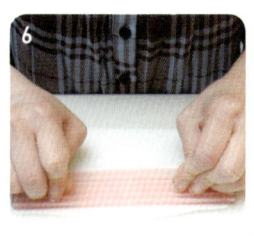 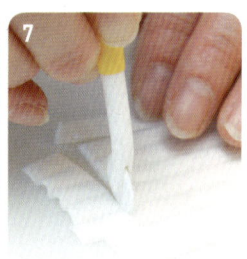 

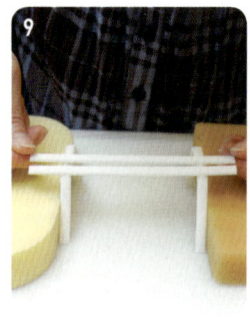  

6. 흰색 페이스트를 길게 밀어 편 후 스트랩커터로 찍는다.

* 스트랩커터가 없는 경우 폭 7mm의 띠를 칼로 자른다.

* 여유분으로 1~2개 더 만들어둔다.

7. 롤링커터를 이용해 13cm 길이로 자른다.

8. 2~3개의 띠는 미리 준비한 사다리꼴 모양의 스티로폼에 걸쳐 완전히 건조시키고, 나머지 띠들은 평평한 바닥에서 그대로 건조시킨다.

* 스티로폼에 걸쳐 만든 띠들은 벤치 다리가 되고, 평평한 띠들은 벤치 좌판이 된다.

* 스티로폼에서 건조시키는 13cm 길이의 벤치 다리는 좌판이 되는 가운데 4cm를 제외하고, 한쪽 다리(4cm)가 다른 한쪽 다리(5cm)보다 1cm 짧다.

9. 스펀지 등으로 양쪽에 지지대를 받쳐 벤치 다리를 세운 후 로열 아이싱을 이용해 6~7개의 벤치 좌판을 일정한 간격으로 나란히 붙여 완전히 건조시킨다.

* 벤치 다리는 길이가 짧은 쪽(4cm)이 뒷면, 긴 쪽(5cm)이 앞면이 된다.

10. 벤치의 뒷면이 되는 좌판에 로열 아이싱을 충분히 짜고 ⑤를 접착시킨다.

11. 등받이의 각도를 조절한 후 지지대를 받쳐 그대로 건조시킨다.

 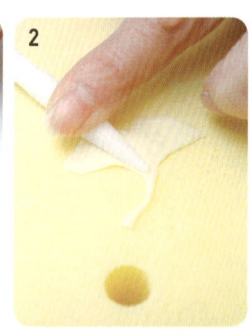

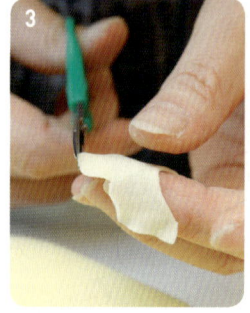 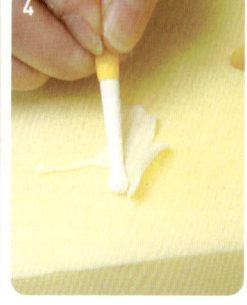 

II 은행잎 & 단풍잎

A 은행잎

1. 연노란색 페이스트를 밀어 편 후 은행잎을 대고 잎 모양을 따라 롤링커터로 자른다.

* 종이로 은행잎 모양을 재단하여 사용하거나, 직접 잎을 말려 사용해도 무방하다.

* 아랫부분은 약간 두툼하게, 잎의 윗부분은 얇게 밀어 편다.

2. 스펀지 위에 올려 잎의 중심에서 바깥쪽으로 줄무늬스틱을 돌려 모양을 낸다.

3. 윗부분을 가위로 잘라 굴곡을 만든다.

4. 스펀지 위에 올려 둥근 스틱으로 가장자리를 매만져 부드럽게 한 다음 티슈를 받쳐 자연스러운 커브를 만들어 그대로 건조시킨다.

5. 전체적으로 노란색 가루색소로 더스팅한다.

B 단풍잎

1. 연노란색 페이스트를 밀어 편 후 단풍잎을 대고 잎 모양을 따라 롤링커터로 자른다.

   * 종이로 단풍잎 모양을 재단하여 사용하거나, 직접 잎을 말려 사용해도 무방하다.

   * 아랫부분은 약간 두툼하게, 잎의 윗부분은 얇게 밀어 편다.

2. 잎의 가장자리를 돌아가며 톱니스틱으로 긁어 모양을 낸다.

3. 스펀지 위에 올려 둥근 스틱으로 가장자리를 매만져 부드럽게 한 다음 잎의 가장자리를 돌아가며 가위로 살짝 잘라 다듬는다.

4. 삼각스틱으로 잎맥을 그린 후 티슈를 받쳐 자연스러운 커브를 만들어 그대로 건조시킨다.

5. 전체적으로 노란색 가루색소로 더스팅한다.

6. 빨간색 가루색소로 명암을 준다.

도토리잎커터

Ⅲ 도토리 나무

A 도토리 잎

1. 연갈색 페이스트를 밀어 편 후 도토리 잎커터로 찍는다.

   * 와이어를 꽂는 부분은 약간 두툼하게, 잎의 윗부분은 얇게 밀어 편다.

2. 스틱으로 곡선을 그려 잎맥을 표현한다.

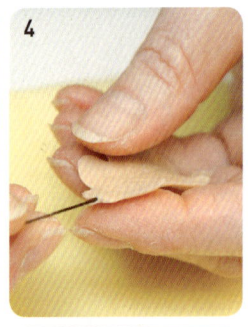

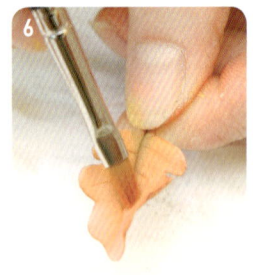

3. 스펀지 위에 올려 주걱스틱으로 가장자리를 매만져 부드럽게 한다.

4. 물을 묻힌 와이어를 ③에 꽂는다.

5. 중앙 잎맥을 중심으로 살짝 오므려 잎의 자연스러운 모양을 잡고 티슈를 받쳐 건조시킨다.

6. 갈색 가루색소로 명암을 주어 더스팅한 다음 가운데 잎맥을 따라 노란색 가루색소로 더스팅한다.

7. 알코올 도수가 높은 무색 술(보드카 등)에 갈색 액체색소를 푼 다음 ⑥을 담그고 충분히 털어낸 뒤 건조시킨다.

* 술에 들어있는 당분이 슈거페이스트를 코팅시켜 광택이 난다.

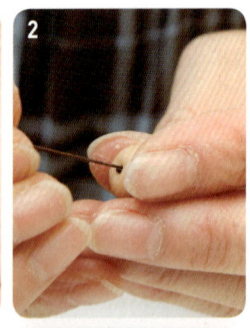

B 도토리

1. 연갈색 페이스트를 손바닥 위에 올려 타원형으로 굴려 빚는다.

2. 갈색 와이어 끝부분을 살짝 구부려 고리를 만들고 흰자를 묻혀 ①에 꽂는다.

* 갈색 와이어가 없다면, 녹색 와이어에 갈색 플로리스트 테이프를 감거나 흰색 와이어에 갈색 물감을 칠하여 사용해도 무방하다.

3. 끝부분을 뾰족하게 만들고 삼각스틱을 이용해 돌려가며 세로줄을 그어 모양을 낸 다음 완전히 건조시킨다.

4. 진갈색 페이스트를 둥글게 빚은 후 둥근 스틱을 이용해 공간을 만들고 윗부분의 두께가 일정하도록 돌려가며 매만진다.

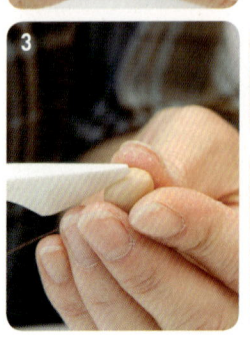
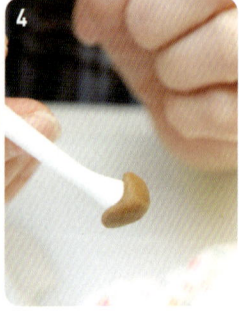

5. ③의 밑부분에 ④를 꽂고 안쪽에 물칠한 후 접착시킨다.

6. 진갈색 페이스트를 이쑤시개로 여러 군데 살짝 뜯어 일으킨 후 완전히 건조시킨다.

7. 갈색 가루색소로 연갈색 페이스트 부분에 살짝 명암을 넣는다.

8. 바니시를 발라 건조시킨다.
   * 너무 반짝이는 것을 원하지 않으면 바니시에 알코올을 섞어 사용한다.

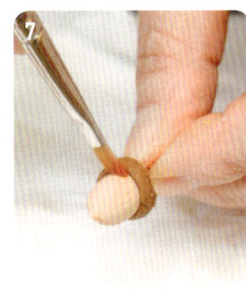
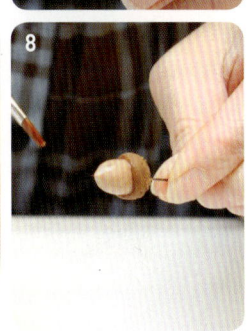

C 도토리 나무

1. 3장의 잎(Ⅲ-A)과 1개의 도토리(Ⅲ-B)를 갈색 플로리스트 테이프로 당기면서 팽팽하게 감아준다.

2. ①과 같은 방법으로 3장의 잎과 2개의 도토리, 2장의 잎과 1개의 도토리 2묶음을 만든다.

3. 각 묶음들을 적절히 배치한 후 와이어(종이가 감겨지지 않은 것)로 묶고 니퍼로 당겨 튼튼하게 고정시킨다.

4. 갈색 플로리스트 테이프로 감은 후 모양을 잡아준다.

코스모스 *Cosmos*

코스모스와 프로피 플라워(Proppy Flower), 퍼플뷰티베리(Purple Beauty Berry)를 이용해 화병을 장식했다.
화병이 국화 무늬 받침과 기둥으로 연결되어 신화 속 성배를 연상시킨다.

사용도구 붓, 가위, 핀셋, 이쑤시개, 데이지틀, 데이지커터, 밀대, 줄무늬스틱, 핑킹 가위, 스펀지, 둥근 스틱, 포일, 잎커터,
◇◇◇◇◇ 심플리프커터(大, 小), 주걱스틱, 볼, 국화모양커터(大, 小), 별깍지

사용재료 보드카, 젤타입색소(갈색, 노란색), 꽃술, 플로리스트 테이프, 바니시, 말린 옥수수 잎, 슈거파우더,
가루색소(금색, 분홍색, 녹색, 자주색, 은색 펄)

I 코스모스

A 심

1. 갈색, 노란색 젤타입색소에 알코올 농도가 높은 무색술(보드카 등)을 조금
   섞어서 꽃술의 동그란 부분에 붓으로 칠한다.
   * 국산 꽃술인 경우, 풀을 먹여 건조시켜서 빳빳하게 만든다.

2. 갈색과 노란색의 꽃술을 길지 않게 가위로 자른다.

3. 와이어 끝부분에 고리를 만든 후 직각으로 꺾는다.

4. 노란색 페이스트를 둥글려 빚은 후 살짝 눌러 납작하게 하고 물이나 흰자를
   묻힌 ③을 꽂는다.

5. 페이스트 윗면 가장자리에 색을 교차시켜가며 핀셋으로 잘게 자른 꽃술을
   꽂는다. 갈색 꽃술보다 노란색 꽃술을 더 많이 꽂아준다.

6. 이쑤시개나 쪽가위 등으로 가운데 부분의 페이스트를 여러 군데 살짝 뜯어
   일으킨 후 완전히 건조시킨다.

코스모스용 데이지틀

데이지커터

B 꽃잎과 꽃받침

1. 분홍색 페이스트를 밀어 편 후 꽃잎 8장짜리 데이지틀 위에 올리고 다시 밀대로 밀어 편다.

2. 손으로 매만져 여분의 페이스트를 제거한다.

3. 틀을 제거한 후 꽃잎 1장씩 줄무늬스틱을 돌려 가며 무늬를 낸다.

4. 꽃잎의 끝부분을 핑킹 가위로 잘라 코스모스 꽃 모양을 만든다.

5. 스펀지 위에 올리고 다시 한 번 줄무늬스틱을 돌려가며 자연스러운 커브를 만든 후 둥근 스틱의 작은 봉으로 끝부분을 부드럽게 한다.

6. 꽃잎을 뒤집고 가운데를 둥근 스틱의 큰 봉으로 눌러 볼륨을 준다.

7. 가운데 물을 바른 뒤 A(심)를 꽂는다.

8. 대강의 꽃 모양으로 만든 포일에 꽂아 꽃잎을 조절하며 크기와 모양을 잡고 그대로 건조시킨다.

9. 녹색 페이스트를 고깔 모양으로 빚는다.

10. 고깔의 아랫부분을 스틱으로 넓게 밀어 편다.

11. 꽃보다 작은 데이지커터의 중앙에 고깔의 뾰족한 부분을 넣고 찍은 후 가장자리를 손으로 매만져 부드럽게 한다.

12. ⑪에 물칠한 후 ⑧과 접착시키고 포일에 꽂아 그대로 건조시킨다.

  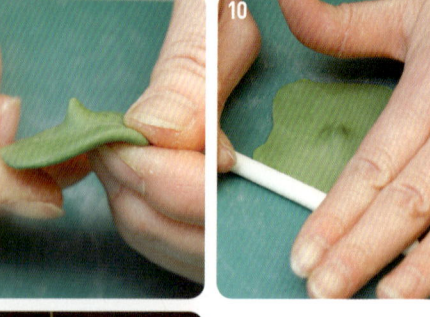

C 잎

1. 플로리스트 테이프를 꼬아 길쭉하게 만든 다음 손으로 잡아당겨 적당한 길이로 끊어준다.

2. ①을 5~6개씩 플로리스트 테이프로 감아 묶음을 만든다.

3. 가위등으로 긁어 자연스러운 굴곡을 만든다.

4. 와이어의 아래쪽부터 플로리스트 테이프를 감아내려 나중에는 플로리스트 테이프만 꼰 후 적당한 길이로 끊고 ③의 묶음들과 연결한다.

   * 와이어의 아랫부분, 즉 플로리스트 테이프만 꼰 부분이 ③과 연결되어 잎이 된다.

5. 적절한 위치에 B(꽃잎과 꽃받침)를 대고 플로리스트 테이프를 이용해 ④와 연결한 후 잎의 모양을 조절한다.

Ⅱ 프로피 플라워

1. 꽃술 하나는 반으로 접고 다른 하나는 2/5로 접는다.

2. 와이어를 살짝 구부려 고리를 만든 후 ①을 고리에 건다.

3. 니퍼를 이용해 고리를 접어 꽃술을 고정시킨다.

4. 연결 부분을 플로리스트 테이프로 살짝 감싼다.

5. 흰색 플라워 페이스트를 I - B(코스모스 꽃잎과 꽃받침)의 ⑨, ⑩, ⑪과 같이 고깔 모양으로 만든 후 프로피 플라워커터로 찍고, 꽃을 만든 후 중심에 구멍을 깊게 뚫는다.

프로피 플라워커터

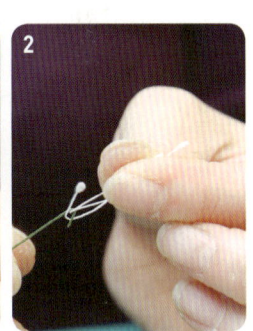
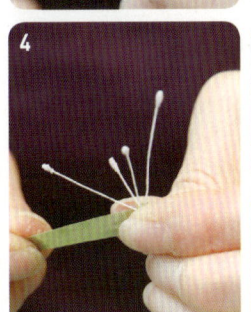
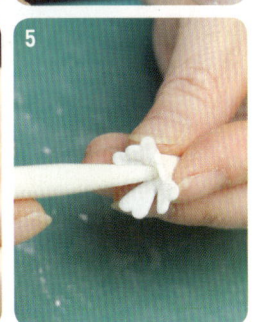

6. 구멍에 스틱을 넣고 돌려가며 꽃잎을 1장씩 펴
준다.
* 이 과정을 조금씩 반복하면 활짝 핀 꽃을 만들 수 있다.

7. 다시 한 번 구멍을 뚫은 다음 물칠하고 ④를 꽂
는다.

8. 볼륨감이 생기도록 꽃잎의 모양을 잡아주고, 손
에 물을 묻혀 꽃과 와이어가 매끄럽게 이어지도
록 매만진 후 건조시킨다.

Ⅲ 퍼플 뷰티 베리

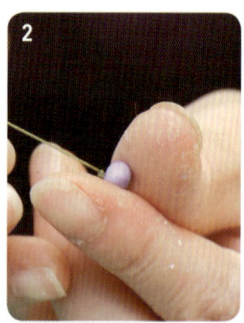
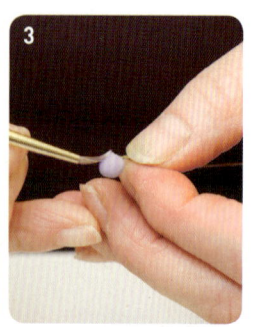

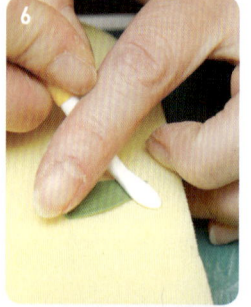

잎커터

A 퍼플 뷰티 베리

1. 와이어 끝부분을 살짝 구부려 고리를 만든다.

2. 보라색 페이스트를 둥글게 빚은 후 물을 묻힌
①을 꽂고 건조시킨다.

3. 바니시를 바른다.

4. 녹색 페이스트를 밀어 편 후 말린 옥수수 잎의
거친 부분으로 찍어 무늬를 낸다.
* 옥수수 잎을 말려 잎맥을 찍으면 더욱 자연스럽게 표현
할 수 있다.

5. 잎커터로 찍는다.

6. 스펀지 위에 올려 주걱스틱으로 가장자리를 매
만져 부드럽게 한다.

7. 물을 묻힌 와이어를 꽂고 모양을 잡아준 다음
티슈나 포일 등에 받쳐 건조시킨다.

8. 2장의 잎이 서로 마주보도록 플로리스트 테이
프로 감는다.

9. 마주보는 2장의 잎 사이에 4~5개의 보라색 열매
를 배치한 후 ⑧의 아래쪽에 플로리스트 테이프
로 연결해 나간다.

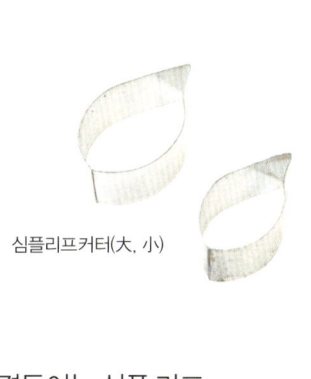

심플리프커터(大, 小)

B 곁들이는 심플 리프

1. 녹색 페이스트를 밀어 펴 심플리프커터(大, 小)로 찍고 잎맥을 그려 넣은 후 주걱스틱으로 가장자리를 매만져 부드럽게 한다.

2. 물을 묻힌 와이어를 꽂고 모양을 잡아준 다음 티슈나 포일 등에 받쳐 건조시킨다.

3. ②의 와이어 부분에 플로리스트 테이프를 감는다.

4. 위쪽에는 작은 심플 리프, 아래쪽에는 큰 심플 리프가 오도록 플로리스트 테이프로 연결해 적절하게 배치한다

IV 화병

국화 모양커터(大, 小)

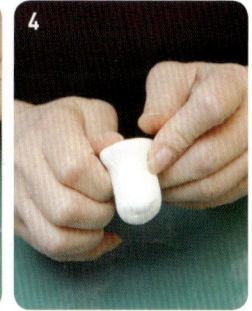

1. 흰색 페이스트를 둥글넓적하게 밀어 편 후 슈거파우더를 충분히 묻힌 볼에 넣고 모양을 잡는다.

2. 여분의 페이스트를 제거해 매끄럽게 한 후 그대로 건조시킨다.

* 건조되는 과정에서 페이스트가 다소 줄어든다는 점을 감안한다.

3. 흰색 페이스트를 밀어 편 후 국화 모양커터(大, 小)로 찍어 건조시킨다.

4. 굵고 짧은 기둥을 만들어 위·아래 부분을 넓게 펴주고 건조시킨다.

5. 큰 국화 모양 받침, 작은 국화 모양 받침, 기둥, 볼을 로열 아이싱을 이용해 차례로 접착시킨다.

* 반드시 완전히 건조시킨 후 접착시키도록 한다. 그렇지 않으면 볼의 무게를 지탱하지 못해 무너지게 된다.

6. 별깍지를 끼운 짤주머니에 로열 아이싱을 담아 볼의 윗부분과 기둥 둘레를 셸 모양으로 짜고 건조시킨다.

7. 금색 가루색소로 더스팅한다.

V 마무리

A 더스팅

1. Ⅱ(프로피 플라워)의 안팎으로 은색 펄 가루로 더스팅한다.

* 꽃잎에 도수 높은 알코올을 바른 다음 펄 가루를 칠하면 더 많은 펄을 묻힐 수 있다.

2. 중심에 밝은 분홍색 가루색소로 더스팅한다.

3. 꽃을 뒤집어 아랫부분에 녹색 가루색소로 더스팅해 명암을 준다.

4. Ⅰ(코스모스)의 중심과 꽃잎 윗부분, 뒷부분에 자주색 가루색소로 더스팅한다.

5. 꽃받침 부분에 녹색 가루색소로 더스팅해 명암을 준다.

* 빨간색, 분홍색, 노란색 가루색소를 사용해 다양한 색상의 코스모스를 표현하고, 잎은 녹색 가루색소로 더스팅해 명암을 준다.

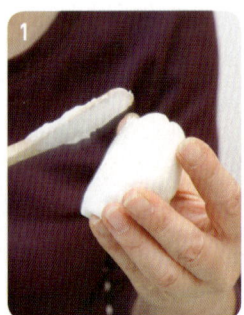

B 꽃꽂이

1. 흰색 페이스트를 뭉쳐 로열 아이싱을 바르고 화병 안쪽에 접착시킨다.

2. 각종 꽃들의 와이어 부분에 로열 아이싱을 듬뿍 바르고 균형을 맞추어 ①의 페이스트에 꽂는다.

소녀와 데이지 그리고 책 *Daisy*

일일이 말아 올린 책장이 바람에 넘어갈 듯 표현되었다. 펄이 들어간 갈색 가루색소로 더스팅한 책은
앤티크 느낌을 자아내고 붉은 데이지(Daisy)는 소녀적인 감성을 자극한다.

사용도구 칼, 별깍지, 붓, 책틀, 밀대, 하드보드지, 공단 천, 니퍼, 핀셋, 데이지꽃받침컷터, 뾰족한 스틱,
◇◇◇◇◇◇ 주걱스틱, 둥근 스틱, 하드스펀지, 데이지꽃커터, 스틱, 소프트스펀지, 국화잎커터

사용재료 리본, 카메오 그림, 가루색소(갈색 펄, 빨간색, 녹색), 양면 테이프, 녹색 와이어(24, 26번),
검은색 꽃술, 녹색 플로리스트 테이프

I 케이크 더미

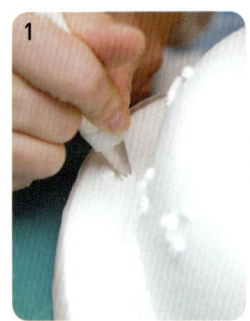 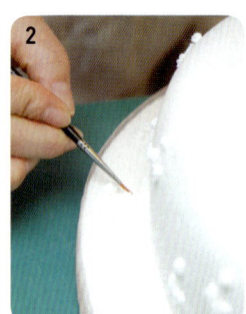

1. 밀대를 이용해 케이크 더미를 충분히 덮을 정도의 크기로 밀어 편 다음 전체
   적으로 물을 바르고 반죽을 씌워 손으로 매만지며 밀착시킨다. 칼로 여분의
   반죽을 잘라낸 후 손으로 만져 매끄럽게 한 후, 둥근 보드 위에 올리고 아이
   싱으로 고정한 다음 별깍지를 끼운 짤주머니에 아이싱을 넣고 보드와 더미
   둘레에 아이싱을 짠다.

2. 꽃 모양으로 짠 아이싱은 물에 적신 다음 물기를 완전히 제거한 붓으로 다
   듬어 매끄럽게 한다.

II 펼쳐진 책

 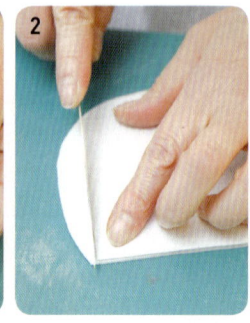 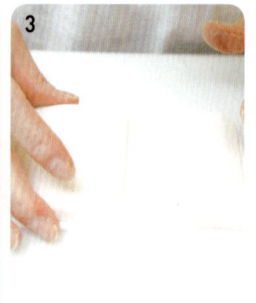

1. 책틀에 흰색 페이스트를 넣어 채운 다음 밀대를
   이용해 윗면을 밀어 평평하게 하고 완전히 건조
   시킨다.

2. 흰색 페이스트를 두껍게 밀어 편 다음 펼친 책
   모형보다 약간 큰 사이즈로 자른다.

3. ② 위에 ①을 배치한다.

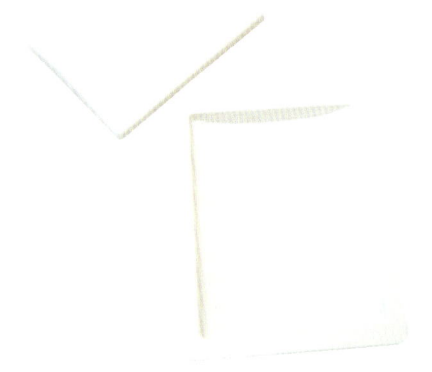

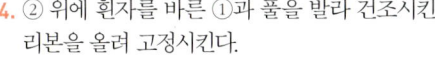

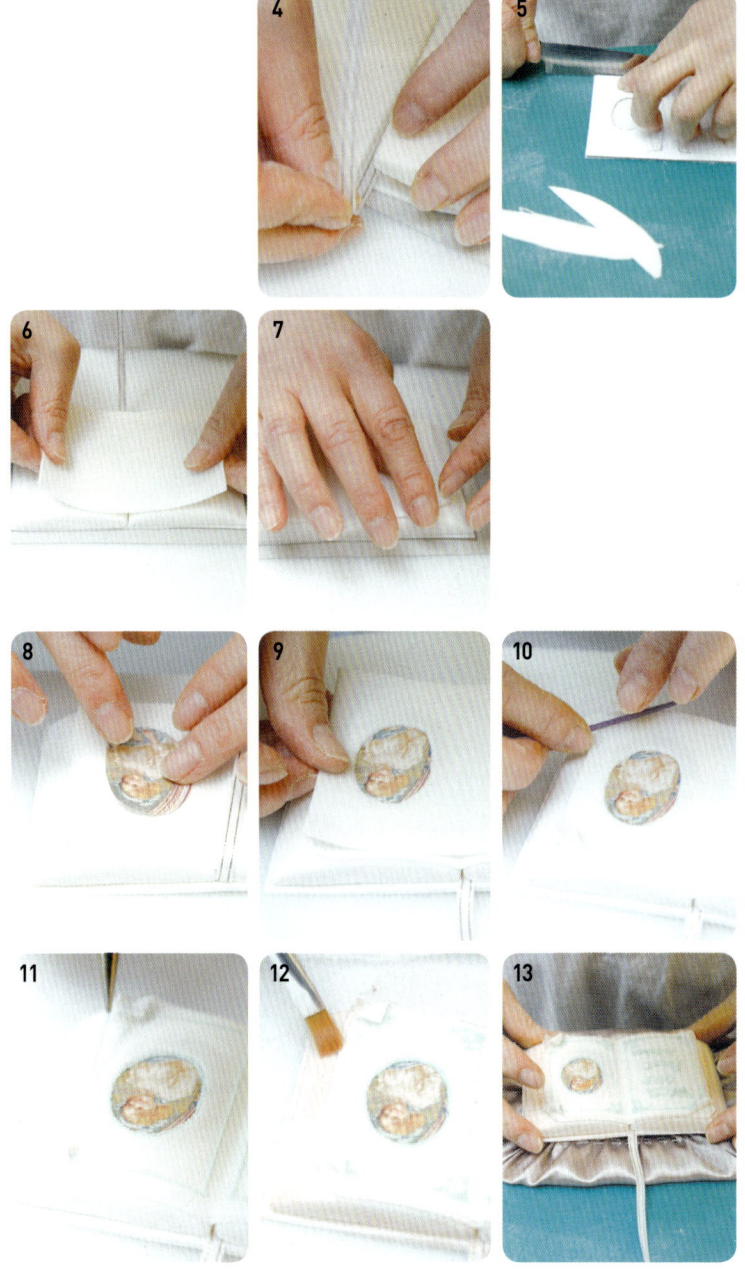

4. ② 위에 흰자를 바른 ①과 풀을 발라 건조시킨 리본을 올려 고정시킨다.

5. 흰색 페이스트를 얇게 밀어 편 다음 ②보다 작은 사이즈로 자른다.

6. 네 귀퉁이를 띄워 물을 바른 ⑤를 ④ 위에 고정시킨다.

7. 손으로 네 귀퉁이를 살짝 말아 올린다.

8. 카메오 모양의 그림을 타원형으로 자른 다음 오른쪽 중앙에 붙인다.

9. 얇게 밀어 편 흰색 페이스트를 ⑤와 같은 사이즈로 자르고 오른쪽 중앙을 타원형으로 잘라낸 다음 네 귀퉁이를 띄워 ⑧ 위에 고정시킨다.

10. 가는 막대를 이용해 네 귀퉁이를 ⑦보다 많이 말아 올린다.

11. 민트색 아이싱으로 타원형 가장자리에는 구슬 모양을, 책의 둘레에는 선을 짜준다.

12. 완전히 건조시킨 다음 갈색 펄로 더스팅한다.

13. 하드보드지를 공단 천으로 감싼 다음 바느질해 주름을 만든 보드에 ⑫를 양면 테이프로 고정시킨다.

Ⅲ 데이지 꽃

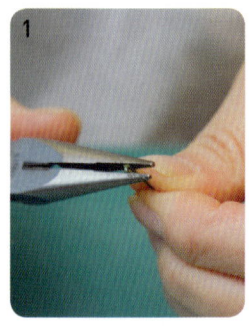 

  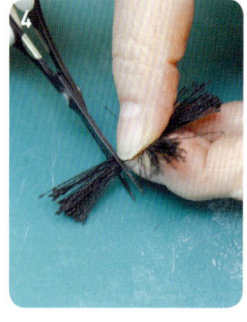

A 꽃심

1. 녹색 와이어(24번)의 끝부분을 니퍼로 구부려 고리를 만든 후 직각으로 꺽는다.

2. 노란색 페이스트를 둥글게 빚은 다음 ①을 꽂는다.

3. 노란색과 녹색 미모사를 섞어 ②의 페이스트에 묻힌 다음 가운데에 노란 미모사를 한번 더 묻히고 완전히 건조시킨다.

4. 검정색 꽃술을 손으로 모아 쥔 다음 반으로 자른다.

5. 핀셋을 이용해 꽃술 머리를 일정한 높이로 잡아 준다.

6. ③의 주변에 ⑤의 꽃술을 둘러 배치한 다음 철사로 감아주고 폭이 좁은 녹색 플로리스트 테이프로 ⑥의 줄기 부분을 감는다.

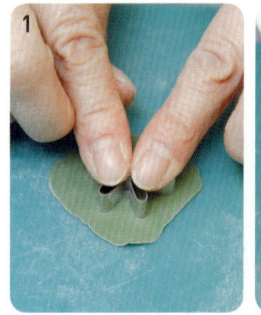  

B 꽃받침

1. 녹색 페이스트를 얇게 밀어 편 다음 데이지 꽃받침커터로 찍는다.

2. 뾰족한 스틱으로 각각의 꽃받침을 양옆으로 넓게 밀어 편다.

3. 하드스펀지 위에 올린 다음 주걱스틱을 이용해 전체적으로 얇게 편다.

C 꽃잎

1. 흰색 페이스트를 얇게 밀어 편 다음 데이지꽃커터로 찍는다.

2. ①을 하드스펀지 위에 올린 다음 각각의 잎을 양옆으로 밀어 편다.

3. 둥근 스틱으로 꽃잎의 가장자리를 얇게 펴주고 안쪽을 살짝 눌러준다.

4. A(꽃심)를 ③의 중심에 꽂고 밑부분을 손으로 모아 고정시킨다.

5. 빨간색 페이스트를 얇게 밀어 편 다음 데이지꽃커터로 2장 찍는다.

6. 뾰족한 스틱으로 ⑤의 꽃잎 가장자리를 펴준다.

7. 둥근 스틱으로 꽃잎의 가장자리를 얇게 펴주고 안쪽을 살짝 눌러준다.

8. 빨간색 꽃잎 중 1장을 소프트스펀지 위에 올리고 둥근 스틱으로 꽃잎의 가운데를 다듬어 굴곡을 준다.

9. ⑦의 빨간색 꽃잎에 ④를 통과시키고 ⑧의 빨간색 꽃잎에 통과시켜 꽂는다.

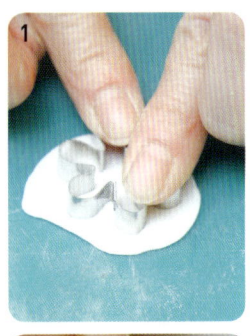
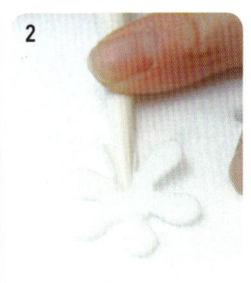
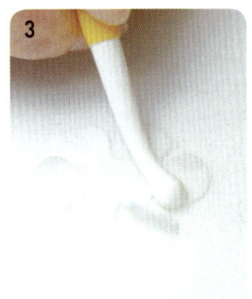

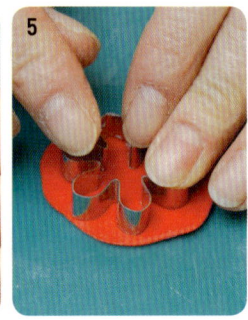

D 조합

1. C(꽃잎)에 B(꽃받침)를 통과시켜 꽂는다.
2. 꽃받침과 제일 밑의 빨간색 꽃잎을 아래로 내려뜨려 모양을 잡는다.
3. 빨간색 가루색소로 흰색 꽃잎의 바깥쪽과 뒷면도 더스팅한다.

IV 잎

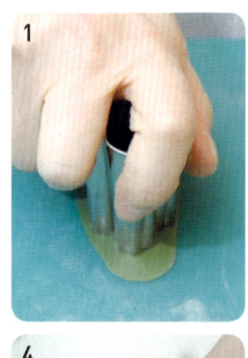  

1. 녹색 페이스트를 얇게 밀어 편 다음 국화잎커터로 찍는다.
2. 스틱을 이용해 잎맥 무늬를 낸다.
3. 하드스펀지에 올리고 둥근 스틱으로 윗부분의 가장자리를 얇게 밀어 편다.
4. 페이스트의 중앙에 녹색 와이어(26번)를 끼워 넣고 가운데를 중심으로 접어 고정시킨다.
5. 빨간색과 녹색을 섞은 가루색소로 잎의 앞뒷면을 전체적으로 더스팅한다.

V 꽃봉오리

1. 빨간색 페이스트를 얇게 밀어 편 다음 데이지 꽃커터로 찍는다.

2. 하드스펀지 위에 올린 다음 둥근 스틱으로 꽃잎의 가장자리에 프릴을 준다.

3. III-A(꽃심)의 ①~③과 같은 공정을 한 후 끝부분을 고리로 만든 녹색 와이어(24번)에 ②를 통과시킨 다음 거꾸로 세워서 꽃잎이 겹치도록 접어준다.

4. 공정 ①~③을 반복해 꽃잎을 풍성하게 한다.

5. 거꾸로 세워 접어준 다음 완전히 건조시킨다.

6. 얇게 밀어 편 녹색 페이스트를 작은 데이지꽃받침커터로 찍은 다음 하드스펀지 위에 올려 둥근 스틱으로 가장자리를 밀어 편다.

7. ⑤에 ⑥을 통과시킨 다음 접어 밀착시킨다.

8. 꽃봉오리 부분을 빨간색 가루색소로 더스팅한다.

9. 꽃받침 부분을 녹색 가루색소로 더스팅한다.

IV 마무리

1. 케이크 더미에 뭉친 페이스트를 올리고 펼쳐진 책을 기울여 고정시킨다.

2. 케이크 더미에 완성된 꽃과 잎을 배치한 후 페이스트에 꽂아 고정시킨다.

3. 비어있는 부분에 리본을 꽂아 완성한다.

오텀블라섬 *Chrysanthemum*

대표적인 가을꽃 국화는 크리샌서멈(Chrysanthemum)이라는 이름이 있지만 오텀블라섬(Autumn Blossoms)이라는 애칭으로 더 많이 불린다. 여리여리한 복숭아빛 더미에 소담스런 흰 국화다발을 올려 가을의 정취를 더했다.

사용도구 핀, 스티로폼 더미, 스티로폼 보드, 스무더, 골이 파인 스틱, 둥근 스틱, 여섯꽃잎커터(2, 3, 5호),
◇◇◇◇◇◇ 하드스펀지, 소프트스펀지, 삼각스틱, 국화잎커터, 원형깍지(0번)

사용재료 녹색 플로리스트 테이프, 가루색소(노란색, 밤색, 녹색 펄), 꽃술, 흰색 와이어(26번), 녹색 와이어(28번)

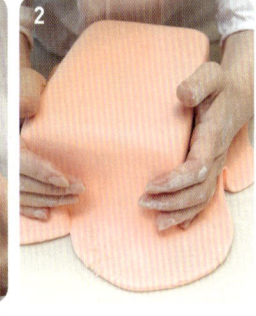

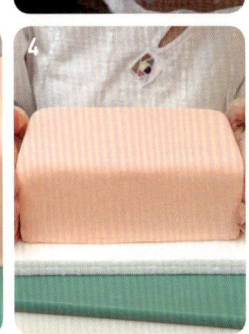

I 더미

A 커버

1. 12×20×7*cm* 크기의 스티로폼 더미에 물을 바른다.

2. 도톰하게 밀어 편 연분홍색 페이스트를 빈틈없이 덮어씌운다.

3. 여분의 페이스트를 잘라내고 스무더를 이용해 더미의 표면을 매끈하게 정리한다.

4. 26×18*cm* 넓이의 스티로폼 보드에 아이싱을 바르고 ③을 올려 부착한다.

5. 연분홍색 페이스트를 길게 밀어 편 다음 자를 내고 한쪽 면을 반듯하게 자른다.

6. 페이스트가 씌워져 있지 않은 보드 부분에 물을 바르고 ⑤를 부착한다.

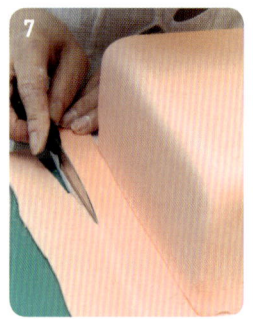
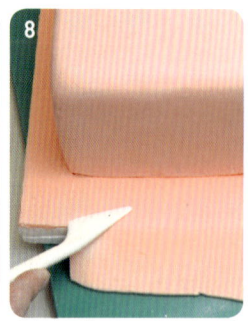
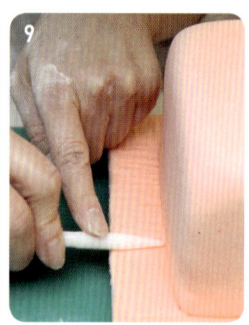

7. 여분의 페이스트를 잘라낸다.
8. 면을 모두 페이스트로 감싼 다음 이음매 부분은 스틱을 이용해 매끄럽게 정리한다.
9. 페이스트가 마르기 전에 골이 파인 스틱을 이용해 물결 무늬를 낸다.

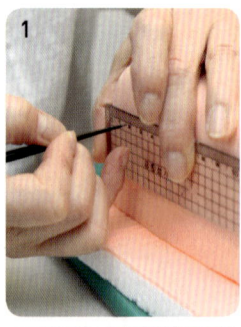
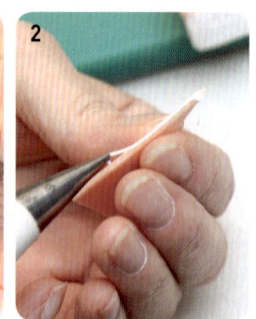

B 장식

1. 더미의 둘레에 2cm 간격으로 표시한다.
2. 연분홍색 페이스트를 도톰하게 밀어 편 다음 직각 삼각형으로 잘라 브리지를 만든 다음 한쪽에 아이싱을 바른다.
3. ①에서 표시한 간격대로 브리지를 붙인다.
4. 여분의 아이싱을 물기가 있는 붓으로 닦아낸다.
5. 브리지를 중심으로 일정한 간격의 아이싱을 짠다.

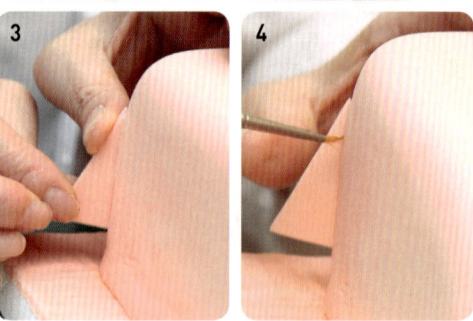

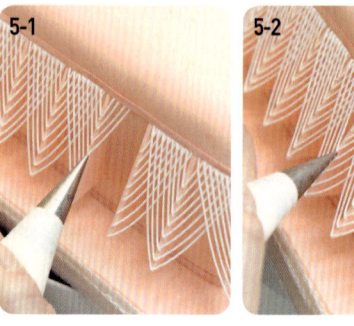

브리지

Ⅱ 국화

A 꽃심

1. 둥글게 뭉친 노란색 페이스트에 흰색 와이어 (26번)를 꽂은 다음 윗면을 납작하게 누른다.
2. ①을 완전히 건조시킨 다음 가는 녹색 플로리스트 테이프로 당기면서 감는다.
3. ②의 둥근 부분에 흰자를 바른 다음 설탕과 노란색 가루색소 섞은 것을 묻힌다.

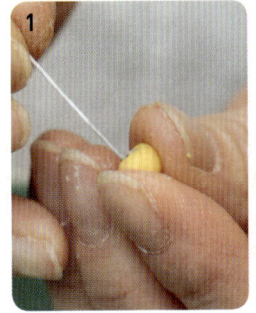 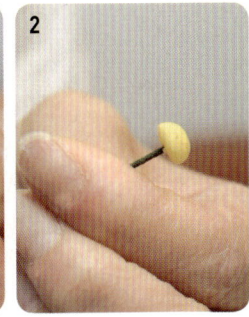 

B 꽃잎

1. 흰색 페이스트를 여섯꽃잎커터(5호)로 찍은 다음 각각의 꽃잎 중심을 잘라 2등분한다.
2. ①의 꽃잎 12장의 끝부분을 각각 뾰족하게 자른다.
3. 하드스펀지 위에 ②를 올리고 둥근 스틱으로 당기면서 늘인다.
4. 소프트스펀지 위에 ③을 올리고 둥근 스틱을 이용해 안으로 당겨 커브를 준다.
5. A(꽃심)를 ④의 중앙에 꽂고 A와 꽃잎 사이에 물칠을 해서 붙인다.
6. 꽃잎을 손으로 모아 둥글게 모양 잡는다.

 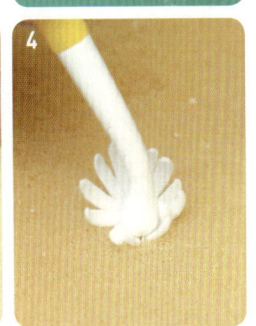

5호　　　　　3호　　　　　2호

7. 공정 ①~④를 반복한 다음 ⑥의 아랫부분에 꽂는다.

8. 흰색 페이스트를 여섯꽃잎커터(3호)로 2장 찍어낸 다음 공정 ①~⑤를 반복한다.

9. 흰색 페이스트를 여섯꽃잎커터(2호)로 2장 찍어낸 다음 공정 ①~④를 반복한다. 1장은 ⑧의 아랫부분에 꽂은 다음 물칠해 밀착시킨다.

10. 나머지 1장은 뒤집은 상태로 ⑨에 꽂는다.

C 꽃받침

1. 녹색 페이스트를 여섯꽃잎커터(5호)로 찍어낸 다음 각각의 꽃잎 중심을 자른다.

2. 하드스펀지 위에 ①을 올리고 둥근 스틱으로 눌러 늘이면서 둥글게 모양잡는다.

D 조합

1. B(꽃잎) 아랫부분에 C(꽃받침)를 꽂고 스틱을 이용해 확실하게 밀착시킨다.

2. 꽃잎에 펄 가루를 바른다.

Ⅲ 소국

A 꽃심

1. 흰색 페이스트를 여섯꽃잎커터(5호)로 찍어낸 다음 각각의 꽃잎을 3등분한다.

2. 하드스펀지 위에 ①을 올리고 둥근 스틱으로 당기면서 늘인다.

3. 소프트스펀지 위에 ②를 올리고 둥근 스틱을 이용해 안으로 당겨 커브를 준다.

4. ③의 중심에 흰색 볼이 달린 꽃술을 꽂는다.

5. ④의 중심에 아이싱을 짠다.

6. ⑤의 아이싱을 짠 부분에 노란색 가루색소를 섞은 설탕을 묻힌다.

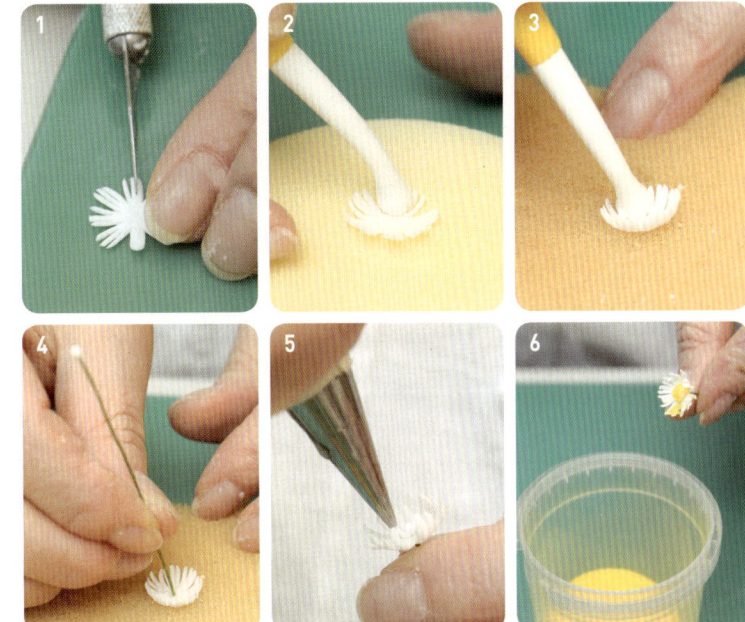

Ⅳ 잎

A 꽃심

1. 녹색 페이스트를 밀어 편 다음 국화잎커터로 찍고 삼각스틱으로 잎맥 무늬를 넣는다.

2. ①을 하드스펀지 위에 올리고 가장자리를 스틱으로 얇게 밀어 편다.

3. ②에 녹색 와이어(28번)를 꽂은 다음 반으로 접어준다.

4. ③의 중심을 밤색 가루색소로 더스팅한다.

5. ④를 전체적으로 녹색 가루색소로 더스팅한다.

보랏빛 반다 *Vanda*

아름다운 보랏빛과 독특한 모양의 꽃잎으로 사랑 받는 반다(Vanda Orchid)가 섬세하게 재현되었다.
더미를 두른 아기자기한 꽃 장식이 반다를 더욱 돋보이게 한다.

사용도구 난꽃잎맥틀, 소형 밀대, 칼, 붓, 반다 입술꽃잎커터, 하드스펀지, 둥근 스틱, 삼각스틱, 소프트스펀지, 플라워 스탠드,
◇◇◇◇◇ 반다 꽃잎커터(大,中), 실리콘 잎맥틀, 주걱스틱, 티슈

사용재료 콘스타치, 보라색 가루색소, 보라색 젤타입색소, 녹색 플로리스트 테이프, 녹색 와이어(28번), 흰색 와이어(18, 28, 30번),
흰색 플로리스트 테이프, 알코올, 리본

I 장식용 꽃

1. 난꽃잎맥틀에 콘스타치를 뿌린 다음 적당량 떼어낸 흰색 페이스트를 넣고
   꾹꾹 누른다.
2. 소형 밀대로 ①의 윗부분을 밀어 평평하게 한다.
3. 틀에서 빼낸 다음 여분의 반죽을 칼로 잘라낸다.

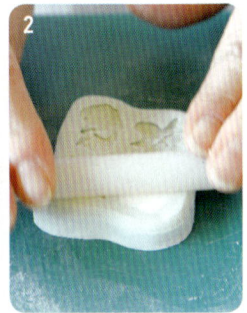
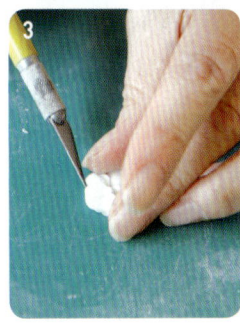

II 케이크 더미

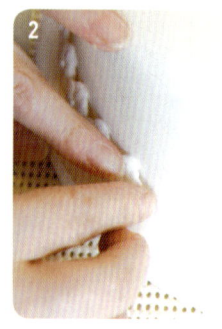

1. 흰색 페이스트로 케이크를 커버링한다. 칼로 여분의 반죽을 잘라낸 후 손으로 만져 매끄럽게 하고 둥근 보드 위에 올려 아이싱으로 고정한다. 더미와 보드의 틈 둘레에 아이싱을 짜서 채운다.
2. 장식용 꽃에 아이싱을 짠 후 둘레에 붙인다.
3. 여분의 아이싱을 물에 적신 다음 물기를 완전히 제거한 붓으로 닦아낸다.
4. 장식용 꽃의 가운데 부분을 보라색 가루색소로 더스팅한다.

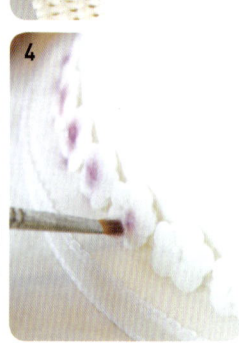

III 잎

1. 녹색 플로리스트 테이프를 2/3까지 비스듬하게 촘촘히 자른다.
2. 당겨가면서 녹색 와이어(28번)에 감아준다.
3. 손으로 훑어준 다음 틀어가며 모양을 잡는다.

IV 반다 입술 모양 꽃

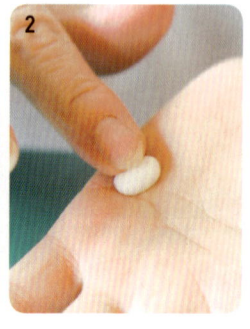

A 꽃가루 주머니

1. 길이 3cm의 흰색 와이어(30번)와 길이가 긴 흰색 와이어(28번)를 모아 잡은 다음 윗부분의 0.5cm 정도를 흰색 플로리스트 테이프로 감아준다.
2. 흰색 페이스트를 원통 모양으로 매만진다.

3. 위아랫부분을 평평하게 매만진다.

4. 삼각스틱으로 ③의 윗부분에 선을 넣는다.

5. ④의 아랫부분에 ①의 흰색 플로리스트 테이프로 감아준 부분을 꽂은 다음 완전히 건조시킨다.

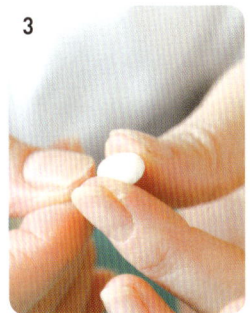 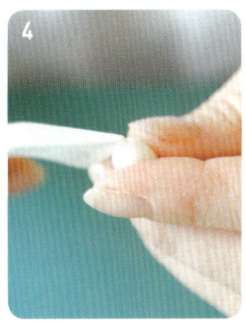 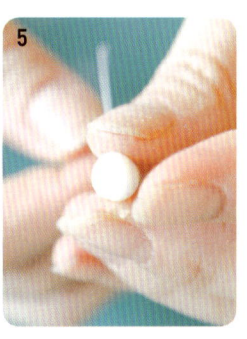

 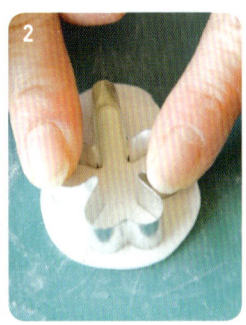

반다 입술꽃잎커터

B 반다 입술꽃입

1. 흰색 페이스트를 약간 두껍게 밀어 편다.

2. 난입술꽃잎커터로 찍는다.

3. 가장자리를 만져 매끄럽게 한다.

4. 하드스펀지에 올리고 둥근 스틱으로 윗부분의 가장자리를 얇게 밀어 편다. 긴 부분은 아랫부분으로 끌어당기면서 밀어 편다.

5. ④를 뒤집어서 소프트스펀지에 올린 다음 가운데 부분을 둥근 스틱으로 눌러 커브를 준다.

6. 다시 뒤집어서 원상태로 하드스펀지에 올린 다음 삼각스틱으로 아랫부분에 선을 넣는다.

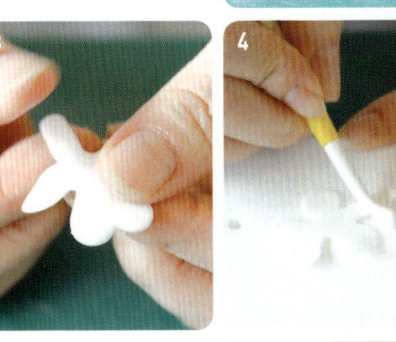

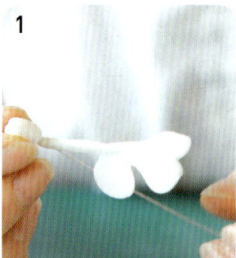

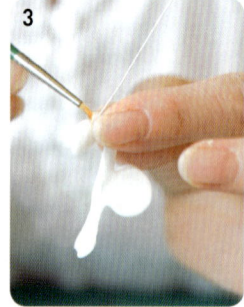

C 조합

1. B(반다 입술꽃잎)의 아랫부분에 물칠하고 A(꽃 가루 주머니)의 짧은 와이어(3cm)에 거꾸로 붙 인다.

2. ①을 꺾어 위를 향하게 한다.

3. B와 A의 이음매에 물칠하고 꼼꼼하게 연결한다.

4. 손바닥에 올리고 입술 꽃잎의 가운데 부분을 둥근 스틱으로 눌러 커브를 준다.

5. ④의 가운데 부분 끝을 손으로 모아준다.

6. 플라워 스탠드에 거꾸로 꽂아 완전히 건조시 킨다.

* 보라색 액체색소를 넣은 도수가 높은 술에 ⑥을 담가 색 을 입힌 다음 여분의 알코올을 털어준다.

V 반다 꽃잎과 꽃받침

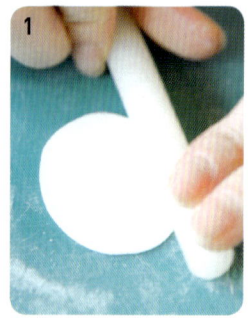

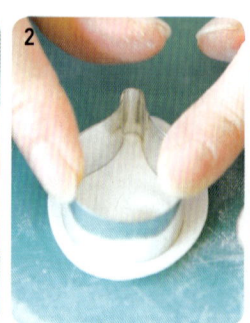

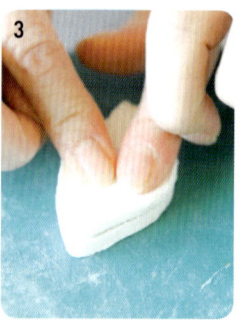

1. 적당한 크기로 떼어낸 흰색 페이스트를 얇게 밀 어 편다.

2. 중간 크기 반다 꽃잎커터로 2장(꽃잎), 큰 반다 꽃잎커터로 3장(꽃받침)씩 찍어낸 다음 손으로 만져 매끄럽게 한다.

3. 실리콘 잎맥틀에 넣고 눌러 잎맥 무늬를 낸다.

4. 하드스펀지 위에 올린 다음 둥근 스틱으로 가장 자리를 얇게 밀어 편다.

5. ④의 아랫부분에 흰색 와이어(28번)를 꽂은 다음 아랫부분을 오므려준다.

6. 주름 잡은 티슈 위에 올려 굴곡 잡은 상태를 유지한 채 완전히 건조시킨다.

7. 완전히 마른 ⑥의 아랫부분을 보라색 가루색소로 더스팅한다.

8. 보라색 액체색소를 넣은 도수가 높은 술에 ⑦을 담가 색을 입힌 다음 여분의 알코올을 털어준다.

* 좀 더 진한 색을 원할 경우, 공정 ⑧을 반복한다.

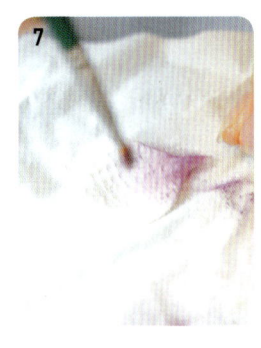
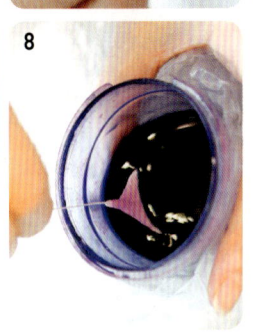

Ⅵ 꽃 조합

1. Ⅳ(반다 입술 모양 꽃)과 Ⅴ(반다 꽃잎과 꽃받침)의 꽃잎을 마주보게 배치한 다음 플로리스트 테이프로 고정시킨다. 흰색 와이어(18번)를 덧댄 다음 플로리스트 테이프로 감아준다.

2. ① 사이에 꽃받침을 1장씩 배치하고 가는 철사로 고정시킨 다음 녹색 플로리스트 테이프를 감는다.

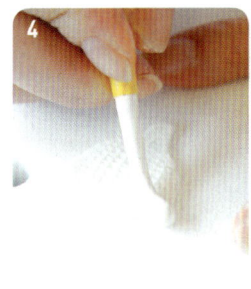

Ⅶ 마무리

1. 케이크 더미에 완성된 꽃과 잎을 배치한 후 페이스트에 꽂아 고정시킨다.

2. 비어있는 부분에 리본을 꽂아 완성한다.

겨울의 웨딩드레스 *Cattleya & Stephanotis*

'난초의 여왕'으로 불리는 카틀레야(Cattleya)는 신부를 위한 웨딩 케이크에 잘 어울리는 꽃이다.
사이사이 넣은 흰색 스테퍼노티스(Stephanotis)와 조화를 이루어 더욱 화려한 색감과 우아한 자태를 자랑한다.

사용도구 칼, 트레이싱 페이퍼, 연필, 옷핀, 별깍지, 스테퍼노티스 꽃잎커터, 뾰족한 스틱, 하드스펀지, 둥근 스틱, 스테퍼노티스 꽃받침커터,
◇◇◇◇◇◇ 작은 밀대, 잎 모양 본, 주걱스틱, 카틀레야 입술꽃잎커터, 카틀레야 꽃잎커터, 카틀레야 잎맥틀, 말린 옥수수 잎, 원형깍지(0번)

사용재료 녹색 와이어(26번), 가루색소(녹색, 노란색, 진분홍색), 바니시, 가는 철사, 녹색 플로리스트 테이프, 흰색 와이어(22, 26, 28번)

I 케이크 더미

1. 트레이싱 페이퍼에 연필로 그린 그림을 옷핀으로 케이크 더미에 뒤집어서 고
   정시킨다.
2. 밑그림을 따라 다시 연필로 모양을 그린다.
   * 연필심이 묻어나며 케이크 더미에 모양이 그려진다.
3. 별깍지를 끼운 짤주머니에 아이싱을 채우고 더미와 보드 둘레에 아이싱을
   짜서 채운다.
4. 원형깍지를 끼운 짤주머니에 아이싱을 채우고 ④ 위에 곡선 무늬를 짜고 그
   위쪽에 구슬 모양을 짠다.
5. 물기가 있는 붓으로 다듬어 마무리한다.
6. 밑그림을 따라 아이싱을 짜고 연필자국은 물기가 있는 붓으로 지워낸다.

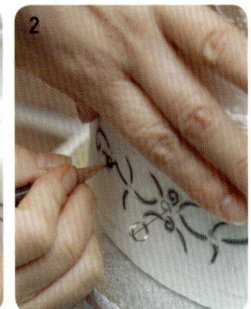
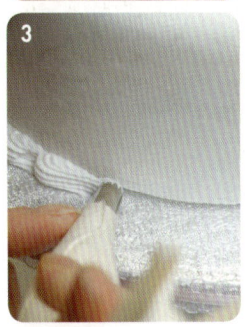
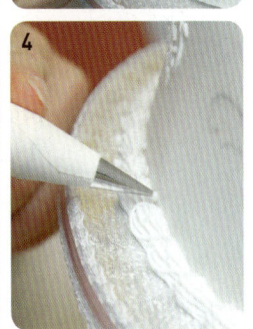

Ⅱ 스테퍼노티스

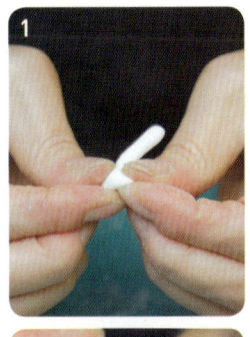 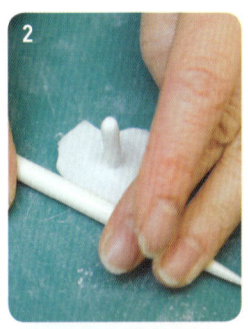 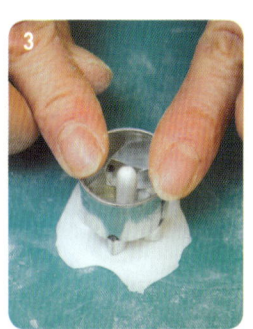

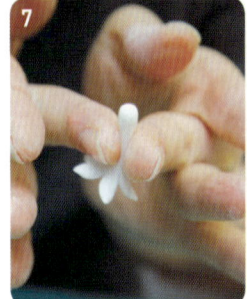  

A 피고 있는 스테퍼노티스

1. 흰색 페이스트를 둥글고 길게 뭉쳐 기둥 모양을 만든 다음 아랫부분을 매만져 고깔 모양을 만든다.
2. ①의 아랫부분을 얇게 밀어 편다.
3. 스테퍼노티스 꽃잎커터로 찍는다.
4. 끝이 뾰족한 스틱으로 ③의 가운데를 움푹하게 누른다.
5. 각각의 꽃잎을 스틱으로 밀어 편다.
6. 각각의 꽃잎을 양손으로 쥐고 뾰족하게 모양을 만든다.
7. 기둥을 손으로 매만져 꼬리 부분을 조금 두껍게 만든다.
8. 녹색 와이어(26번)로 고리를 만들고 꽃의 중심부에 꽂아 통과시킨다.
9. 피고 있는 느낌을 주기 위해 꽃잎을 중심으로 살짝 모아준다.

만개한 스테퍼노티스

B 만개한 스테퍼노티스

1. A(피고 있는 스테퍼노티스)의 공정 ①~⑤를 반복한다. 하드스펀지에 꽃잎 부분이 아래로 가게 뒤집어서 올리고 둥근 스틱으로 눌러 뒤로 살짝 꺾인 느낌을 준다.
2. 녹색 와이어(26번)로 고리를 만들고 꽃의 중심부에 꽂아 통과시킨다.
3. 꽃잎의 가운데 부분을 둥근 스틱으로 눌러준다.

C 꽃받침

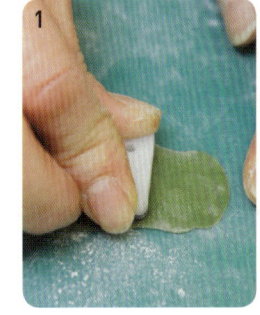

1. 녹색 페이스트를 밀어 편 다음 스테퍼노티스 꽃받침커터로 찍는다.
2. 하드스펀지 위에 올린 다음 작은 밀대로 밀어 편다.

D 잎

1. 두께를 주어 녹색 페이스트를 밀어 편 다음 잎 모양 본을 올려 모양대로 자르고 나서 전체적으로 손으로 매만진다.
2. 하드스펀지 위에 올린 다음 스틱을 이용해 잎의 중앙에 선을 긋고 중앙선 양옆으로 잎맥을 긋는다.
3. 주걱스틱으로 잎의 가장자리를 얇게 밀어 편다.
4. 아랫부분에 녹색 와이어(26번)를 꽂은 다음 살짝 반으로 접어 오므려준다.
5. 완전히 건조시킨 ④를 녹색 가루색소로 더스팅한다.
6. ⑤에 바니시를 발라 광택을 준다.

E 조합

1. C(꽃받침)에 물칠하고 A(피고 있는 스테퍼노티스)와 B(만개한 스테퍼노티스)를 각각 끼워 넣고 붙인다.
2. 녹색 가루색소로 C의 밑기둥을 더스팅 하고 A와 B의 중앙을 각각 더스팅한다.
3. ②와 D(잎)를 모아 배치한 다음 가는 철사로 고정시키고 녹색 플로리스트 테이프로 감는다.

Ⅲ 카틀레야

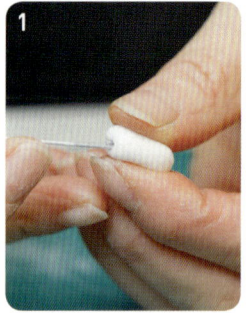 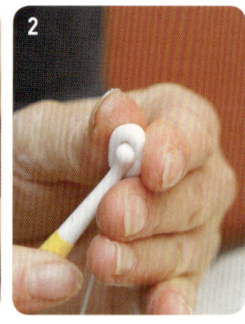 

A 꽃심

1. 흰색 페이스트를 둥근 타원형으로 뭉쳐 손가락 위에 올린 다음 가운데를 눌러 커브를 준 다음 끝을 고리로 만든 흰색 와이어(22번)를 중앙에 끼워 넣는다.

2. 둥근 스틱으로 ①의 중앙을 움푹하게 누른다.

3. 삼각스틱으로 ②의 윗부분에 선을 두줄 넣은 후 완전히 건조시킨다.

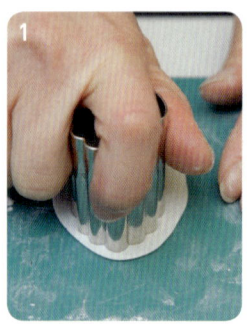  

B 입술 꽃잎

1. 약간 두껍게 밀어 편 흰색 페이스트를 카틀레야 입술꽃잎커터로 찍은 다음 전체적으로 가장자리를 만져 매끄럽게 한다.

2. 카틀레야 잎맥틀에 ①을 놓고 눌러 잎맥 무늬를 찍는다.

3. 하드스펀지에 올리고 둥근 스틱으로 가장자리를 얇게 밀어 프릴을 많이 준다.

C 입술 꽃 조합

1. B(입술 꽃잎)의 아랫부분에 물칠하고 A(꽃심)를 올린 다음 아랫부분을 오므려 붙인다.

2. 둥근 스틱을 이용해 B와 A 사이에 공간을 벌려준다.

3. A는 노란색 가루색소, B는 진분홍색 가루색소를 이용해 전체적으로 더스팅하고 B 안쪽을 노란색 가루색소로 더스팅한 다음 스팀을 가볍게 쬐어준다.

* 색소를 칠한 후 스팀을 쬐어주면 색이 겉돌지 않고 착색이 잘될 뿐 아니라 자연스러운 광택을 내는 효과가 있다. 단, 슈거페이스트가 녹을 수 있으니 짧게 하는 것이 중요하다.

 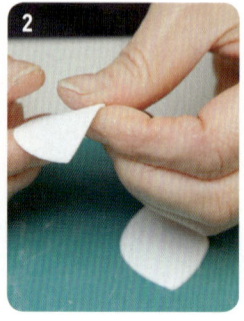 

D 꽃잎

1. 흰색 페이스트를 얇게 밀어 편 다음 카틀레야 꽃잎커터로 2장 찍는다.

2. 전체적으로 손으로 만져 매끄럽게 한다.

3. 카틀레야 잎맥틀에 ②를 올려놓고 잎맥 무늬를 찍는다.

4. 아랫부분에 흰색 와이어(26번)를 꽂은 다음 살짝 반으로 접어 오므려준다.

5. 완전히 건조된 ④에 전체적으로 보라색 가루색소로 더스팅한 다음 스팀을 쬐어준다.

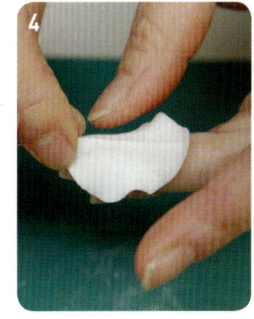 

E 꽃받침

1. 흰색 페이스트를 얇게 밀어 편 다음 꽃받침커터로 3장 찍는다.

2. 말린 옥수수 잎 사이에 ①을 넣고 눌러 잎맥 무늬를 찍는다.

3. 하드스펀지 위에 ②를 올린 다음 가장자리를 주걱스틱으로 얇게 밀어 편다.

4. 아랫부분에 흰색 와이어(28번)를 꽂아 건조시킨다.

5. ④를 전체적으로 진분홍색 가루색소로 더스팅한다.

6. 스팀을 짧게 쬐어준다.

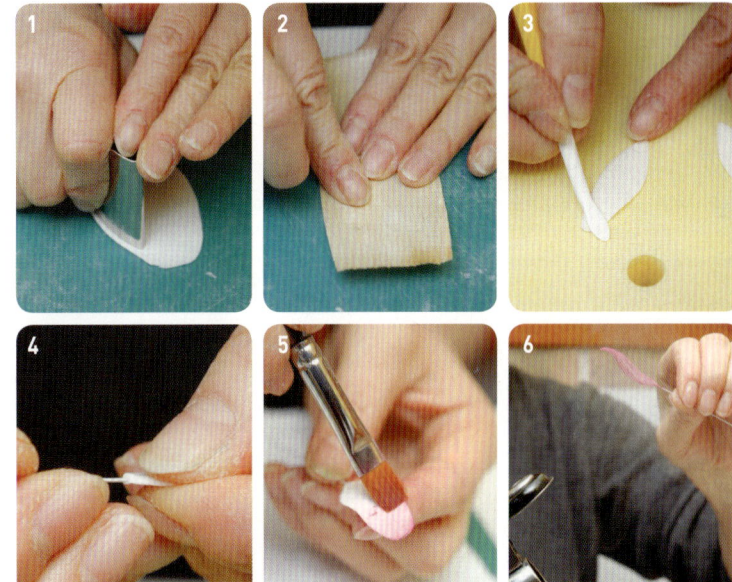

F 카틀레야 꽃 조합

1. C(입술 꽃 조합)와 D(꽃잎) 2장을 배치한 다음 얇은 철사로 고정시킨다.

2. ① 사이에 E(꽃받침) 1장씩 배치하고 가는 철사로 고정시킨 다음 녹색 플로리스트 테이프로 감는다.

3. 손으로 C, D, E의 간격을 좁히거나 벌려가며 배치한다.

크리스마스 미슬토우 *Mistletoe*

미슬토우(Mistletoe) 아래서 키스한 연인은 오랫동안 행복하다는 전설이 있다.
미슬토우와 크리스마스벨꽃(Sandersonia), 곰돌이 커플인형과 크리스마스 메시지로 장식한 연인들을 위한 크리스마스 케이크.

사용도구   크리스마스 엠보싱, 눈결정틀, 붓, 1회용 짤주머니, 삼각스틱, 크리스마스벨꽃커터, 식용펜, 미슬토우잎커터,
◇◇◇◇◇◇   하드스펀지, 주걱스틱, 소프트스펀지

사용재료   콘스타치, 가루색소(밤색, 빨간색, 녹색 펄), 빨간색 젤타입색소, 녹색 와이어(24, 28번), 꽃술, 녹색 플로리스트 테이프

크리스마스 엠보싱

I 케이크

A 커버링

1. 더미에 물을 바르고 일정한 두께로 넓게 밀어 편 흰색 페이스트를 씌우고 페이스트가 씌워진 보드에 접착시킨다.

2. 페이스트가 마르기 전에 크리스마스 엠보싱으로 찍는다.
  * 엠보싱을 이용하면 간단하면서도 고급스러운 느낌을 줄 수 있다.

3. 케이크와 보드의 경계 부분에 로열 아이싱으로 구슬 모양을 일정하게 짠다.

눈결정틀

B 눈결정

1. 흰색 페이스트를 밀어 편 다음 콘스타치를 충분히 뿌리고 눈결정틀로 찍는다.

2. 손가락으로 틀을 눌러서 확실하게 모양을 낸 다음 틀에서 빼내 매끄럽게 매만진다.

3. 완전히 말린 다음 눈결정의 전면에 붓으로 살짝 물칠을 하고 설탕을 묻힌다.
  * 페이스트가 마르지 않은 상태에서 설탕을 묻히면 모양이 망가질 수 있기 때문에 완전히 말리고 다시 물칠하는 방법으로 작업한다.

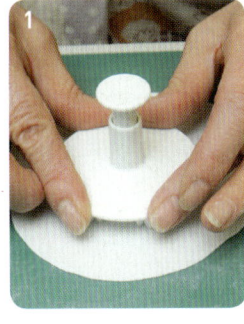
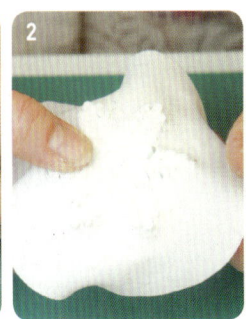
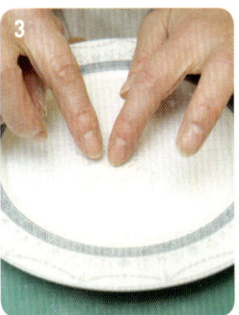

  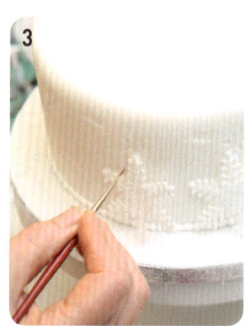

C 조합

1. B(눈결정)의 모서리에 로열 아이싱을 짠다

2. A(커버링)에 약간 사선으로 배치한 B를 일정한 간격으로 붙인다.

3. 여분의 로열 아이싱은 물에 적신 후 물기를 제거한 붓으로 닦아낸다.

Ⅱ 편지지

 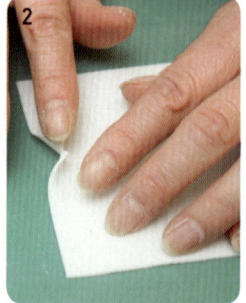 

1. 흰색 페이스트를 밀어 편 다음 원하는 크기로 준비한 사각형 도면을 올려 자른다.

2. ①의 오른쪽 변 중앙에 칼집을 넣고 바깥쪽으로 꺾어 찢어진 종이 모양을 만든다.

3. 붓으로 모서리를 말아준다.

4. ③에서 사용한 붓보다 굵은 펜으로 다른 쪽 모서리를 말고 완전히 말린다.

5. 밤색 가루색소로 가장자리를 더스팅한다.

6. 로열 아이싱에 빨간색 젤타입색소를 섞어 1회용 짤주머니에 넣은 다음 'Merry Christmas'라고 짠다.

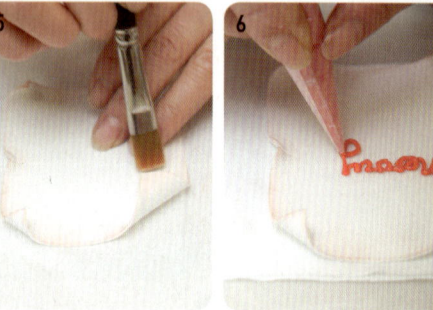

Ⅲ 크리스마스벨 봉오리

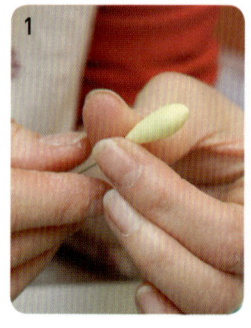 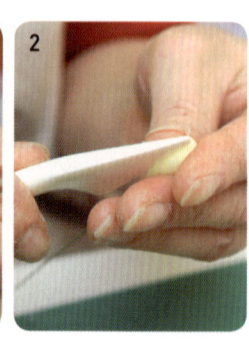

1. 노란색 페이스트를 물방울 모양으로 만든 다음 녹색 와이어(24번)로 고리를 만들어 꽂는다.

2. 삼각스틱을 이용해서 ①을 돌려가며 선을 넣고 끝부분을 손으로 잡고 꼬아서 말린 느낌을 주고 완전히 건조시킨 다음 빨간색 가루색소로 더스팅한다.

Ⅳ 크리스마스벨 꽃

A 크리스마스벨 꽃술

1. 꽃술 3개를 모아 반으로 접는다.
2. 녹색 와이어(24번)로 고리를 만들어 ①에 끼우고 니퍼로 조인다.
3. 폭이 좁은 녹색 플로리스트 테이프로 감는다.

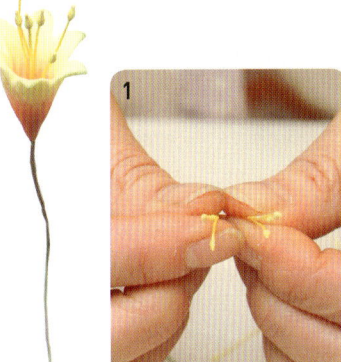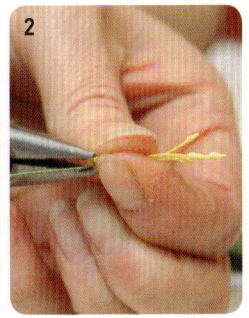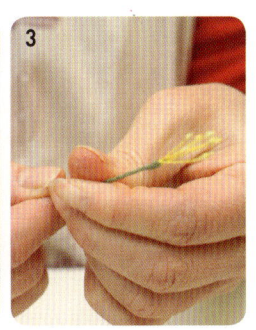

크리스마스벨꽃커터

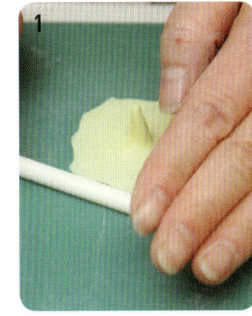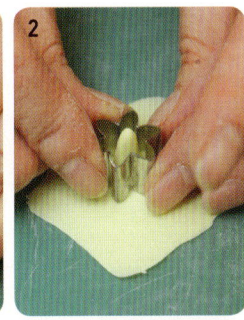

B 크리스마스벨 꽃

1. 노란색 페이스트를 고깔 모양으로 빚은 다음 아랫부분을 스틱으로 넓게 밀어 편다.
2. 크리스마스벨꽃커터 중앙에 뾰족한 부분을 넣고 찍은 다음 가장자리를 손으로 매만져 부드럽게 한다.
3. 스틱을 이용해 중심에 깊게 구멍을 낸다.
4. 구멍에 스틱을 넣고 돌려가며 꽃잎을 1장씩 얇게 편다.

C 조합

1. A(크리스마스벨 꽃술)를 B(크리스마스벨 꽃)의 중심에 넣고 통과시킨다.
2. A의 아랫부분에 물을 바르고 매끄럽게 이어지도록 손으로 매만진다.
3. 꽃잎을 1장씩 손으로 잡아 뾰족하게 모양을 만든 다음 꽃잎을 1장씩 뒤로 젖혀준다.

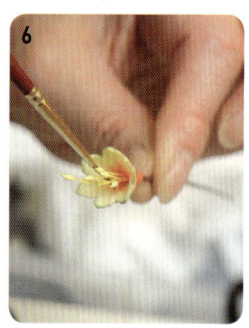

4. 완전히 건조시킨 다음 꽃의 겉면을 전체적으로 빨간색 가루색소로 더스팅한다.

5. 꽃잎의 가장자리 부분을 녹색 가루색소로 더스팅한다.

6. 꽃의 안쪽을 빨간색 가루색소로 더스팅한다.

V 미슬토우

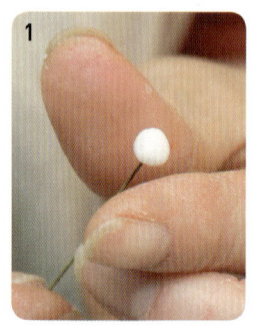
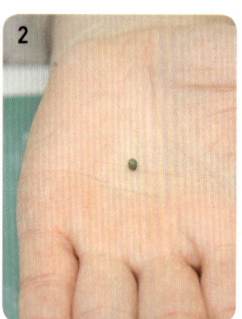
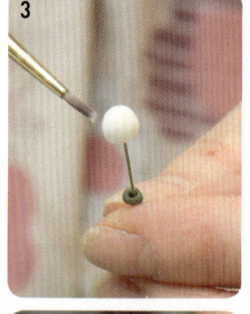
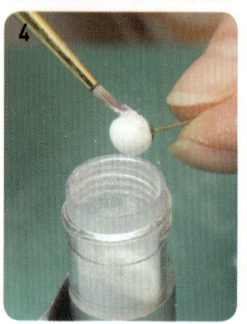
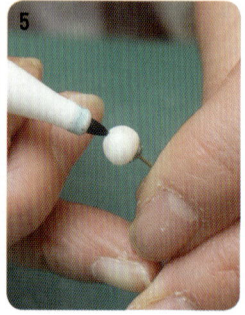

A 열매

1. 흰색 페이스트를 둥글게 빚은 다음 고리를 만든 녹색 와이어(28번)에 꽂는다.

2. 녹색 페이스트를 ①보다 작은 크기로 둥글게 빚는다.

3. ②를 ①의 녹색 와이어에 꽂고 ①의 흰색 페이스트 밑부분에 물칠을 해서 접착시킨다.

4. 완전히 건조시킨 다음 흰색 페이스트 부분에 펄 가루로 더스팅한다.

5. 식용펜을 이용해서 미슬토우 열매의 중앙에 점을 찍는다.

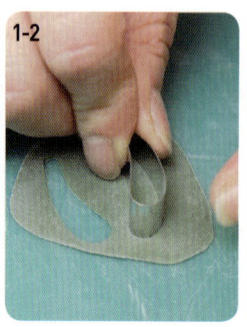

미슬토우잎커터

B 잎

1. 녹색 페이스트를 얇게 밀어 펴고 미슬토우잎커터로 찍는다.

* 미슬토우잎커터를 좌우반전해서도 찍는다.

2. 하드스펀지 위에 올리고 주걱스틱으로 가장자리를 얇게 펴며 부드럽게 한다.

3. 녹색 와이어(28번) 끝부분에 물을 묻혀 ②를 꽂는다.

4. 소프트스펀지 위에 올리고 주걱스틱으로 잎에 전체적으로 굴곡을 준다.

5. 완전히 건조시킨 ④를 녹색 가루색소로 더스팅한다.

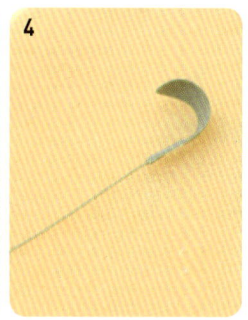

C 조합

1. A(열매) 2개를 폭이 좁은 플로리스트 테이프로 감는다.

2. ①에 2장의 B(잎)를 자리잡고 폭이 좁은 플로리스트 테이프로 감싸 마무리한다.

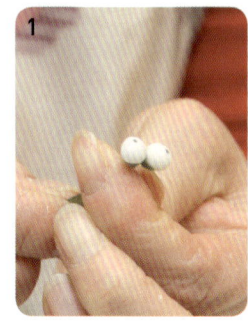

VI 꽃다발

1. V(미슬토우) 3개를 모으고 폭이 좁은 녹색 플로리스트 테이프로 감는다.

2. ①에 크리스마스벨 봉오리와 크리스마스벨 꽃을 배치한 다음 플로리스트 테이프로 감아 고정시킨다.

VII 마무리

1. 편지지의 뒷면에 로열 아이싱을 넓게 바른 다음 케이크 위에 접착시킨다.

2. 꽃다발 2개를 옆으로 비스듬하게 배치하고 줄기 부분에 로열 아이싱을 듬뿍 발라 접착시킨다.

3. 꽃다발 사이에 둥글게 뭉친 흰색 페이스트를 로열 아이싱으로 고정시키고 페이스트 중앙에 슈거페이스트로 만든 곰 2마리를 꽂는다.

크리스마스 선물 *Gazania*

크리스마스 만찬 테이블을 더욱 특별하게 할 사탕 모양의 슈거크래프트 장식이다.
리본과 솔방울, 풍성한 가자니아 꽃 장식이 크리스마스 분위기를 한껏 돋운다.

사용도구 지그재그 모양판, 핑킹가위, 필름통, 티슈, 레이스커터, 가자니아꽃잎커터, 골이 파인 스틱, 하드스펀지,
◇◇◇◇◇◇ 주걱스틱, 소프트스펀지, 둥근 스틱, 니퍼, 붓, 국화꽃받침커터, 잎커터, 말린 옥수수 잎, 스티로폼 보드

사용재료 콘스타치, 금색 리본, 포일, 녹색 와이어(22, 26번), 주황색 가루색소, 젤타입색소(검정색, 빨간색)

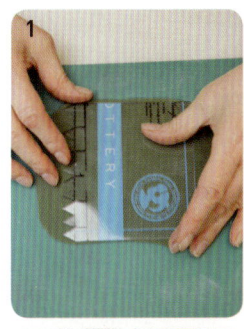

I 크리스마스 캔디

A 캔디

1. 녹색 페이스트를 밀어 편 다음 미리 준비한 지 그재그 모양판을 대고 자른다.

2. ①의 반대편을 핑킹가위로 자른다.

3. 지그재그로 자른쪽 가까이 콘스타치를 충분히 묻힌 필름통을 올린 다음 적당히 간격을 떼어 물기가 있는 붓으로 선을 긋는다.

4. 필름통을 그대로 감싼 다음 남는 페이스트는 잘라낸다.

5. 물칠한 부분을 손으로 모아 잡아 캔디 모양으로 접는다.

6. 캔디 주름의 바깥 부분을 손으로 매만져 볼륨을 준다.

7. 둥글게 뭉친 티슈를 ⑥ 안에 넣고 그대로 건조 시킨다.

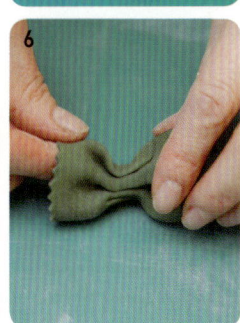

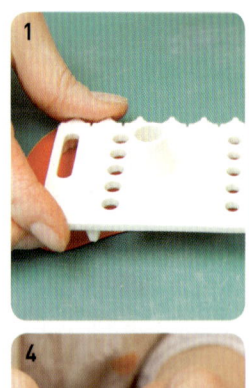
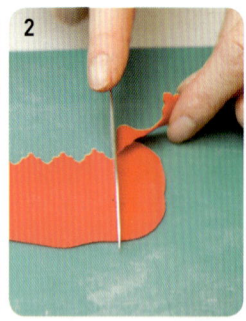
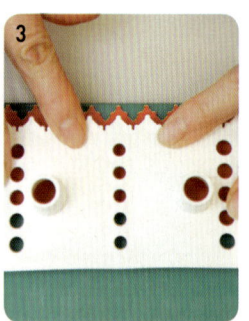

B 장식

1. 빨간색 페이스트를 얇게 밀어 편 다음 레이스커터로 찍는다.

2. 여분의 페이스트는 잘라낸다.

3. ①의 위쪽에서 0.8㎝ 정도 간격을 두고 다시 레이스커터로 찍는다.

4. ③을 A(캔디)의 가운데에 붙인다.

5. ④의 위아래로 금색 리본을 둘러 아이싱으로 고정시킨다.

Ⅱ 가자니아

A 꽃

1. 주황색 페이스트를 얇게 밀어 편 다음 가자니아 꽃잎커터로 찍는다.

2. 골이 파인 스틱을 이용해 각각의 꽃잎을 넓게 밀어 편다.

3. 하드스펀지에 올리고 주걱스틱으로 꽃잎의 가장자리를 얇게 밀어 편다.

4. 골이 파인 스틱으로 다시 한 번 각각의 꽃잎을 밀어 편다.

5. 꽃잎 1장을 잘라낸다.

6. 잘라낸 부분에 물칠하고 꽃잎을 이어 붙인다.

7. 소프트스펀지에 올리고 둥근 스틱으로 각각의 꽃잎 가운데를 둥글린다.

8. ⑦을 뒤집고 둥근 스틱으로 중앙을 둥글려준다.

9. 포일로 모양 잡은 꽃틀에 ⑧을 올리고 둥근 스틱으로 중앙을 누른다.

10. 커브를 준 다음 꽃잎은 뒤로 제껴주고 완전히 건조시킨다.

11. 공정 ①~⑧까지 반복한 다음 둥근 스틱 위에 꽃잎을 거꾸로 올린다.

12. ⑩의 중앙에 ⑪의 꽃잎을 교차해 올린다.

13. 녹색 와이어(22번)의 끝부분을 니퍼로 구부려 고리를 만든다.

14. ⑫의 중앙에 ⑬을 꽂아 넣는다.

15. ⑭ 중앙에 아이싱을 짜 넣은 다음 물기가 있는 붓으로 아이싱 가장자리를 매끄럽게 정리한다.

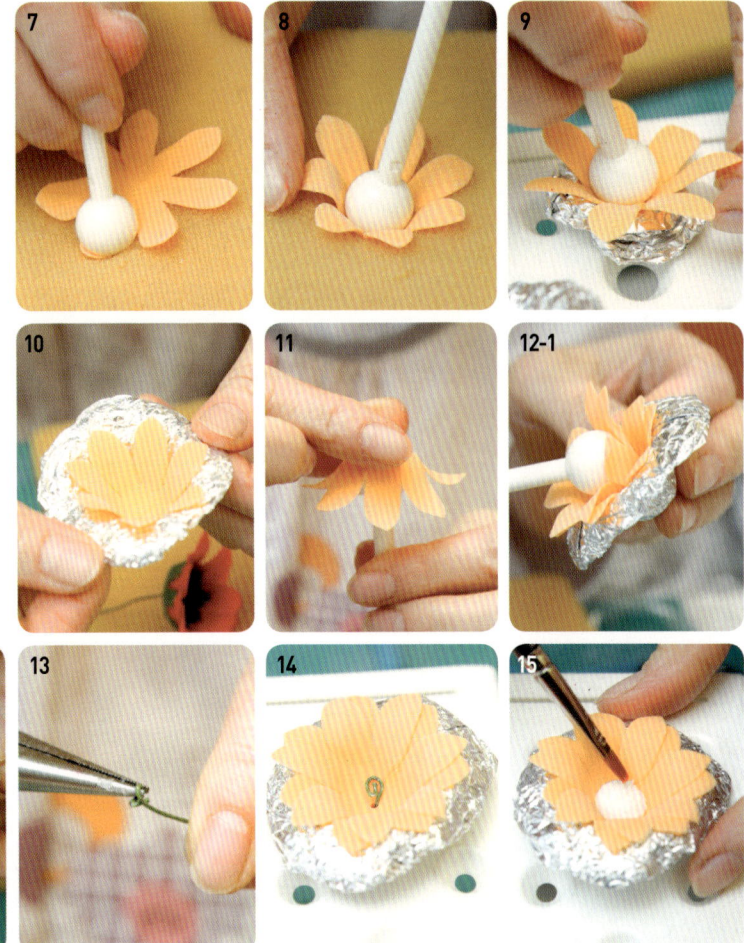

포일로 꽃틀 모양 잡기

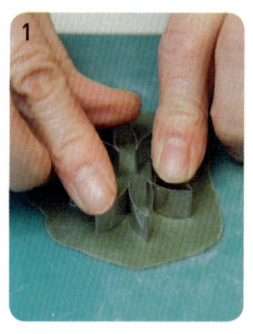

B 꽃받침

1. 녹색 페이스트를 얇게 밀어 편 다음 A(꽃)보다 작은 커터로 찍는다.
2. 하드스펀지에 올리고 주걱스틱으로 각각의 꽃받침을 양옆으로 넓게 밀어 편다.
3. 꽃받침의 한 부분을 잘라낸 다음 물칠하고, 잘린 두 면을 이어 붙인다.

Ⅲ 잎

1. 녹색 페이스트를 밀어 편 다음 잎커터로 찍는다.
2. 말린 옥수수 잎 사이에 넣고 눌러 무늬를 낸다.
3. 하드스펀지 위에 올리고 가장자리를 주걱스틱으로 밀어 펴고 녹색 와이어(26번)를 꽂는다.
4. 스틱을 이용해 잎의 가운데에 선을 긋는다.
5. 손으로 잎의 가운데 부분을 모아 잡아 입체감을 준다.

C 장식

1. A(꽃)의 밑부분에 꽂은 B(꽃받침)에 물칠하고 밀착시킨다.
2. 꽃심 부분에 물칠하고 주황색 가루색소를 충분히 문힌 다음 물기가 있는 붓으로 정리한다.
3. 주황색 가루색소로 꽃잎의 앞뒷면을 전체적으로 더스팅한다.
4. 알코올을 이용해 검정색, 빨간색 젤타입색소를 섞은 다음 꽃심 부분의 가장자리에 칠한다.

마무리

1. 크리스마스 캔디 2개를 스티로폼 보드 위에 올려 자리 잡는다.
2. 가자니아를 중심에 고정시키고 장식물을 알맞게 배치해 꽂아준다.

크리스마스 선물상자 *Evening Primrose*

전통적인 크리스마스의 색, 녹색과 빨간색을 사용해 상자를 만들고 샛노란 달맞이꽃을 올려 포인트를 주었다.
화려하게 치장한 선물 상자가 선물을 더욱 궁금하게 만든다.

사용도구　밀대, 무늬 밀대, 퀼팅툴, 크리스마스홀리 잎커터, 원형커터, 뾰족한 스틱, 하트커터, 하드스펀지,
◇◇◇◇◇◇　후쿠시아꽃받침커터, 둥근 스틱, 프림로즈잎커터, 잎맥틀, 줄무늬스틱, 골이 파인 스틱

사용재료　흰색 플로리스트 테이프, 가루색소(노란색, 녹색), 백합 꽃술, 철사, 흰색 와이어(30번),
　　　　　　녹색 플로리스트 테이프, 녹색 와이어(28번), 젤타입색소(빨간색, 금색)

I 더미

A 더미 감싸기

1. 녹색 페이스트를 둥근 막대 모양으로 만든다.
2. 밀대를 이용해 길고 도톰하게 밀어 편다.
3. 무늬 밀대로 ②를 밀어 나뭇잎 패턴을 낸다.
4. 스티로폼 더미에 맞는 길이와 폭으로 자른다.
5. ④의 더미에 전체적으로 물칠하고 페이스트로
   감싼다.
   * 더미가 아닌 케이크를 이용할 경우, 물 대신 도수가 높은
     술을 바른다.
6. 옆면을 감싼 여분의 페이스트는 잘라낸다.
7. 윗부분 여분의 페이스트도 잘라낸다.
8. 퀼팅툴을 이용해 네 모서리에 2개씩 선을 넣
   는다.
9. 흰색 페이스트를 정사각형 모양으로 밀어 편다.
10. ⑨의 페이스트 위에 본을 올리고 자른다.
    * 본은 두꺼운 종이에 더미 윗면 길이보다 3㎝ 길게 그려
      사용한다.

  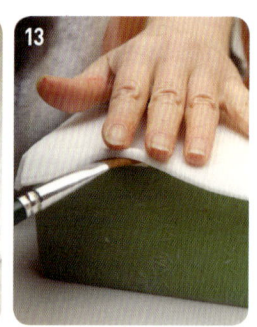

11. 자를 대고 퀼팅툴로 바느질 무늬를 표현한다.

12. ⑪과 같은 방법으로 페이스트의 모든 면에 퀼팅툴로 바느질 무늬를 표현한다.

13. ⑫에 전체적으로 물칠하고 더미의 윗면에 씌운다.

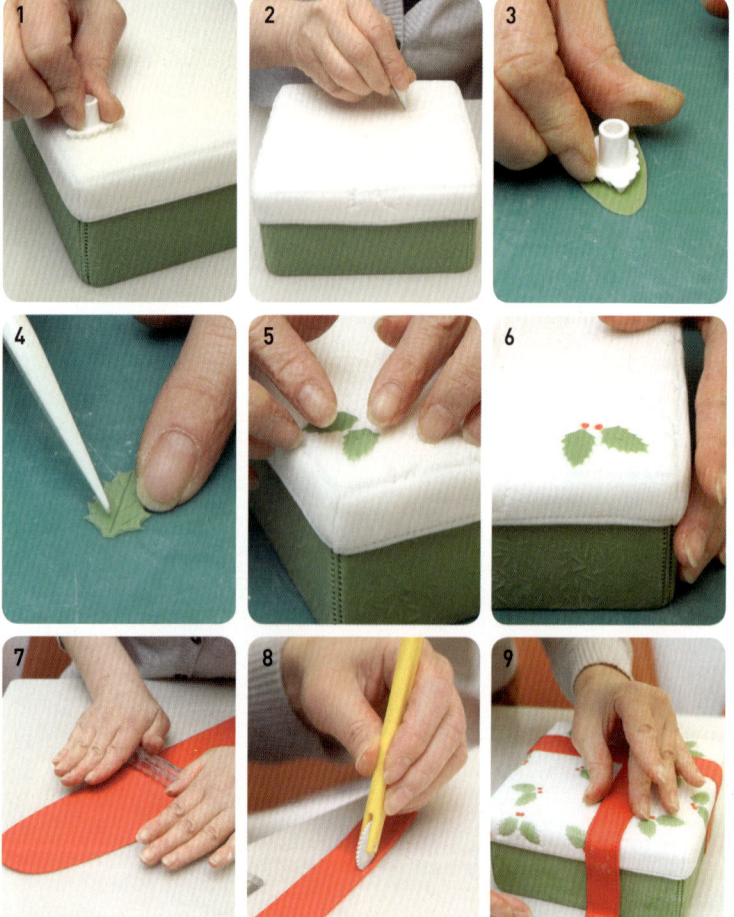

B 더미 장식

1. 더미 윗면의 페이스트가 마르기 전, 크리스마스 홀리 잎커터로 찍는다.

2. ①의 두 잎 사이에 원형깍지로 모양을 낸다.

3. 녹색 페이스트를 얇게 밀어 편 다음 크리스마스 홀리 잎커터로 찍는다.

4. 스틱을 이용해 ③에 잎맥 무늬를 넣는다.

5. ①의 잎 자국에 물칠하고 ④를 붙인다.

6. ⑤와 같은 방법으로 얇게 밀어 펴 원형깍지로 찍어낸 빨간색 페이스트를 ②에 붙인다.

7. 빨간색 페이스트를 밀어 편 다음 무늬 밀대로 밀어 패턴을 낸다.

8. 적당한 폭과 길이로 자른 다음 퀼팅툴로 바느질 무늬를 표현한다.

9. ⑧의 뒷면에 전체적으로 물칠한 다음 더미에 '十'자 모양으로 붙인다.

Ⅱ 달맞이꽃

A 꽃심

1. 흰색 플로리스트 테이프의 윗면을 6등분으로 자른다.
2. 각각의 플로리스트 테이프를 꼬아준다.
3. 손가락으로 곡선을 만들며 바깥쪽으로 젖힌다.
4. 노란색 가루색소로 더스팅한다.
5. 노란색 가루색소로 더스팅한 ④의 백합 꽃술 8개를 ③의 주변에 배치하고 철사로 감아 고정시킨다.
6. 흰색 플로리스트 테이프로 ⑤의 밑부분을 감는다.

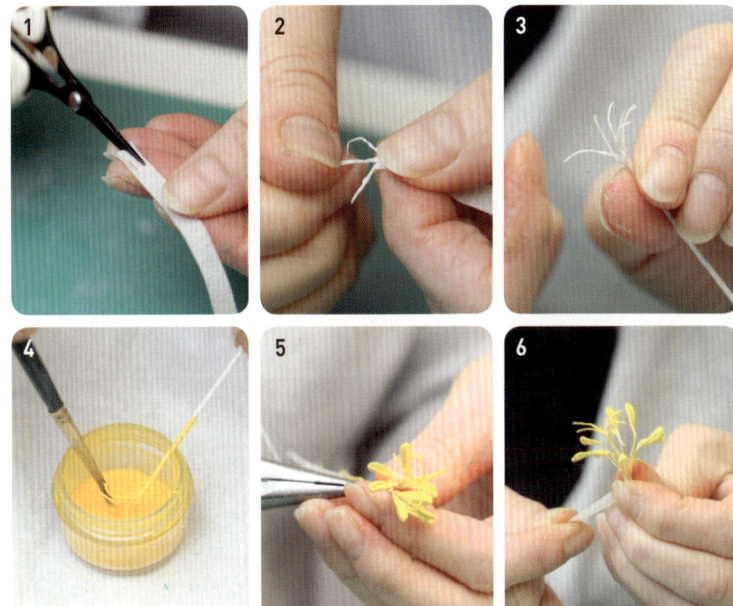

B 꽃잎

1. 노란색 페이스트를 얇게 밀어 편다.
2. 하트커터로 찍는다.
3. 손으로 먼저 매끄럽게 한 후, 골이 파인 스틱으로 갈라진 부분을 중심으로 얇게 밀어 펴고 중앙에 선을 넣는다.
4. ③의 밑부분에 흰색 와이어(30번)를 꽂는다.
5. ④의 아랫부분을 손으로 모아 오므린다.
6. 노란색 가루색소로 더스팅한다.

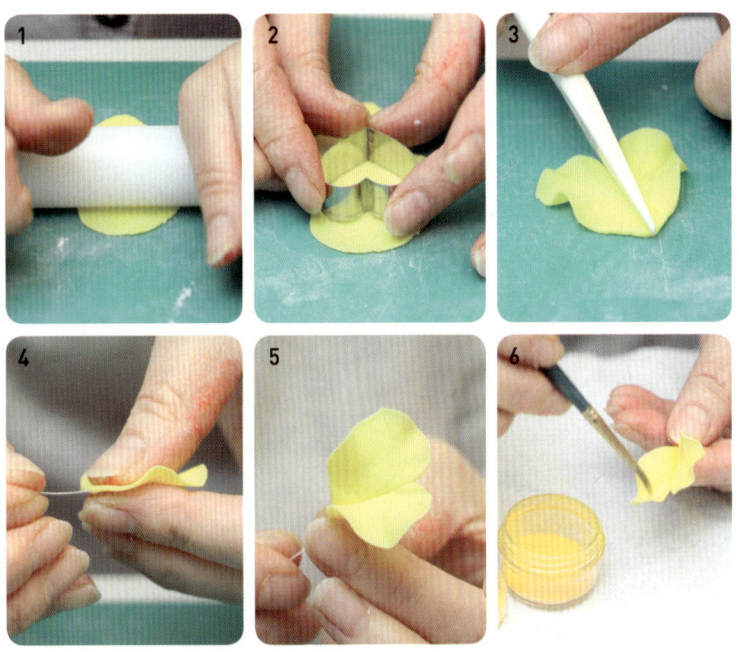

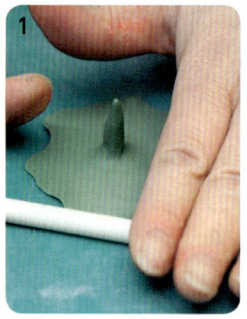
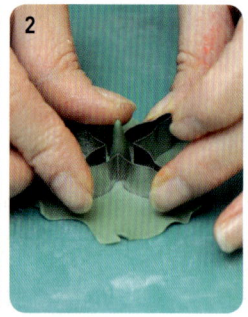
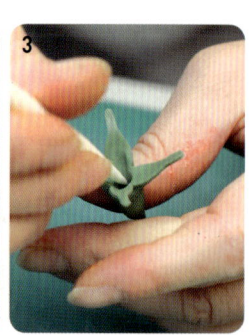

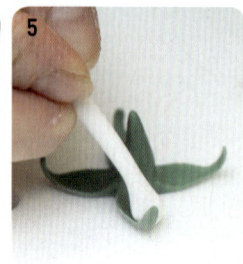

C 꽃받침

1. 녹색 페이스트로 고깔 모양을 만든 다음 밑부분을 얇게 밀어 편다.
2. 후쿠시아(Fuchsia)꽃받침커터를 ①에 끼운 다음 찍는다.
3. 뾰족한 스틱으로 ②의 중심에 깊숙한 홈을 판다.
4. 하드스펀지 위에 ③을 올린 다음 둥근 스틱을 이용해 각각의 갈래를 몸 쪽으로 끌어당겨 말아준다.
5. ④의 가장자리를 둥근 스틱을 이용해 얇게 밀어 편다.

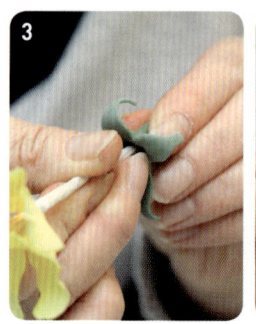

D 조합

1. A(꽃심) 주변에 B(꽃잎) 4장을 배치한다.
2. 철사로 감아 고정시킨 다음 흰색 플로리스트 테이프로 감는다.
3. C(꽃받침)의 윗부분에 물칠한 다음 ②를 끼운다.
4. ③을 녹색 플로리스트 테이프로 감는다.
5. ④를 녹색 가루색소로 더스팅한다.

Ⅲ 크리스마스 열매

1. 빨간색 페이스트를 물방울 모양으로 만든 다음 녹색 와이어를 꽂는다.
2. ①의 윗부분에 5~6등분으로 가위집을 낸다.
3. 뾰족한 스틱을 이용해 ②의 윗면을 벌린다.
4. 빨간색 젤타입색소에 알코올을 섞은 다음 ③에 전체적으로 바른다.
5. ④의 윗면에 금색 젤타입색소를 바른다.

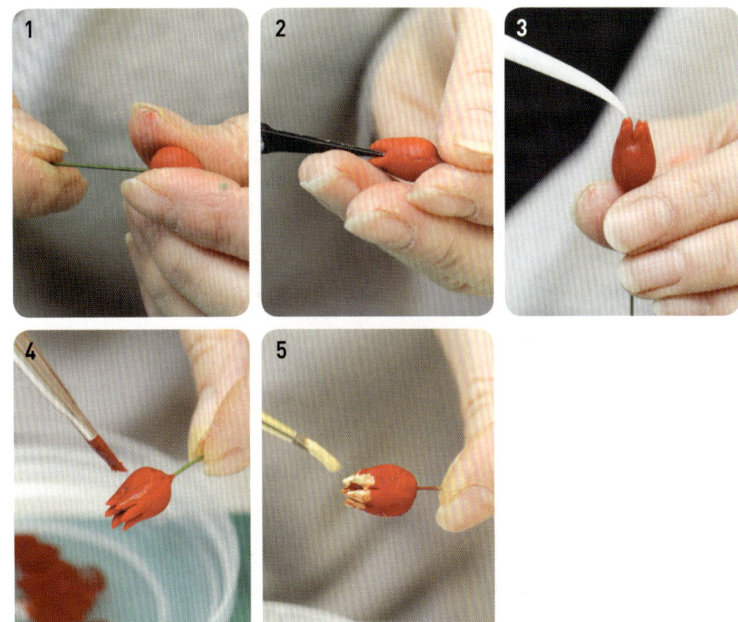

Ⅳ 잎

1. 녹색 페이스트를 밀어 편 다음 프림로즈잎커터로 찍는다.
2. 잎맥틀에 ①을 넣고 찍어 잎맥 무늬를 낸다.
3. ②를 하드스펀지 위에 올리고 가장자리를 스틱으로 얇게 밀어 편다.
4. ③에 녹색 와이어(28번)를 꽂는다.
5. ④를 전체적으로 녹색 가루색소로 더스팅한다.

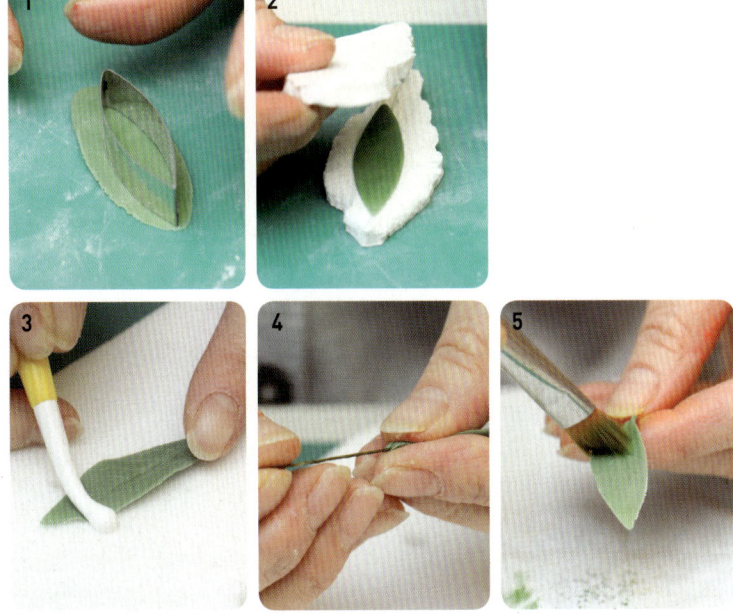

포인세티아 케이크 *Poinsettia & Hyacinth*

빨간 포인세티아가 눈길을 끄는 화려한 크리스마스 케이크. 케이크를 감싼 레이스와 주름 장식이
비단처럼 매끄럽게 떨어진다. 보랏빛 히아신스, 크리스마스홀리와 슈거벨이 우아하게 어우러진다.

사용도구 롤링커터, 스무더, 식용펜, 레이스커터, 둥근 나무 막대, 크리스마스홀리 장식커터, 주걱스틱, 종틀, 이쑤시개,
◇◇◇◇◇◇ 니퍼, 가위, 장미잎맥틀, 크리스마스홀리 잎커터, 히아신스커터

사용재료 스티로폼, 바니시, 가루색소(브론즈, 노란색, 빨간색, 갈색), 설탕, 빨간색 실, 플로리스트 테이프,
젤타입색소(녹색, 빨간색, 보라색), 알코올

Ⅰ 케이크

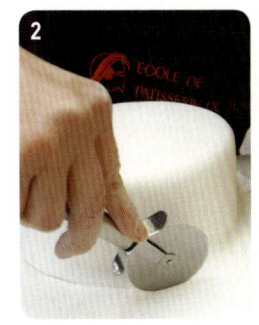

A 케이크 커버링

1. 케이크 대용 스티로폼에 묽게 만든 로열 아이싱이나 물을 바르고 일정한 두
   께로 넓게 밀어 편 흰색 페이스트를 씌운다.
* 슈거파우더를 뿌려가며 페이스트를 밀어 펴도록 한다. 콘스타치를 쓰게 되면 페이스트가
  금방 굳어져 갈라진다.
2. 롤링커터를 이용해 여분의 페이스트를 제거한 후 돌려가며 손으로 매만진다.
* 페이스트가 건조되면서 다소 수축되는 점을 감안해 자른다.
3. 스무더를 이용해 윗면과 옆면의 공기를 빼주고 표면을 매끄럽게 한다.

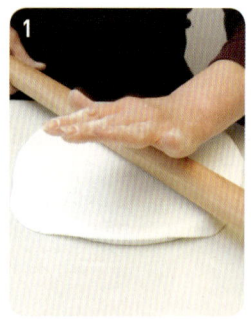

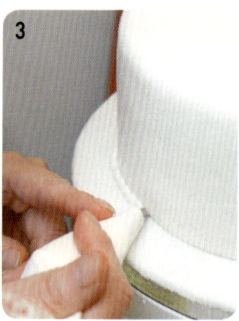

B 보드 커버링

1. 보드에 묽게 만든 로열 아이싱이나 물을 바르고 일정한 두께로 넓게 밀어 편 흰색 페이스트를 씌운 후 밀대로 살짝 밀어 편다.

2. 스무더를 이용해 표면을 매끄럽게 한 다음 칼로 여분의 페이스트를 제거한다.

3. 묽게 만든 로열 아이싱을 바르고 A(케이크 커버링)를 올려 접착시킨 후 그대로 건조시킨다. 케이크와 보드의 경계 부분에 로열 아이싱을 담은 짤주머니로 셸 모양을 짠다.

C 레이스

1. 길게 자른 종이를 이용해 케이크 둘레를 재고, 레이스 높이를 결정한 후 여분의 종이를 제거한다. 이 종이를 5등분으로 접어 한쪽 면을 곡선 형태로 자른다.
   * 케이크 크기에 따라 자신이 원하는 만큼 등분한다.
   * 같은 방향으로만 종이를 접게 되면 각 등분의 길이가 달라지므로 반드시 지그재그로 접도록 한다.

2. A(케이크 커버링)의 옆면에 재단한 종이띠를 둘러 뾰족한 스틱으로 표시한다.

3. 흰색 페이스트를 얇게 밀어 펴 기포를 제거한 후 레이스커터로 찍고 양 끝을 롤링커터를 이용해 직선으로 자른다.
   * 페이스트가 두꺼우면 둔탁한 레이스가 되어 자연스러운 주름을 표현할 수 없다.

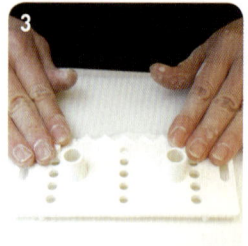

4. ③의 위아래로 둥근 나무 막대를 두고 굴곡을 만든 후 롤링커터를 이용해 여분의 페이스트를 제거한다.

5. 둥근 나무 막대를 하나씩 빼낸 다음 주름을 만들고, 페이스트 양쪽 끝부분 주름 사이에 물을 발라 접착시킨 후 여분의 페이스트를 제거한다.
   * 물을 바르지 않고 자르게 되면 레이스 끝부분이 두꺼워진다.

6. ⑤에 물을 발라 케이크 옆면에 표시한 라인을 따라 접착시킨다.

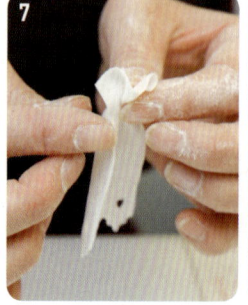

7. ③과 같은 공정으로 만든 페이스트를 자른 부분이 안으로 들어가게 접어 자연스러운 주름을 잡은 다음 전체적으로 균형에 맞게 높이를 맞춘다.

8. ⑦에 물을 바르고 ⑥ 위에 볼륨감을 살려 접착시킨다.

D 크리스마스 홀리 장식

브론즈 가루색소

크리스마스홀리 장식커터

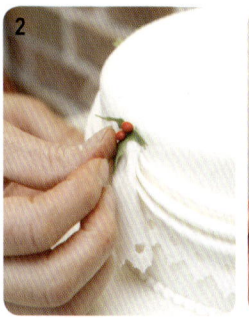

1. 녹색 페이스트를 얇게 밀어 편 후 크리스마스홀리 장식커터로 찍는다. 스틱으로 잎맥을 그리고 주걱스틱으로 가장자리를 부드럽게 만든다.

2. C(레이스) 위에 물을 바른 다음 ①과 둥글게 빚은 빨간색 페이스트 3개를 차례로 접착시킨다.

3. 잎과 열매의 앞뒤 모두 바니시를 바르고 브론즈 가루색소로 케이크 옆면과 보드에 전체적으로 명암을 준다.

* 바니시 등 광택제를 바르면 광택이 날 뿐만 아니라 오랜 시간 보존이 가능하다.

Ⅱ 종

1. 설탕에 물을 조금씩 넣어가며 뭉쳐지는 상태를 만든다.

2. ①을 종틀에 꼭꼭 눌러 담아 채운다.

* 크고 작은 사이즈의 종을 만든다.

3. 틀을 제거한 후 그대로 건조시켜 표면이 굳었을 때 이쑤시개 등으로 중심부부터 얇게 파낸다. 중심부의 굳기가 약한 상태에서 계속 파내면 부서지기 쉬우므로 건조시켜가며 작업을 반복한다.

* 종의 두께가 너무 두꺼우면 투박해보이므로 최대한 얇게 파낸다.

* 종틀이 없다면 장난감종 등 다양한 대용품을 활용해도 무방하다.

Ⅲ 포인세티아

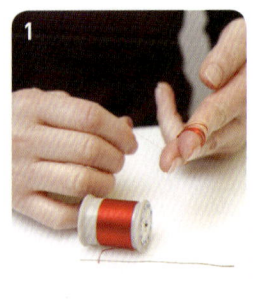  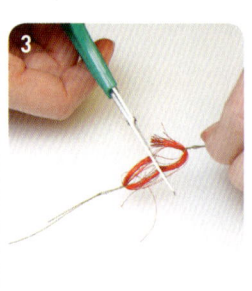

 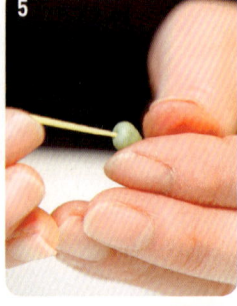 

A 핀꽃

1. 검지와 중지에 빨간색 실을 30번 정도 감는다.

2. 손가락을 뺀 뒤 실 고리의 양쪽에 와이어를 걸고 니퍼로 와이어를 꼬아 실을 고정시킨다.

3. 가위로 실 고리의 가운데를 자른다.

4. 실과 와이어가 분리되지 않도록 와이어와 연결되는 실의 아랫 부분과 와이어를 플로리스트 테이프를 이용해 감는다.

5. 녹색 페이스트를 물방울 모양으로 빚은 뒤 이쑤시개 등으로 가운데에 구멍을 낸다.

6. ④를 ⑤에 통과시킨 다음 페이스트와 와이어의 경계 부분을 손으로 매만져 자연스럽게 연결되도록 한다.

7. 녹색 페이스트의 한쪽 면에 칼집을 넣고 그 사이에 물을 발라 둥글납작하게 빚은 노란색 페이스트를 넣어 접착시킨다. 벌어진 녹색 페이스트를 매만져 모양을 잡고 가위로 실을 적당한 길이로 자른다.

8. 녹색 페이스트 아랫부분은 녹색 젤타입색소를 실과 페이스트가 닿는 윗부분은 빨간색 젤타입색소를 칠한다.

9. 실 윗부분에 노란색 가루색소를 묻히고 완전히 건조시킨다.

 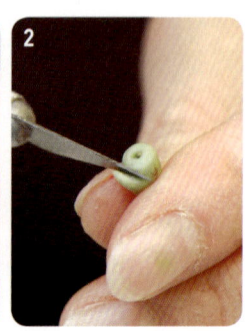 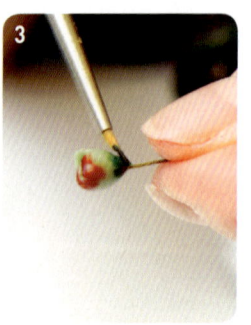

B 꽃봉오리

1. 물방울 모양으로 빚은 녹색 페이스트에 끝부분을 살짝 접어 고리를 만든 와이어를 통과시킨다.

2. 녹색 페이스트의 한쪽 면에 칼집을 넣는다.

3. 봉오리 윗부분은 빨간색 젤타입색소를, 아랫부분은 녹색 젤타입색소를 칠해 완전히 건조시킨다.

C 잎

1. 빨간색 페이스트를 윗부분은 얇게, 아랫부분은 도톰하게 밀어 편 후 잎 모양으로 재단한 종이를 대고 롤링커터로 자른다.

* 포인세티아 잎은 다른 꽃잎에 비해 전체적으로 약간 두껍다.
* 직접 말린 잎을 사용해도 무방하다.
* 작은 잎, 보통 잎, 큰 잎 등 3가지 사이즈의 잎을 만든다.

2. 손으로 가장자리를 매만진 후 장미잎맥틀을 이용해 잎맥을 찍는다. 주걱스틱으로 가장자리를 부드럽게 한다.
3. 와이어 끝에 물을 묻혀 ②에 꽂는다. 와이어를 중심으로 안으로 살짝 접어 자연스러운 잎 모양을 잡고 완전히 건조시킨다.
4. 전체적으로 빨간색 가루색소로 더스팅하고, 큰 잎은 녹색과 갈색 가루색소로 한 번 더 명암을 준다.

* 자연스러운 광택을 원하면 더스팅 후 스팀을 짧게 쬔다.

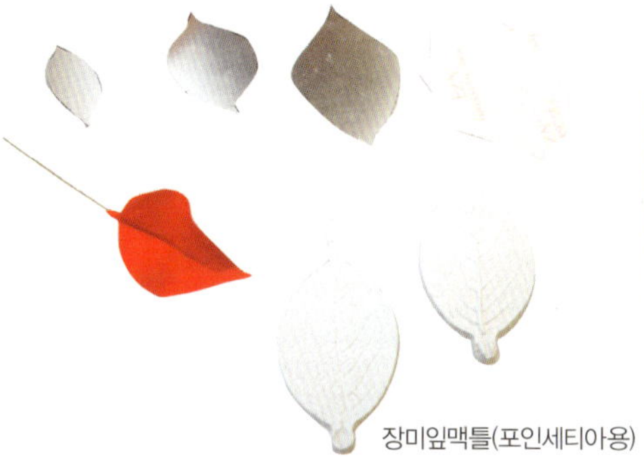

장미잎맥틀(포인세티아용)

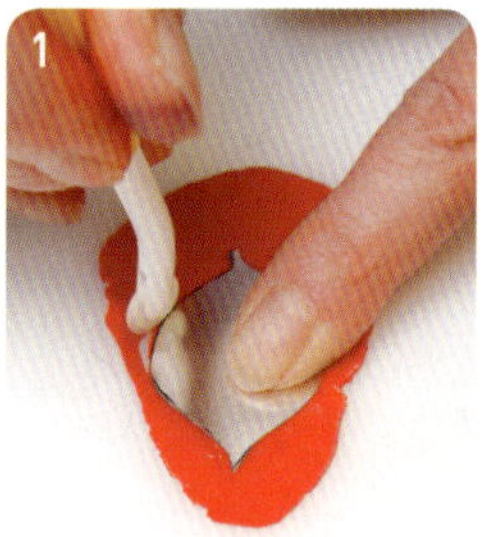

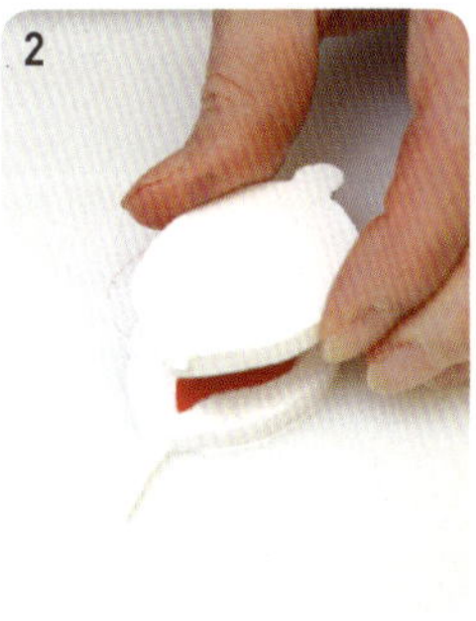

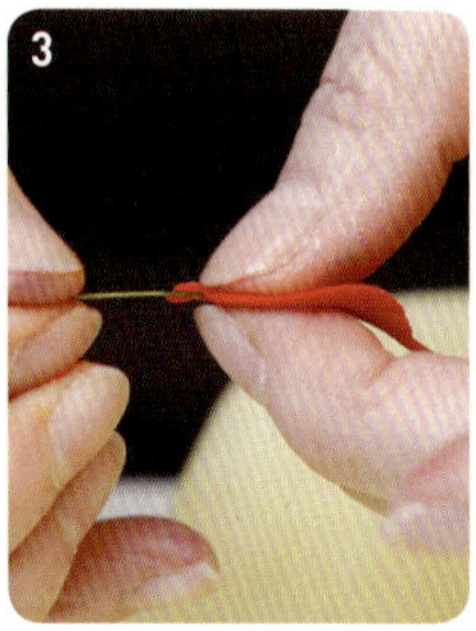

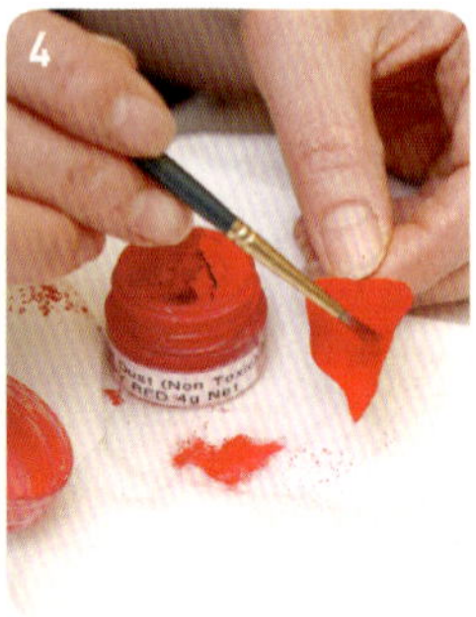

D 다발 만들기

1. 꽃(핀 꽃 또는 꽃봉오리), 작은 잎, 보통 잎을 차례로 배치해 플로리스트 테이프로 감아 묶음을 만든다.
2. 각 묶음들 사이에 꽃(핀 꽃 또는 꽃봉오리)을 적절히 넣어가며 중간 중간 와이어로 감아 고정시킨다.
3. 빨간색 큰 잎을 배치한 후 플로리스트 테이프로 감는다.
4. 녹색과 갈색의 큰 잎을 곁들여 와이어로 감아 고정시키고 플로리스트 테이프로 감는다.

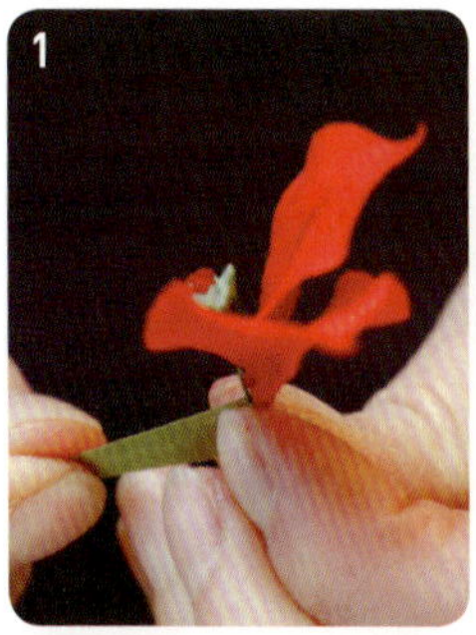

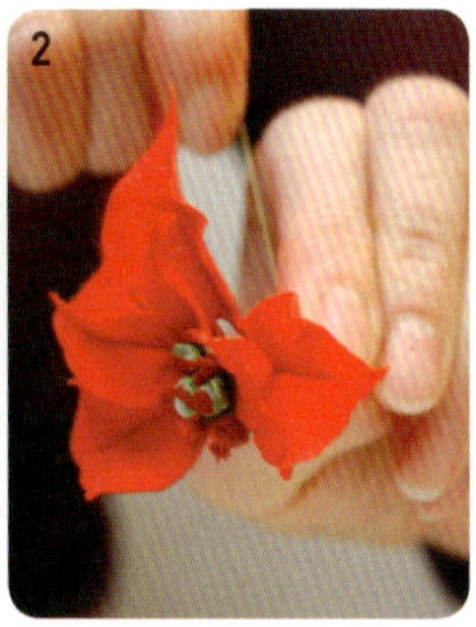

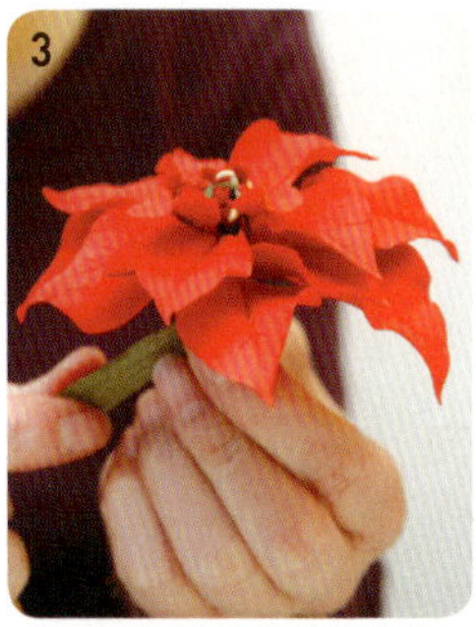

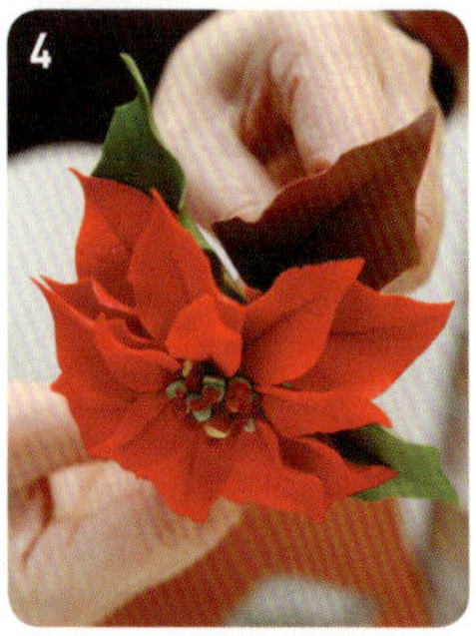

IV 히야신스&크리스마스홀리

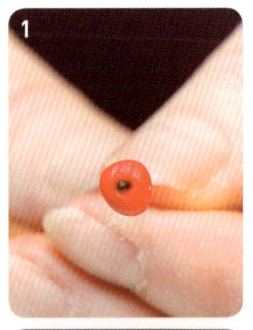 

크리스마스홀리 잎커터

A 크리스마스홀리

1. 와이어 끝부분을 살짝 접어 고리를 만든 후 고리 부분에 물을 묻혀 둥글게 빚은 빨간색 페이스트에 통과시킨다.

   * 페이스트 윗면에 와이어가 살짝 보이도록 한다.

2. 녹색 페이스트를 밀어 편 후 크리스마스홀리 잎커터로 찍고 스틱으로 잎맥을 그린다. 주걱스틱으로 가장자리를 부드럽게 한다.

3. 와이어 끝부분에 물을 묻혀 ②에 꽂고 와이어를 중심으로 안으로 살짝 접어 자연스러운 잎 모양을 잡아준다.

4. ①과 ③을 완전히 건조시켜 바니시를 바른다. 5장의 잎과 7개의 열매를 적절히 배치한 후 플로리스트 테이프로 감아 묶음을 만든다.

   * 여분의 ①과 ③은 C(다발 만들기)에서 사용한다.

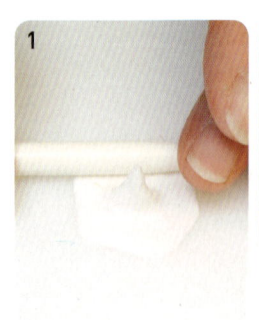 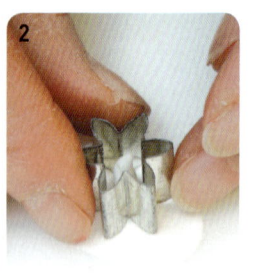

히야신스커터

B 히야신스

1. 흰색 페이스트를 고깔 모양으로 빚은 다음 고깔의 아랫부분을 스틱으로 넓게 밀어 편다.

2. 중간 크기의 히야신스커터 중앙에 고깔의 뾰족한 부분을 넣고 찍은 후 가장자리를 손으로 매만져 부드럽게 한다.

   * 히야신스커터 대신 여섯꽃잎커터를 사용해도 무방하다.

3. 이쑤시개 등으로 중심에 구멍을 깊게 뚫는다.

4. 구멍에 스틱을 넣고 돌려가며 꽃잎을 1장씩 펴준다.

   * 이 과정을 조금씩 반복하면 활짝 핀 꽃을 만들 수 있다.

5. 페이스트 중심에 물을 발라 심이 달린 와이어를

통과시킨 다음 물을 묻힌 손으로 꽃과 와이어가 매끄럽게 이어지게 다듬어 건조시킨다.

6. 식용 알코올 또는 알코올 도수가 높은 술에 보라색 액체색소를 푼 다음 ⑤를 담가 빼고 여분의 색소는 털어낸다. 같은 작업을 한 번 더 반복한다.

C 다발 만들기

1. A(크리스마스홀리)의 2장의 잎 사이에 열매 2개와 그 중앙에 B(히야신스)를 배치해 플로리스트 테이프로 감는다.

2. ①의 아래로 A의 잎과 열매, B를 균형에 맞게 배치해 플로리스트 테이프로 감고, A 묶음과 연결해 플로리스트 테이프로 감는다.

Ⅴ 마무리

1. 케이크의 앞뒤 방향을 정한 다음 Ⅱ(종)의 큰 종 2개를 배치해 로열 아이싱으로 접착시킨다.

2. 종 뒤로 흰색 페이스트를 접착시킨다. 길이를 조절한 Ⅳ(히야신스&크리스마스홀리)를 종 옆으로 배치해 페이스트에 꽂고 로열 아이싱으로 접착시킨다.

3. ②의 중앙에 Ⅲ(포인세티아)를 배치해 페이스트에 꽂고 로열 아이싱으로 접착시킨다. 리본과 방울 등을 장식해 마무리한다.

* 방울은 흰색 페이스트를 둥글게 빚은 후 물을 묻혀 설탕에 굴려 만든다.

해피뉴이어 카드 *New year's card*

연말연시, 오가는 연하장 속에 새해인사와 한 해의 안녕을 비는 글들이 가득하다.
꽃수레가 그려진 슈거크래프트 카드는 귀한 사람들에게 전하는 새해인사를 더욱 특별하게 한다.

사용도구 밀대, 티스푼, 왁스페이퍼, 볼펜, 원형깍지, 붓, 작은꽃 플런저, 소프트스펀지, 둥근 스틱, 핀셋

◇◇◇◇◇◇

사용재료 젤타입색소(갈색, 녹색), 가루색소(은색 펄, 갈색 펄)

I 카드

1. 흰색 페이스트를 밀어 편다.
2. 원하는 카드 사이즈로 앞, 뒷판 각각 1장씩 재단한다.
3. 카드 앞장의 바깥 귀퉁이 두 군데를 둥글게 잘라준다(접착하는 부분 외).
4. 바깥쪽에 티스푼 등으로 돌려가면서 무늬를 찍은 후 하루 동안 말린다.
5. 종이에 원하는 문구를 쓴 후 왁스페이퍼를 덮고 덧쓴다(오븐시트, 기름종이 등도 사용 가능).
6. ④ 위에 ⑤를 올린 후 볼펜으로 덧쓴다.
   * 반죽 위에 글씨가 옅게 새겨진다.
7. 원형깍지를 끼운 짤주머니에 로열 아이싱을 넣고 ⑥에 새긴 글씨 위에 따라 쓴다.
8. 물기가 있는 얇은 붓으로 ⑦의 로열 아이싱을 부드럽게 정리한다.

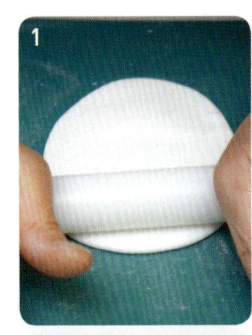
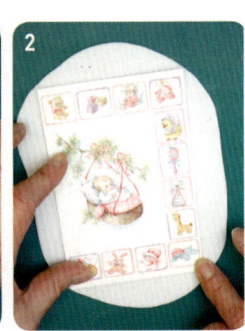

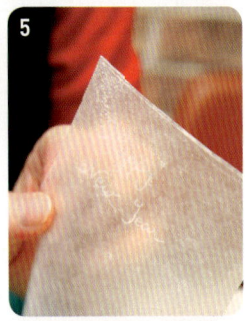

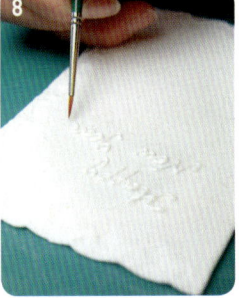

Ⅱ 바닥

 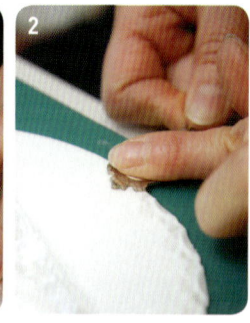

1. 흰색 페이스트를 밀어 편 다음 지름 16cm의 원형으로 자른다.
2. 바깥쪽에 티스푼 등으로 돌려가면서 무늬를 찍은 후 하루 동안 말린다.

Ⅲ 바퀴, 손잡이

1. 종이에 바퀴 모양을 그리고 위에 왁스페이퍼 1장을 고정시킨 후 로열 아이싱을 짜준다.
2. 물기가 있는 얇은 붓으로 ①의 로열 아이싱을 부드럽게 정리한 후 굳힌다.
3. ①, ②와 같은 방법으로 손잡이(S자)를 만들어 짠 후 붓으로 정리하고 굳힌다.

Ⅳ 꽃

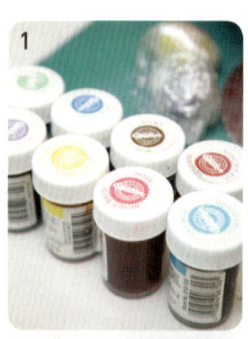 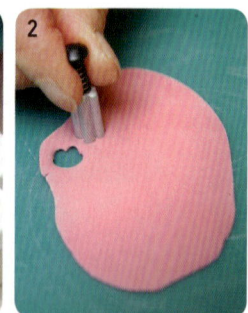

1. 플라워 페이스트에 젤타입색소를 섞어 다양한 색의 반죽을 만든다.
2. ①의 반죽을 밀어 편 후 작은꽃 플런저로 찍어낸다.
3. 소프트스펀지 위에 ②의 반죽을 올린 후 둥근 스틱으로 둥글린 후 굳힌다.

V 마무리

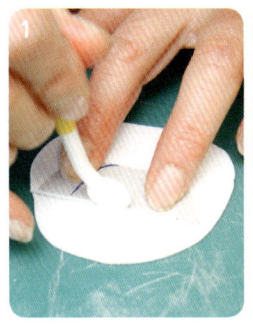 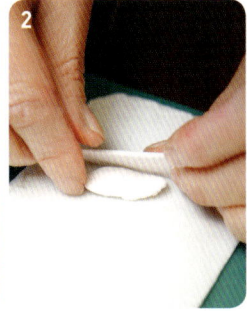 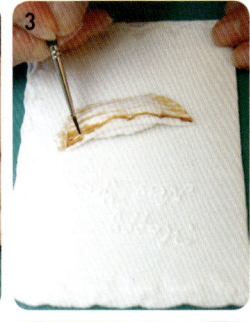 

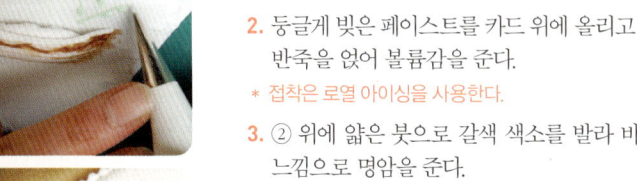

1. 흰색 페이스트를 밀어 편 후 반타원형의 바구니 형태로 자른다.

2. 둥글게 빚은 페이스트를 카드 위에 올리고 ①의 반죽을 얹어 볼륨감을 준다.

   * 접착은 로열 아이싱을 사용한다.

3. ② 위에 얇은 붓으로 갈색 색소를 발라 바구니 느낌으로 명암을 준다.

4. 갈색 페이스트를 조그맣게 뭉쳐 ③의 바구니 밑에 붙인 후 갈색 색소를 이용해 돌멩이와 바닥의 느낌이 나도록 칠한다.

5. 카드 위 글씨에 갈색 색소를 칠한다.

6. 로열 아이싱에 녹색 색소를 섞은 후 짤주머니에 담아 줄기와 잎을 짠다.

7. 바구니 아랫부분에 로열 아이싱으로 바퀴를 붙인다.

8. 바구니 윗부분에 로열 아이싱을 도톰하게 짠 후 핀셋을 사용해 꽃을 붙인다.

   * 꽃 뒷부분에도 로열 아이싱을 짜서 접착한다. 꽃의 색상 조화에 주의한다.

9. 바구니 옆부분에 로열 아이싱으로 손잡이를 붙인다.

10. 로열 아이싱으로 카드 앞장을 붙이고 바로 뒤에 지지대를 세워 접착한다

    * 페이스트를 원하는 각도의 삼각형으로 빚어 지지대를 만든다.

11. ⑩에 이어지도록 카드 뒷장을 붙인 후 꼭지점과 바닥의 접착 부분에 로열 아이싱을 짠다.

12. 카드 안쪽 지지대 부분부터 바닥까지 흩날리 듯이 꽃을 붙인다.

 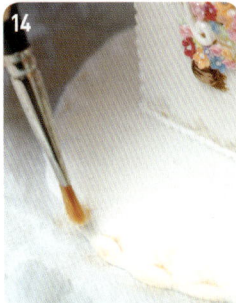

13. 얇은 붓에 물을 소량 묻힌 후 은색 펄 가루를 묻혀 카드 앞장의 꽃에 살짝 바른다.

14. 갈색 펄 가루를 붓에 찍고 휴지에 털어낸 후 바닥 바깥쪽의 무늬 부분에 살짝 바른다.

행복한 토끼가족 *Rabbit & Grapevine*

포도 넝쿨 모양으로 짜낸 아이싱 위에 'Happy New year' 라고 쓴 파운드케이크,
모양깍지로 짜낸 사과꽃과 토끼 모양 런아웃 피규어로 장식한 컵케이크를 완성했다.

사용도구   왁스페이퍼, 테이프, 원형깍지(2번), 붓, 스크레이퍼, 미니 스패츌러, 장미깍지, 나이프, 핀셋, 잎 깍지
◇◇◇◇◇◇
사용재료   나무꼬챙이, 갈색 젤타입색소, 구슬

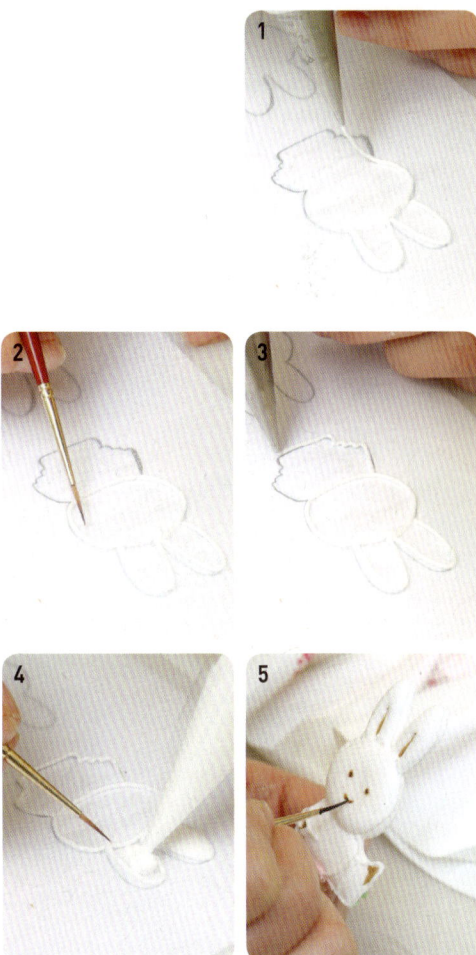

I 엄마토끼

1. 토끼 모양을 그린 종이 위에 왁스페이퍼를 덮고 테이프로 고정시킨 다음 원
형깍지(2번)로 선을 따라서 로열 아이싱을 짠다.

* 아이싱의 늘어나는 성질을 이용해 밑그림을 따라가며 떨어뜨려 주는 느낌으로 작업한다.

2. 물기가 있는 가는 붓으로 선을 움직여 매끄럽게 자리를 잡게 한다.

3. ①~②와 같은 방법으로 몸통 부분을 완성한다.

4. 묽은 로열 아이싱으로 얼굴 부분을 채우고 물기가 있는 가는 붓으로 다듬어
매끄럽게 한다.

* 기본 로열 아이싱에 흰자를 섞으면서 묽기를 조절한다.

5. 완전히 건조시킨 ④를 스크레이퍼로 왁스페이퍼에서 떼어내고, 토끼의 뒷부
분에 로열 아이싱으로 나무꼬챙이를 부착한 후, 갈색 젤타입색소로 눈, 코,
입, 귀와 발 부분에 명암을 준다.

Ⅱ 아기토끼

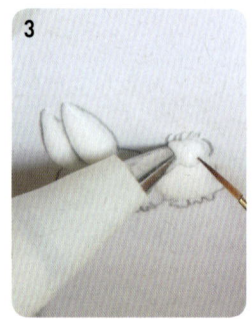

1. 토끼 모양을 그린 종이 위에 왁스페이퍼를 덮고 테이프로 고정시킨 다음 짤주머니에 묽은 로열 아이싱을 담아 선 안을 채운다.
2. 물기가 있는 가는 붓으로 각진 부분을 다듬어 깔끔하게 정리한다.
3. ②가 완전히 마른 다음 꼬리 부분을 로열 아이싱으로 채운다.
4. 물기가 있는 가는 붓으로 각진 부분을 다듬어 깔끔하게 정리한다.
5. ④의 끝부분을 붓을 이용해 털의 느낌을 살린 다음 완전히 건조시킨다.
6. 스크레이퍼를 이용해 왁스페이퍼에서 떼어내고, 토끼 뒤에 로열 아이싱을 이용하여 나무꼬챙이를 부착한다.
7. 알코올로 갈색 젤타입색소의 농도를 조절하여 눈, 코, 입, 귀에 명암을 준다.

Ⅲ 사과꽃 컵케이크

1. 미니 스패츌러로 로열 아이싱을 듬뿍 발라 컵케이크의 윗면을 매끄럽게 하고 건조시킨다.
2. 장미깍지를 끼운 짤주머니에 분홍색 로열 아이싱을 담아 컵케이크를 돌려가며 5장의 사과 꽃 잎을 짠다.
* 이때 깍지의 넓은 부분이 밑으로 가게 해서 짠다.

3. 간격을 두고 같은 방법으로 분홍색 사과꽃을
   짠다.
4. 흰색과 하늘색 로열 아이싱으로도 꽃을 짠다.
5. 물기가 있는 가는 붓으로 각진 꽃잎 부분을 매
   끄럽게 정리한다.
6. 노란색 로열 아이싱으로 꽃심을 짠다.
7. 연두색 로열 아이싱으로 꽃과 꽃 사이, 컵케이크
   의 아래쪽에 잎을 짠다.

IV 컵케이크 변형

1. 휘어진 형태의 장미깍지를 끼운 짤주머니에 하
   늘색 로열 아이싱을 담아 컵케이크 자체를 돌려
   가며 5장의 꽃잎을 짠다.
2. ① 위에 겹쳐 4장의 꽃잎을 짠다.
3. 제일 윗부분에 꽃잎 1장을 더 짠 다음 꽃의 가
   운데에 구슬을 올린다.
4. 연두색 로열 아이싱으로 꽃과 꽃 사이, 컵케이크
   의 아래쪽에 잎을 짠다.

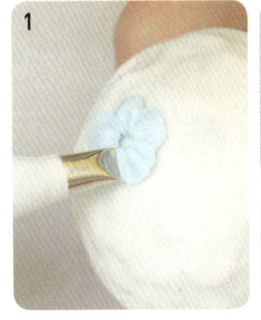

Ⅴ 파운드케이크

1. 나이프로 파운드케이크의 표면을 정리한다.
2. 미니 스패츌러로 로열 아이싱을 듬뿍 발라 파운 드케이크의 윗면을 다듬어 건조시킨다.
3. 원형깍지를 끼운 짤주머니에 연두색 로열 아이 싱을 담아 'Happy New year'라고 짠다.
4. 파운드케이크의 가장자리에 하얀색 로열 아이 싱으로 잎사귀를 여러 겹 짠다.
5. 로열 아이싱이 마르기 전에 구슬을 붙인다.
6. 조금 두꺼운 원형깍지를 끼운 짤주머니에 흰색 로열 아이싱을 담아 파운드의 모서리에 포도송 이를 짠다.
7. ⑥이 마르기 전에 물기가 있는 가는 붓으로 뾰족 한 부분을 다듬어 둥글게 정리한다.
8. 포도송이 주변에 로열 아이싱을 잎 깍지를 이 용해서 잎사귀처럼 짠다.
9. 파운드의 옆면에 포도 넝쿨을 짠다.
10. 포도 넝쿨 사이에 잎사귀를 짠 다음 완전히 건 조시킨다.

Ⅵ 마무리

1. 컵케이크의 가운데 윗부분에 홈을 파고 엄마토끼로 중심을 잡는다.
2. 핀셋으로 엄마토끼의 양쪽에 아기토끼를 꽂아 마무리한다.

Part 04 | 스페셜 데이
Special day

사랑의 약속, 한 번뿐인 결혼식, 소중한 아기의 탄생
슈거크래프트는 순간을 기억 속에 저장하는 가장 달콤한 비법이다.
특별한 날을 더욱 특별하게 만드는
단 하나 뿐인 선물, 슈거크래프트 작품들을 소개한다.

특별한 날의 고백 *Narcissus & Freesia*

하트 무늬 더미에 분홍색 리본과 아이싱으로 짜낸 정교한 익스텐션을 두르고 수선화(Narcissus)와 프리지어(Freesia) 장식을 올렸다. 사랑하는 두 사람의 소중한 약속을 위한 슈거크래프트이다.

사용도구 원형깍지(0번), 밀대, 핀, 붓, 골이 파인 스틱, 뾰족한 스틱, 보드, 둥근 스틱, 수선화커터, 하드스펀지,
◇◇◇◇◇◇ 소프트스펀지, 롤링커터, 말린 옥수수 잎

사용재료 쇼트닝, 종이띠, 분홍색 리본, 꽃술, 가루색소(노란색, 녹색, 자주색), 설탕, 녹색 와이어(24, 30번),
녹색 플로리스트 테이프, 흰색 플로리스트 테이프

I 더미

1. 쇼트닝을 바른 작업대에 흰색 페이스트를 올리고 도톰하게 밀어 편다.
   * 쇼트닝 대신 슈거파우더를 사용해도 좋다.

2. 전체적으로 물이나 묽은 아이싱을 바른 하트 모양의 더미에 ①을 씌우고 여분의 페이스트는 잘라낸다.
   * 페이스트는 건조되면 수축하니 넉넉하게 여유를 두고 잘라야 한다.

3. 원하는 높이로 자른 종이띠를 ②의 둘레에 둘러 길이를 잰 다음 12등분해 지그재그로 접는다.

4. 더미에 ③을 두르고 그 위에 아이싱을 바른 리본을 둘러 붙인다.

5. 종이띠로 표시한 부분을 핀으로 찍어 표시 낸 다음 길이 4㎝로 자른 리본을 붙인다.

6. 리본 아랫부분 양옆을 칼로 잘라 홈을 내고 아이싱을 짠다.

7. 풀을 먹여 빳빳한 리본을 길이 5㎝로 자른 다음 ⑥에 끼운다.
   * 확실하게 고정시키기 위해 끼운 부분에 다시 한 번 아이싱을 짠다.

8. 공정 ④의 리본 바로 밑에서부터 아래쪽으로 원형깍지(0번)를 이용하여 익스텐션을 짠다.

9. 레이스 무늬를 짠 다음 완전히 건조되면 아랫단에 다시 한 번 레이스를 짠다. 물기가 있는 붓으로 정리해 마무리한다.

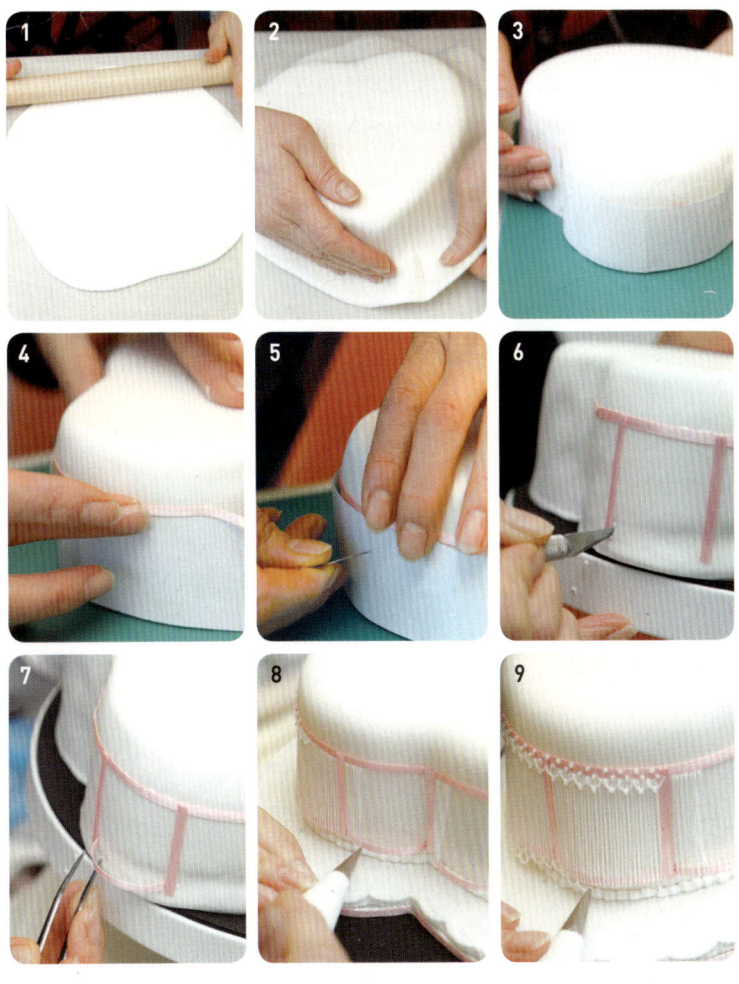

Ⅱ 수선화

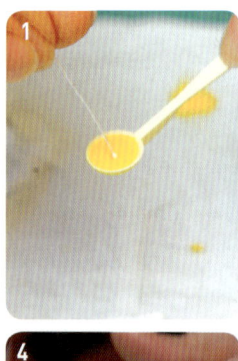
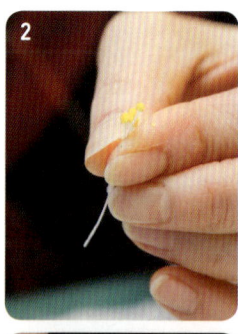
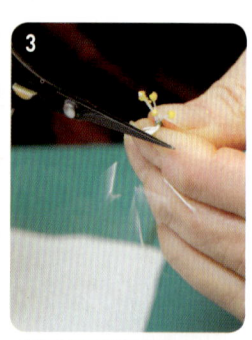

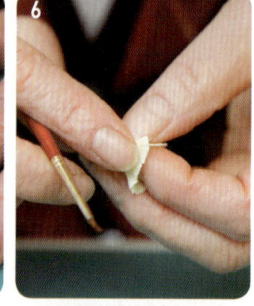

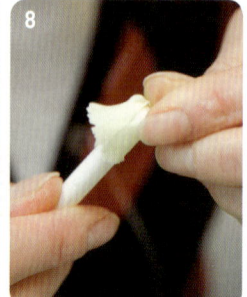

A 수선화 꽃술

1. 꽃술에 묽은 아이싱을 바른 다음 노란색 가루 색소를 섞은 설탕을 묻혀 건조시킨다.

2. 2개의 ①을 반으로 접은 다음 한쪽만 길게 자른 ①의 둘레에 배치한다.

3. ②의 나머지 꽃술 부분은 자르고 녹색 와이어 (24번)로 고리를 만들어 고정시켜 플로리스트 테이프로 감는다.

4. 연노란색 페이스트를 얇게 밀어 편 다음 나팔커 터로 찍고 골이 파인 스틱으로 넓은 쪽을 밀어 펴 프릴을 준다.

5. 끝이 뾰족한 스틱으로 가장자리를 긁어 찢어진 느낌을 준다.

6. 페이스트의 끝에 물을 바른 다음 끝과 끝을 붙 인다.

7. 보드 위에 ⑥을 올리고 안쪽을 골이 파인 스틱 으로 밀어 이음매를 없앤다.

8. 둥근 스틱을 이용해 ⑦의 안쪽, 꽃심 부분에 물 을 묻힌 다음 끝을 오므린다.

9. ③을 ⑧의 중앙에 통과시켜 꽂는다.

B 수선화 꽃잎

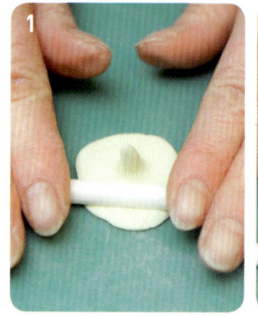
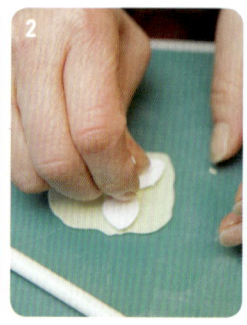

1. 노란색 페이스트로 고깔 모양을 만들고 아랫부 분을 얇게 밀어 편다.

2. 수선화커터를 고깔 부분에 끼워 찍는다.

3. 하드스펀지의 구멍에 고깔 부분을 넣고 잎을 골 이 파인 스틱으로 다시 한 번 밀어 편다.

4. 잎의 가장자리를 주걱스틱으로 얇게 밀어 편다.

5. 각각의 잎의 중앙에 선을 긋는다.

6. 고깔 부분을 손으로 잡고 중앙에 뾰족한 스틱을 넣어 깊은 홈을 만든다.

7. 꽃잎의 끝부분을 양손으로 잡아 뾰족한 모양을 만든다.

8. 고깔 부분을 양손으로 잡고 돌리면서 가늘게 모양 잡는다.

9. 노란색 페이스트를 얇게 밀어 편 다음 수선화꽃 커터로 찍는다.

10. 골이 파인 스틱을 사용해 꽃잎을 전체적으로 밀어 편다.

11. 소프트스펀지에 올린 다음 둥근 스틱으로 각각의 꽃잎 중심을 눌러준다.

12. ⑧위에 ⑪을 올린 다음 둥근 스틱으로 가운데를 눌러 2장을 고정시킨다.

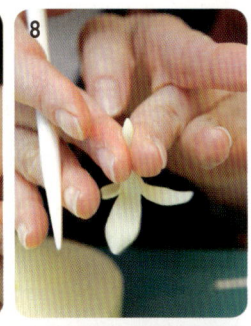

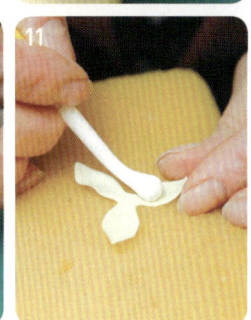

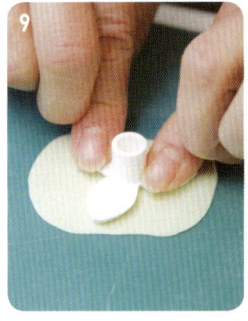

C 수선화 꽃 조합

1. A(수선화 꽃술)를 B(수선화 꽃잎)에 꽂는다.

2. 거꾸로 뒤집어서 고깔 모양 부분을 잡고 돌리며 와이어에 페이스트를 밀착시키고 불필요한 페이스트를 떼어낸다.

3. 동그랗게 뭉친 녹색 페이스트를 ②의 아랫부분에 끼워 꽃받침을 만든다.

4. 연한 밤색 페이스트를 얇게 밀어 편 다음 삼각형 모양으로 잘라 ③의 아랫부분에 붙인다.

5. 녹색 가루색소로 A(수선화 꽃술)의 안쪽을 더스팅한다.

Ⅲ프리지아

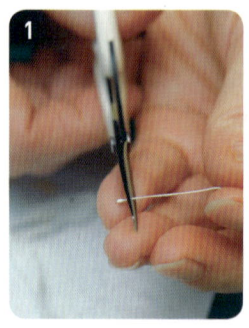
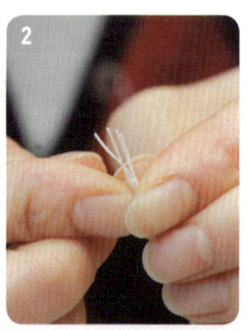

A 프리지아 꽃술

1. 꽃술의 양쪽 끝부분을 자른다.

2. 2개의 ①을 반으로 접어 흰색 플로리스트 테이프로 감는다.

3. 끝이 뾰족한 꽃술 3개를 ②보다 약간 아래에 배치한 다음 녹색 와이어(24번)로 고리를 만들어 고정시킨다.

4. 녹색 플로리스트 테이프로 감싼 다음 자주색 가루색소로 더스팅한다.

끝이 뾰족한 꽃술

B 프리지아 꽃잎

1. 흰색 페이스트로 Ⅱ(수선화)의 B(수선화 꽃잎)의 공정과 동일한 방법으로 만든다.

C 프리지아 꽃 조합

1. A(프리지아 꽃술)를 B(프리지아 꽃잎)에 꽂는다.

2. 꽃잎을 가운데로 모아주고 V(꽃봉우리)의 ⑤~⑥과 동일한 방법으로 만든다.

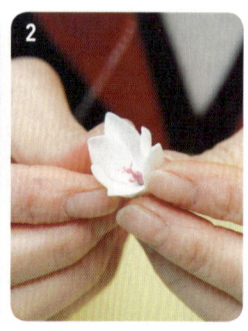

IV 잎

1. 녹색 페이스트를 밀어 편 다음 1/3지점에 물기가 있는 붓으로 선을 긋고 녹색 와이어(30번)를 올린다.
2. ①을 반으로 접어 양옆으로 얇게 밀어 편다.
3. 롤링커터를 이용해 원하는 모양으로 자른다.
4. 말린 옥수수 잎을 이용해 ③에 잎맥 무늬를 낸다.
5. 하드스펀지 위에 올려 가장자리를 밀어 편다.
6. 잎의 윗부분을 좁혀 모양을 다듬고 원하는 만큼 커브를 준다.

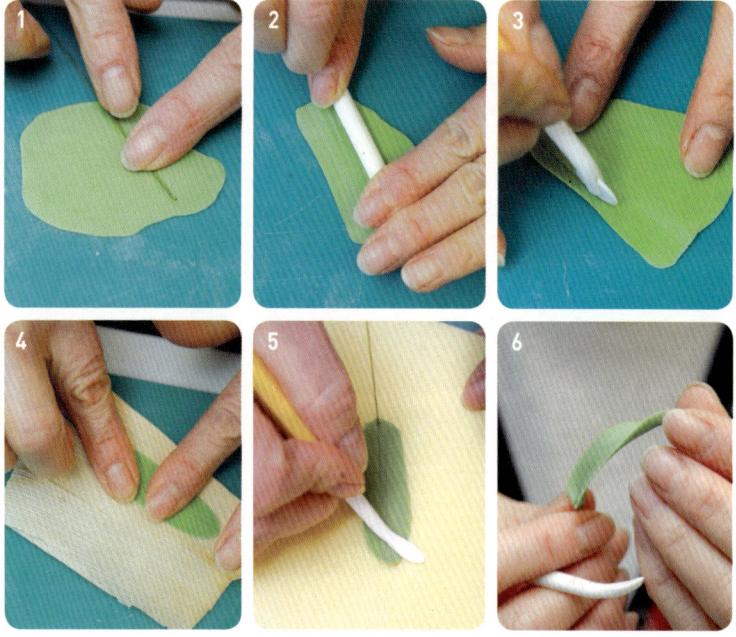

V 꽃봉오리

1. 흰색 페이스트와 노란색 페이스트를 물방울 모양으로 만든 다음 4등분하며 가위집을 넣는다.
2. 소프트스펀지에 ①을 올리고 각각의 등분 안쪽을 얇게 밀어 편다.
3. 끝이 뾰족한 스틱으로 중심을 눌러 공간을 벌려 준다.
4. 각각의 꽃잎 끝을 둥글게 모아 피어나고 있는 봉오리를 표현한다.
5. 녹색 페이스트를 수선화 꽃커터의 끝부분을 이용해 찍어낸 다음 끝부분을 잘라내고 말린 옥수수 잎으로 찍어 무늬를 낸다.
6. ④의 아랫부분에 ⑤를 2장 붙이고 윗부분에 자주색 가루색소로 더스팅한다.

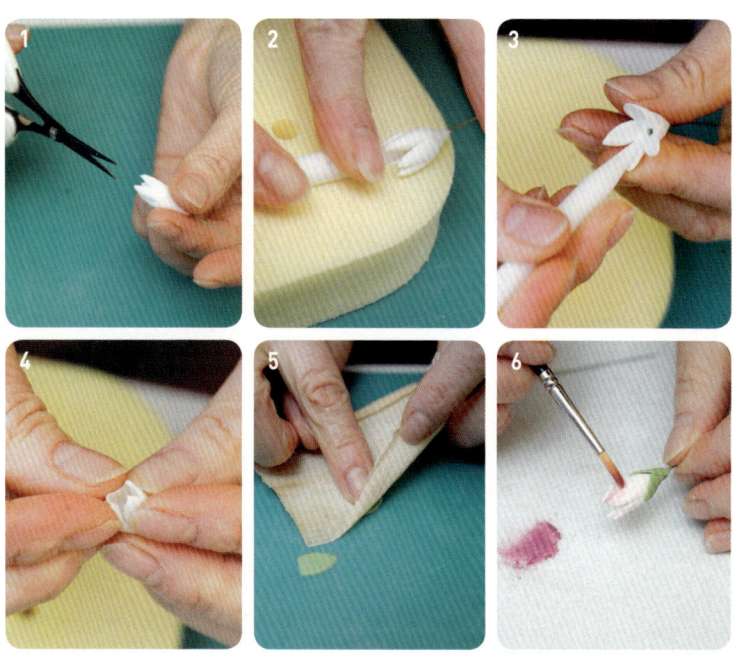

웨딩 슈즈 *Shoe & Violet*

작은 꽃다발을 품은 웨딩 슈즈가 신부의 새로운 출발을 축복하는 듯하다.
더미를 둘러싼 보랏빛 꽃송이와 브리지 사이로 늘어뜨린 아이싱의 곡선이 로맨틱하다.

사용도구 꽃커터, 원형깍지(0, 4번), 소프트스펀지, 이쑤시개, 브리지커터, 핀셋, 나무젓가락, 종이띠, 구두틀, 실, 가위,
잎커터, 잎맥틀, 하드스펀지, 주걱스틱, 다섯꽃잎커터, 둥근 스틱, 바이올렛커터

사용재료 시럽, 면틸, 쇼트닝, 녹색 와이어, 가루색소(녹색, 밤색, 분홍색), 꽃술, 녹색 플로리스트 테이프, 알코올,
액체색소(보라색, 자주색, 분홍색)

I 더미

A 꽃장식

1. 보라색 페이스트를 얇게 밀어 편 다음 꽃커터로 찍는다.
2. 소프트스펀지 위에 올리고 이쑤시개 뒷면으로 중앙을 찍는다.

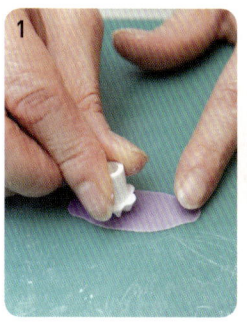 

B 더미

1. 둘레를 12등분해 접은 종이띠를 더미에 두른
   다음 뾰족한 도구를 사용해 일정한 간격으로 자
   국을 낸다.
2. 브리지를 ①에서 표시한 자국에 붙인다.
   * 브리지는 흰색 페이스트를 브리지커터로 찍어 굳혔다.
3. 브리지와 더미의 이음매에 아이싱으로 둥근 구
   슬 모양을 짠다.
4. 브리지와 브리지 사이에 곡선으로 원형깍지
   (0번)로 아이싱을 5줄 짠다.
5. 핀셋을 이용해 A(꽃장식)를 붙인다.

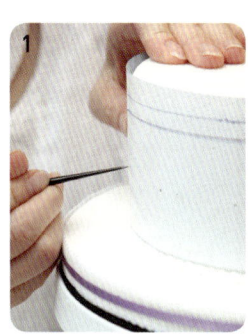 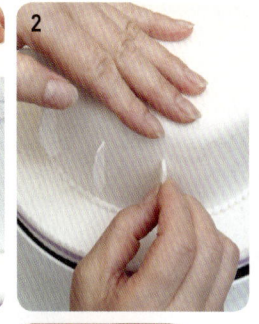 

II 구두

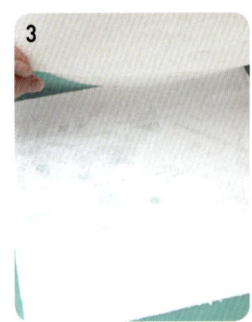

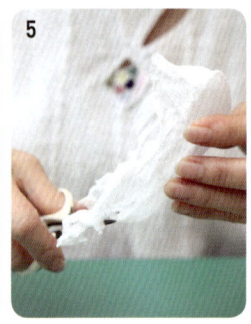

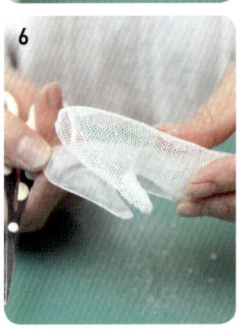

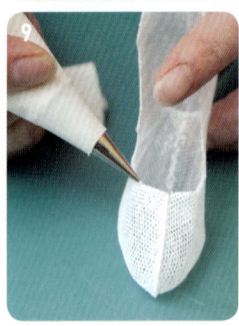

1. 설탕 2.5 : 물 1의 비율로 끓인 뜨거운 상태의 시럽에 튈을 넣고 적신다.

* 이때, 튈은 면으로 된 것을 사용한다. 나일론 튈은 탄력이 있어 작업 시 모양이 제대로 만들어지지 않고 튕겨나간다.

2. 충분히 적셔지면 나무젓가락으로 물기를 짜낸다.

3. 페이퍼 타월 사이에 ②를 끼워 나머지 물기까지 확실히 제거한다.

4. 쇼트닝을 충분히 바른 구두틀을 튈로 감싼 다음 팽팽하게 당기면서 구두 안쪽으로 천을 집어넣어 건조시킨다.

5. 완전히 건조되면 구두 안의 천을 뺀 다음 가위로 잘라낸다.

6. 구두틀과 튈을 분리한다.

7. 실로 꿰매 한 짝의 구두를 완성한다.

8. 이음매 부분에 아이싱을 짠다.

9. 가위로 자른 부분에 구슬 모양의 아이싱을 짠다.

Ⅲ 잎

1. 녹색 페이스트를 얇게 밀어 펴고 잎커터로 찍는다.
2. 잎맥틀에 ①을 올리고 찍어 잎맥 무늬를 낸다.
3. 하드스펀지 위에 올리고 주걱스틱으로 가장자리를 얇게 편다.
4. 녹색 와이어를 ③에 꽂은 다음 약간 반으로 접는다.
5. 전체적으로 녹색 가루색소로 더스팅한다.
6. 부분적으로 밤색 가루색소로 더스팅한다.

Ⅳ 더블 블라섬

1. 구슬이 달린 꽃술 2개를 모아 반으로 접은 다음 녹색 와이어 고리로 감아 고정시킨다.
2. 꽃술을 제외한 나머지 부분을 자른다.
3. 녹색 플로리스트 테이프로 ②를 감는다.
4. 흰색 페이스트를 얇게 밀어 편 다음 다섯꽃잎커터로 찍는다.

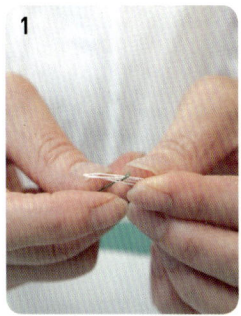
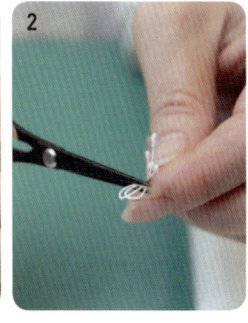
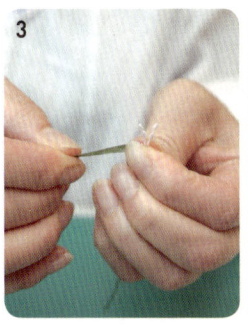
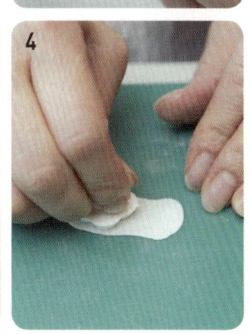

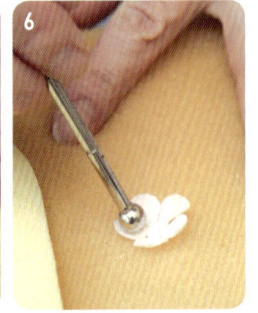

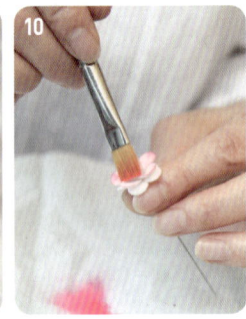

5. 하드스펀지 위에 올리고 스틱으로 가장자리를 밀어 편다.

6. 소프트스펀지 위에 올리고 둥근 스틱을 이용해 각각의 잎 중앙을 눌러 커브를 준다.

7. ③을 ⑥에 꽂은 다음 공정 ④~⑥을 반복해 만든 꽃잎을 뒤집어 꽂는다.

8. 아래쪽 꽃잎의 가운데에 물칠한 다음 꽃잎 2장을 붙인다.

9. 거꾸로 뒤집어 건조시킨다.

10. 꽃의 가장자리를 분홍색 가루색소로 더스팅한다.

11. 꽃의 중앙은 녹색 가루색소로 더스팅한다.

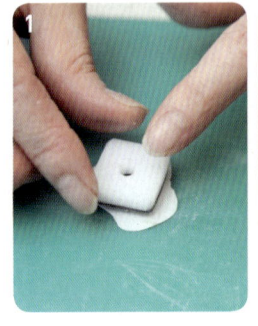

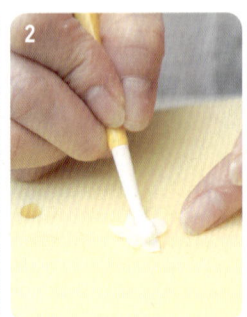

V 바이올렛

1. 흰색 페이스트를 얇게 밀어 편 다음 바이올렛커터로 찍는다.

2. 하드스펀지 위에 올리고 스틱으로 작은 꽃잎 4장의 가장자리를 늘어뜨리며 밀어 편다.

3. 뒤집어서 둥근 꽃잎 1장을 얇게 밀어 편다.

4. 다시 뒤집어서 소프트스펀지 위에 올리고 둥근 스틱을 이용해 작은 꽃잎의 중앙을 눌러 커브를 준다.

5. ④의 중앙에 꽃술을 꽂는다.

6. 뒤집은 다음 큰 꽃잎을 젖힌 상태로 건조시킨다.

7. 알코올에 보라색 액체색소를 섞은 것에 ⑥을 담가 색을 입히고 여분의 색소를 털어낸다.

* 알코올에 색소를 더해가며 원하는 색의 농도가 될 때까지 섞는다.

8. 보라색 젤타입색소를 붓에 묻혀 큰 잎에 선을 그려 넣는다.

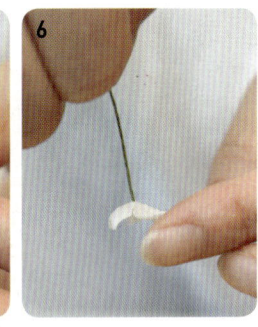

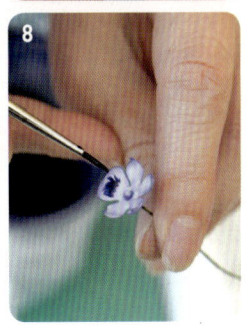

VI 마무리

1. 흰색 페이스트 밑면에 아이싱을 듬뿍 바른다.

2. 더미 윗면에 구두를 올리고 ①을 구두 안쪽에 채워 넣는다.

3. 페이스트에 꽃을 꽂아 구두를 장식한다.

4. 구두 옆에 아이싱을 듬뿍 바른 페이스트를 고정시킨다.

5. 페이스트에 잎과 꽃을 꽂아 장식한다.

6. 전체적인 꽃다발의 모양을 정리하여 마무리한다.

화이트 웨딩 부케 *Calla & Casablanca*

신랑이 신부에게 청혼하며 직접 꺾은 꽃다발을 준 데서 유래했다는 웨딩 부케.
청초하게 피어난 칼라(Calla)는 신부를, 열정적인 모습의 카사블랑카(Casablanca)는 신랑을 닮았다.

사용도구   삼각스틱, 붓, 카사블랑카커터(大, 中), 실리콘 잎맥틀, 하드스펀지, 주걱스틱, 칼라잎 본(大, 中), 두꺼운 도화지

◇◇◇◇◇◇

사용재료   흰색 와이어(22, 28번), 가루색소(녹색, 자주색, 노란색, 은색 펄), 녹색 플로리스트 테이프, 녹색 와이어, 바니시, 콘밀

I 카사블랑카

A 암술

1. 흰색 페이스트를 뭉쳐서 흰색 와이어(28번)에 꽂는다.
2. 손바닥에 올려 굴리면서 밑으로 길게 모양을 잡는다.
3. 윗부분을 삼각스틱으로 3등분해 자국을 내고 살짝 구부린다.
4. 윗부분을 제외하고 녹색 가루색소로 더스팅한다.
5. 윗부분에 흰자를 바르고 자주색 가루색소를 듬뿍 묻힌다.
6. 마른 붓으로 여분의 가루색소를 털어낸다.

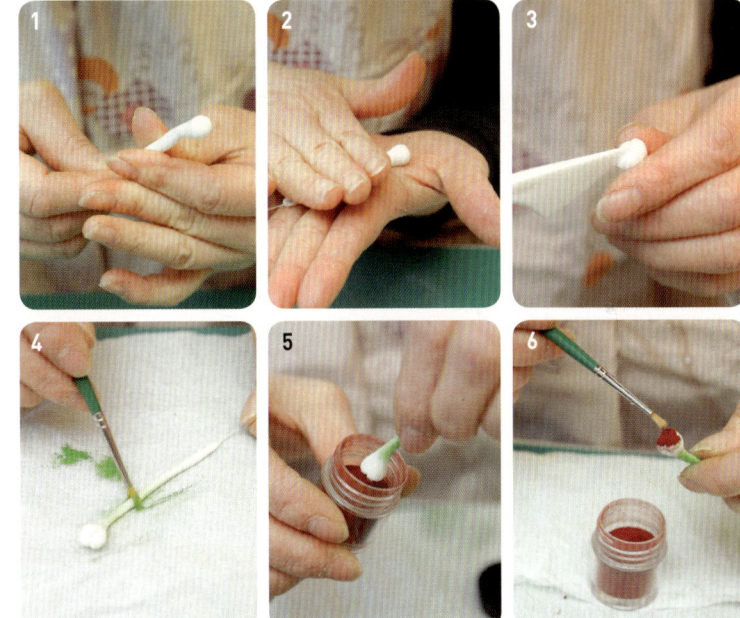

B 수술

1. 흰색 와이어(28번)로 고리를 만들어 꺾은 다음 쌀알 크기로 뭉친 페이스트에 꽂는다.
2. 와이어를 녹색 가루색소로 더스팅한다.
3. 페이스트에 흰자를 바르고 자주색 가루색소를 묻힌다.

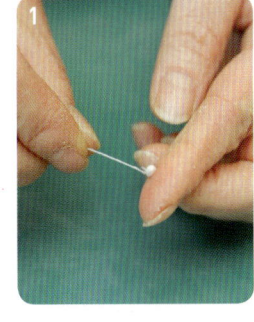 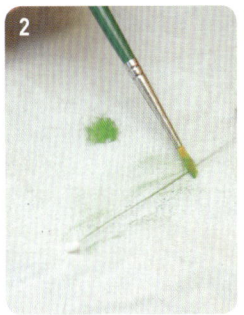 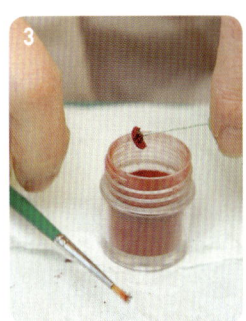

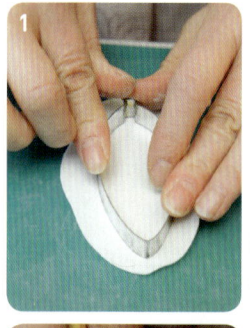

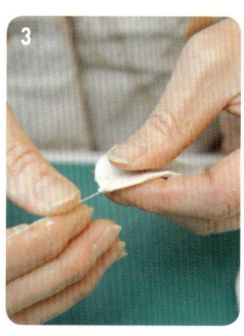

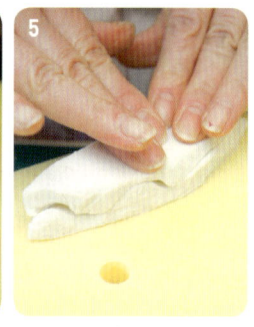

C 꽃잎

1. 흰색 페이스트를 얇게 밀어 편 다음 큰 카사블랑카커터로 3장 찍는다.

2. ①을 실리콘 잎맥틀에 넣고 찍어 잎맥 무늬를 낸다.

3. 흰색 와이어(28번)를 ②에 깊숙이 꽂는다.

4. 하드스펀지 위에 ③을 올리고 가장자리를 둥근 스틱으로 가볍게 밀어 편다.

5. 다시 실리콘틀에 넣고 찍는다.

6. ⑤의 아랫부분을 녹색 가루색소로 더스팅하고 나머지 부분을 필 가루로 더스팅한다.

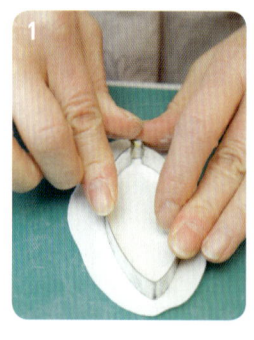

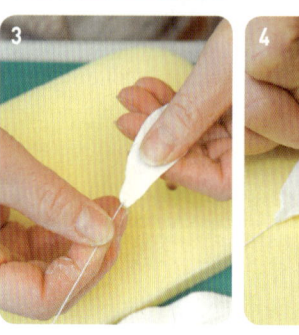

D 꽃받침

1. 흰색 페이스트를 얇게 밀어 편 다음 중간 크기의 카사블랑카커터로 3장 찍는다.

2. ①을 실리콘틀에 넣고 찍어 잎맥 무늬를 낸다.

3. 흰색 와이어(28번)를 ②의 깊숙이 꽂는다.

4. 하드스펀지 위에 올리고 가장자리를 둥근 스틱으로 밀어 펴 프릴을 많이 준다.

5. 다시 실리콘틀에 넣고 찍는다.
6. ⑤의 아랫부분을 녹색 가루색소로 더스팅하고 나머지 부분을 은색 펄 가루로 더스팅한다.

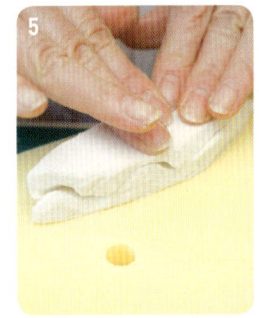
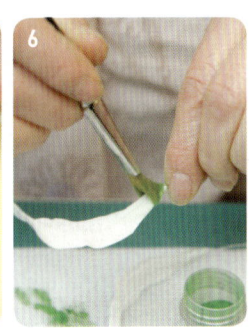

E 조합

1. 1개의 A(암술), 5개의 B(수술)를 손으로 모아 잡고 녹색 플로리스트 테이프로 감는다.
2. ①을 중앙에 놓고 C(꽃잎) 3장을 배치한 다음 녹색 와이어로 감아 고정시킨다.
3. ②와 교차해서 D(꽃받침) 3장를 배치하고 녹색 플로리스트 테이프로 감는다.

* 모든 공정은 꽃잎이 반쯤 건조되었을 때 해야 작업하기 수월하다.

Ⅱ 칼라 잎

1. 녹색 페이스트의 중앙을 두껍게 남기고 양옆으로 얇게 밀어 편다.
2. 칼라 잎 본(大, 中)을 대고 롤링커터로 ①을 자른다.
3. 삼각스틱을 이용해 페이스트 중간에 선을 넣고 양옆으로 잎맥 무늬를 낸다.

4. 하드스펀지 위에 ③을 올리고 가장자리를 얇게 밀어 편다.

5. 녹색 와이어를 ④의 안쪽까지 깊숙이 끼운다.

6. 잎을 반으로 접고 뒷부분을 손으로 꼬집듯이 눌러 매만진다.

7. 녹색 와이어 하나를 더 덧대고 녹색 플로리스트 테이프로 감는다.

8. 녹색 가루색소로 더스팅한다.

9. 바니시를 바른다.

Ⅲ 칼라

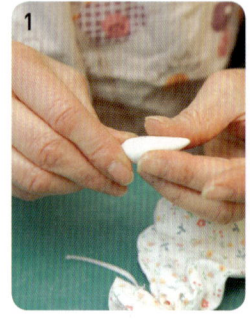

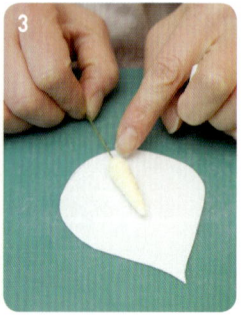

1. 흰색 페이스트를 끝이 뾰족한 고깔 모양으로 뭉친 다음 녹색 와이어(22번)를 깊숙이 끼운다.

2. ①에 흰자를 바른 다음 표면에 콘밀을 묻혀 건조시킨다.

3. 두꺼운 도화지에 ②를 대고 알맞은 크기로 잎 모양을 그린다.

4. 밀어 편 페이스트 위에 ③의 본을 대고 자른다.

5. 스틱을 이용해 페이스트 중간에 선을 넣고 그 양 옆으로 잎맥 무늬를 낸다.

6. 하드스펀지 위에 ⑤를 올리고 가장자리를 얇게 밀어 편다.

7. ⑥의 밑부분에 흰자를 바르고 ②를 올려 양옆을 말아준다.

8. ⑦의 윗부분을 뾰족하게 매만진다.

9. 녹색 페이스트를 뭉쳐 ⑧의 밑부분에 꽂아 꽃받침을 만든다.

10. 페이스트가 마르기 전 주걱스틱으로 끌어내리 듯 긁어 이음매를 자연스럽게 표현한다.

11. ⑩의 꽃받침 부분을 녹색 가루색소로 더스팅한다.

12. 꽃의 윗부분과 안쪽을 노란색 가루색소로 더 스팅한다.

* 카사블랑카를 중앙에 배치하고 주변에 칼라 꽃과 칼라 잎을 배치하여 부케를 만든다.

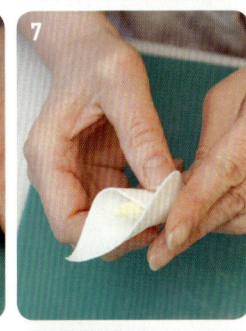
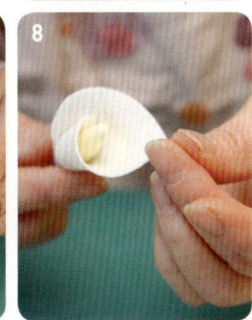
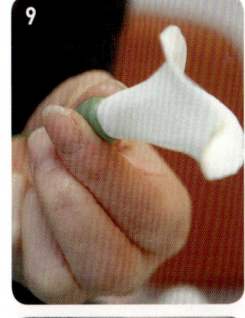

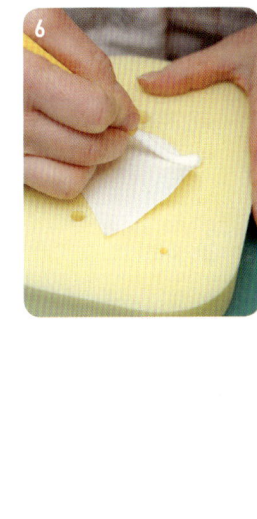

사과꽃 향기 *Apple Blossom*

아름다운 설탕드레스를 입고 면사포 속에 수줍은 얼굴을 감춘 오월의 신부. 희고 고운 사과꽃이 드레스와 잘 어울린다.
슈거페이스트로 만든 분홍 리본으로 포인트를 주고 머리에는 금색 가루를 발랐다.

사용도구 심플리프커터, 장미잎맥틀, 하드스펀지, 삼각스틱, 장미꽃받침커터, 가위, 다섯꽃잎커터, 소프트스펀지, 둥근 스틱, 모양주걱,
◇◇◇◇◇◇ 플라워 스탠드, 왁스페이퍼, 연필, 드레스 모양 본, 레이스커터, 스트랩커터, 깍지, 틀, 실

사용재료 녹색 와이어(26, 28번), 가루색소(녹색, 분홍색, 살구색, 금색 펄), 꽃술, 갈색 플로리스트 테이프, 리본

I 사과꽃

A 잎

1. 녹색 페이스트를 얇게 밀어 펴고 심플리프커터로 찍는다.
2. 장미잎맥틀에 넣고 눌러 잎맥 무늬를 낸다.
3. 하드스펀지 위에 올리고 주걱스틱으로 가장자리를 얇게 편다.
4. 녹색 와이어(28번) 끝부분에 물을 묻혀 꽂은 다음 반으로 살짝 접고 완전히 건조시키고 나서 녹색 가루색소로 더스팅한다.

B 꽃봉오리

1. 흰색 페이스트를 둥글게 빚어 고리를 만든 녹색 와이어(26번)에 꽂은 다음 삼각스틱을 이용해 봉오리 모양으로 칼집을 낸다.
2. 밀어 편 녹색 페이스트를 장미꽃받침커터로 찍어내고 ①에 꽂아 접착시킨다.
3. 봉오리 부분은 분홍색 가루색소로, 꽃받침 부분은 녹색 가루색소로 더스팅한다.

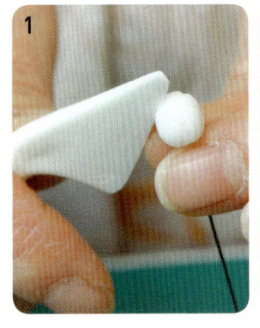

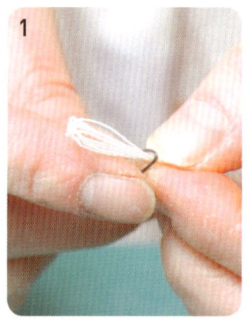 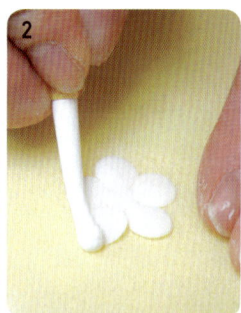 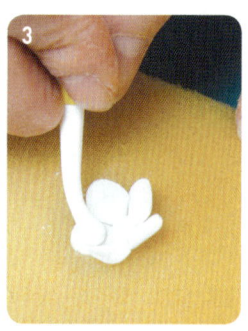
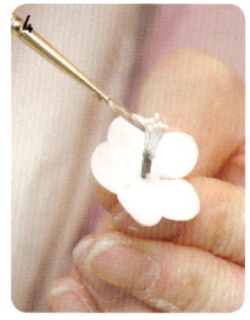  

C 꽃

1. 꽃술 5개를 겹쳐 반으로 접은 후 녹색 와이어(26번)로 고리를 만들어 고정시키고 나머지 부분을 가위로 잘라낸다.

2. 밀어 편 흰색 페이스트를 다섯꽃잎커터로 찍은 다음 하드스펀지 위에 올리고 둥근 스틱으로 가장자리를 얇게 편다.

3. 소프트스펀지 위에 올리고 각각의 꽃잎 중앙을 둥근 스틱으로 둥글게 매만진다.

4. ①의 꽃술을 꽃잎의 중심에 넣고 통과시킨 다음 꽃술 끝에 아이싱을 발라 고정시킨다.

5. 플라워 스탠드에 놓고 둥근 모양을 잡은 다음 완전히 건조시킨다.

6. 꽃받침을 끼운 다음 꽃잎의 가장자리는 분홍색 가루색소로, 꽃받침은 녹색 가루색소로 더스팅한다.

Ⅱ 보드

D 조합

1. 꽃봉오리, 꽃, 잎을 간격에 맞게 배열한 다음 폭이 좁은 갈색 플로리스트 테이프로 감싸고 리본을 묶어 마무리한다.

1. 하늘색 슈거페이스트를 밀어 펴고 둥근 보드에 묽은 로열 아이싱을 발라 씌운다. 모양주걱으로 가장자리에 무늬를 낸 다음 묽은 로열 아이싱을 발라 한 사이즈 큰 보드 위에 중심을 맞추어 접착시킨다.

Ⅲ 신부 장식

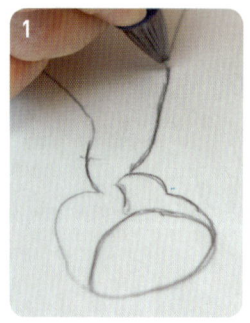 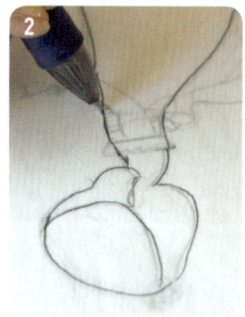 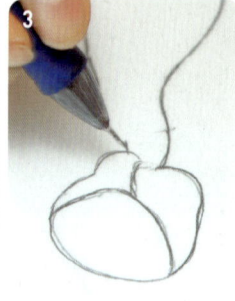

A 그림 옮기기

1. 원하는 그림 위에 왁스페이퍼를 덮고 연필로 따라 그린다.

2. ①의 왁스페이퍼를 뒤집고 비치는 선을 따라 연필로 다시 한 번 그린다.

3. 준비해 놓은 보드에 ②를 뒤집어 올리고 선을 따라 연필로 그린다.

* 공정 ①~③을 통해 원하는 그림의 방향을 그대로 페이스트에 옮길 수 있다.

B 얼굴

1. 단단한 되기의 로열 아이싱으로 볼의 볼륨감을 표현한다.
2. 묽은 아이싱에 살구색 가루색소를 섞어 색을 낸다.
3. 연필 선을 따라 얼굴 부분에 ②를 채운다.
4. 물기가 있는 붓으로 정리한다.
5. 같은 방법으로 목 부분까지 로열 아이싱을 채운다.

 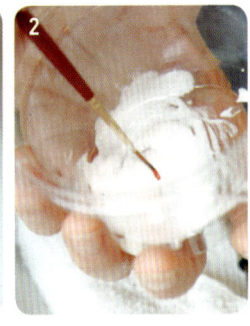 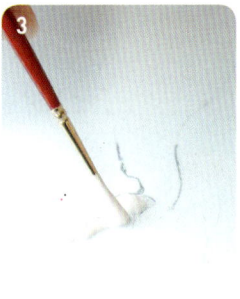

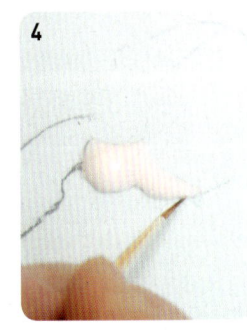 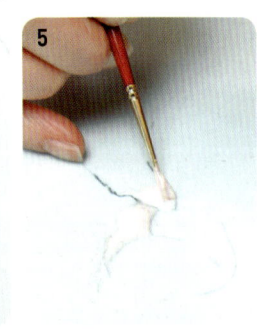

C 드레스

1. 밀어 편 흰색 페이스트 위에 드레스 모양의 본을 올린 다음 모양대로 자른다.
2. 잘린 부분을 시접 넣듯이 안쪽으로 말아 넣는다.
3. 드레스의 허리 부분에 주름을 살짝 잡는다.
4. ③의 가장자리에 물을 바르고 보드 위에 붙인다.

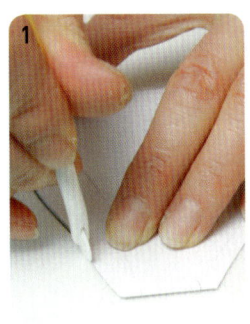 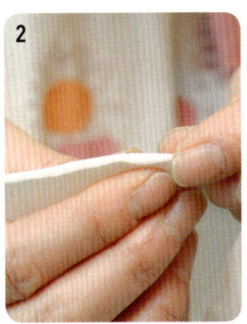 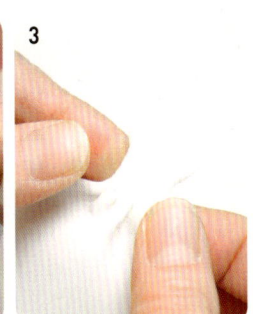 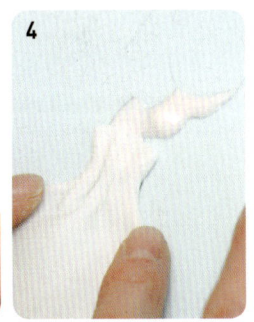

D 드레스 밑단

1. 밀어 편 흰색 페이스트를 레이스커터로 찍어 밑단을 만든다.
2. 손으로 접어 자연스럽게 주름 잡는다.
3. C(드레스)의 밑부분에 물을 바르고 주름 잡은 밑단을 붙인다.

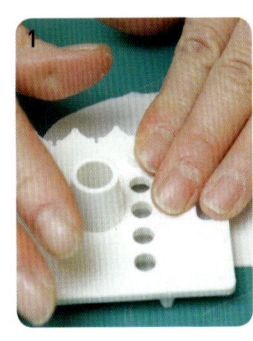 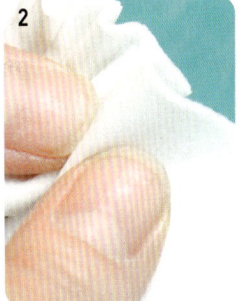 

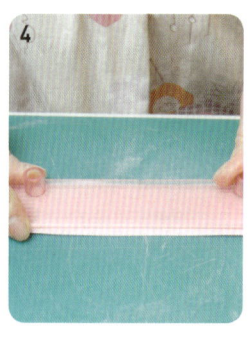

4. 분홍색 페이스트를 밀어 펴고 좁은 스트랩커터로 찍어 리본을 만든다.

5. ③에 ④를 붙인다.

6. 리본에 매듭을 만들어 ⑤의 끝부분에 붙인다.

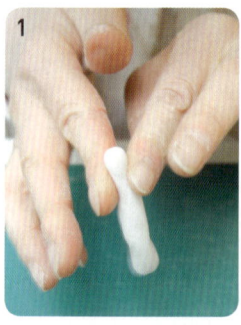
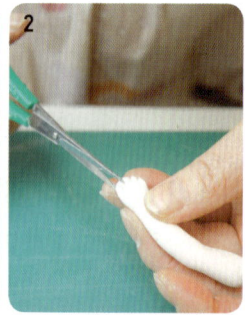
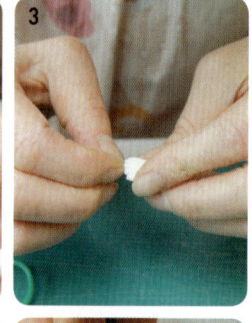

E 팔

1. 흰색 페이스트를 둥글고 길게 빚어 팔 모양을 만든다.

2. 한쪽 끝부분을 손으로 눌러 손 모양을 표현한다.

3. 가위로 잘라 손가락을 만든 다음 하나하나 손으로 매만져 준다.

4. 둥근 스틱으로 ③의 가운데 부분을 눌러 손바닥을 표현한다.

5. D(드레스 밑단)의 공정 ①~②처럼 레이스를 만들고 소매처럼 만든다.

6. ④와 ⑤에 물을 바르고 그림 위에 붙인다.

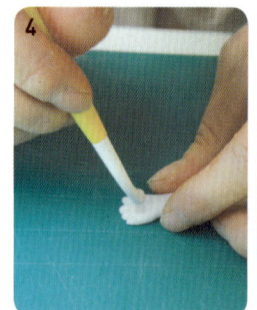
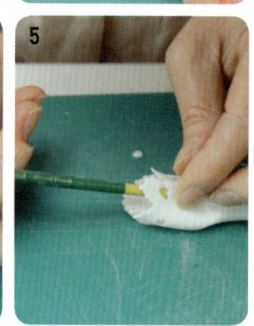
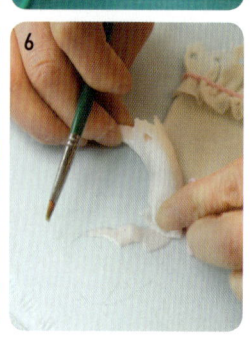

F 리본

1. 분홍색 페이스트를 밀어 펴고 스트랩커터로 찍어 리본을 만든다.

2. C(드레스)의 허리 부분을 ①로 감싸 붙인다.

3. ②의 끝부분에 ①을 길게 늘어뜨려 붙인다.

4. 리본의 매듭 부분을 만들어 ②의 끝부분에 붙이고 손으로 매만져 볼륨을 준다.

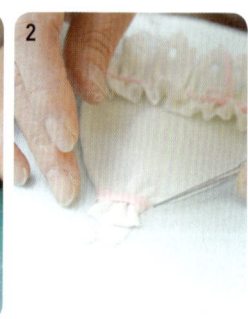
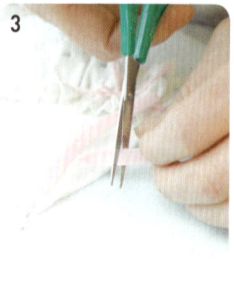
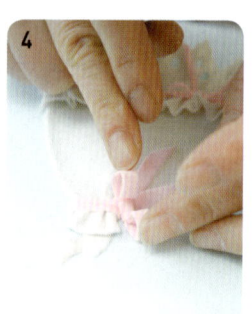

G 드레스 목 장식

1. 흰색 페이스트를 얇게 밀어 펴고 스틱을 이용해 프릴을 준다.
2. 그림의 목 부분에 맞게 잘라 붙인다.
3. 그림과 장식 사이에 공간을 만들어준 다음 완전히 건조시킨다.

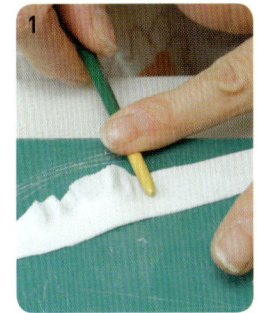 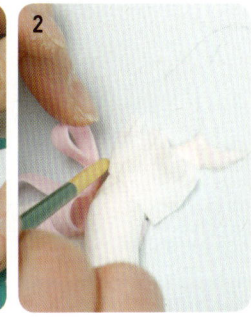 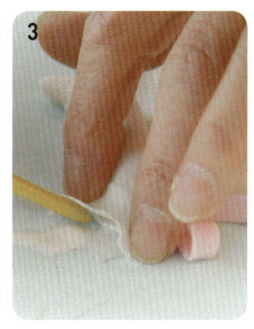

H 머리

1. 원형깍지를 끼운 짤주머니에 로열 아이싱을 넣고 아래쪽에서 위쪽으로 짜며 올림머리를 표현한다. 물기가 있는 붓으로 다듬어 매끄럽게 한다.
2. 로열 아이싱이 어느 정도 마르면 물기가 없는 붓을 아래에서 위로 터치하며 머리카락을 표현한다.
3. 가느다란 원형깍지를 이용해 속눈썹을 짠다.

 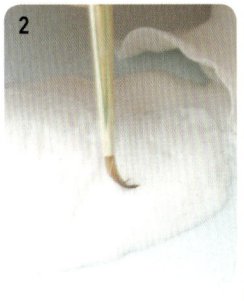 

I 마무리

1. 튈을 모아 잡아 주름을 만든 다음 실로 꿰매 면사포를 만든다.
2. 머리의 윗부분에 로열 아이싱을 바르고 면사포를 고정시킨다.
3. 면사포 위쪽과 손 부분에 작은 꽃을 붙인다.
4. 로열 아이싱으로 모양을 짜서 드레스를 장식한다.
5. 머리 부분에 금색 펄 가루로 더스팅한다.

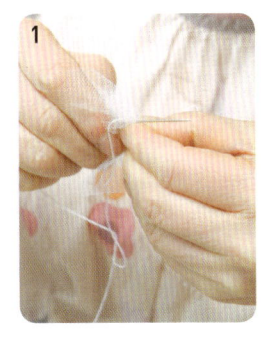 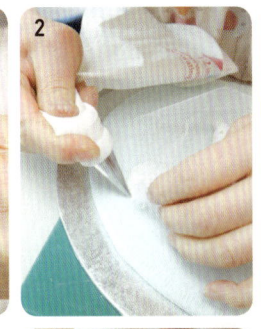 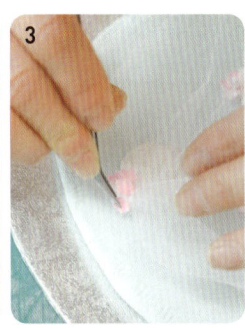

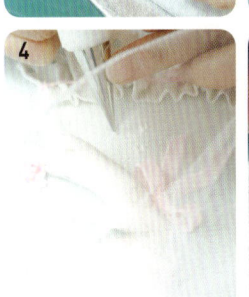 

Welcome to
our Wedding

April 1, 2009

jun & hi

웨딩 화환 *Paris Daisy & Cook Town Orchid*

미국이나 유럽의 결혼식에서는 부케 대신 링 형태의 화환(Wedding Hoop)을 사용하기도 한다.
파리스 데이지(Paris Daisy), 재스민(Jasmin), 쿡타운 난(Cooktown Orchid)을 엮은 근사한 웨딩 화환.

사용도구 원형커터, 가는 스틱, 파리스 데이지커터, 장미 꽃받침커터, 뾰족한 스틱, 하드스펀지, 주걱스틱, 니퍼, 삼봉형 쿡타운 난커터,
◇◇◇◇◇◇ 쿡타운 난 꽃잎커터(小, 大), 실리콘 잎맥틀, 심플리프커터

사용재료 녹색 와이어(18, 28번), 콘밀, 가루색소(녹색, 진분홍색), 흰색 와이어(28번), 가는 와이어, 플로리스트 테이프, 리본, 티슈

I 파리스 데이지

1. 녹색 와이어(28번) 끝부분을 동그랗게 말아 고리를 만든다.

2. 흰색 페이스트를 동그랗게 빚은 후 ①의 고리 부분과 접착시킨다.

3. 연노란색 페이스트를 밀어 편 후 작은 원형커터로 찍어낸다.
   * 꽃 한 송이를 만드는 데 3장이 필요하다.

4. ③의 원형을 8등분하여 칼집을 넣는다.
   * 나머지 2장도 같은 방법으로 작업한다.

5. ④의 등분한 것을 가는 스틱으로 얇게 밀어서 프릴을 만든다.

6. ②의 반죽에 물을 살짝 바른 후 ⑤의 반죽을 밑에서부터 끼워 붙인다.

7. ⑥에 나머지 2장의 꽃잎을 같은 방법으로 끼워 물로 접착한다.

8. 연노란색 페이스트를 밀어 편 후 별 모양커터로 2장 찍어내고 하드스펀지 위에 올려 주걱스틱으로 끝부분을 부드럽게 해준다.
   * 다른 1장도 같은 방법으로 작업한다.

9. ⑧의 중심에 물을 묻히고 ⑦의 와이어에 끼워 접
착한 후 끝부분을 아래쪽으로 살짝 말아준다.

10. 나머지 1장도 ⑨의 아래에 끼워 접착한 후 모양
을 잡아 건조시킨다.

11. 꽃의 중심에 물을 골고루 바른 후 콘밀을 묻히
고 여분의 가루를 털어낸다.

Ⅱ 재스민 Jasmine

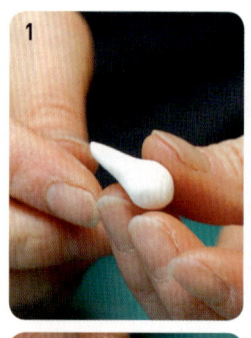

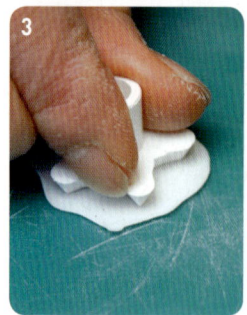
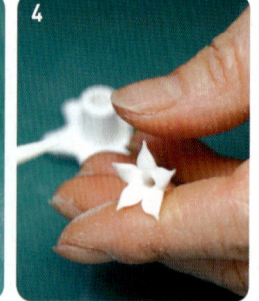

1. 페이스트를 물방울 모양으로 빚는다.

2. 넓은 부분을 손으로 눌러 고깔 모양을 만든 후
스틱으로 균일하게 밀어 편다.

3. 페이스트의 솟아오른 부분을 장미 꽃받침커터
의 가운데에 맞춰 찍는다.

4. 뒤집어서 가운데 부분에 뾰족한 스틱으로 구멍
을 낸다.

5. 각각의 꽃잎을 스틱으로 눌러 얇게 편다.

6. 녹색 와이어 끝부분에 흰색 반죽을 끼워 건조시
키고 물칠해 ⑤에 꽂은 다음 건조시킨다.

7. 녹색 가루색소로 밑부분을 연하게 더스팅한다.

Ⅲ 쿡타운 난

1. 흰색 와이어(28번) 끝부분을 니퍼로 구부려 고리를 만든다.

2. 흰색 페이스트를 쌀 알갱이보다 조금 크게 빚는다.

3. 흰색 페이스트를 밀어 편 후 삼봉형 쿡타운 난 커터로 찍는다.

4. ③을 하드스펀지 위에 올려 주걱스틱으로 끝부분을 부드럽게 한다.

5. ④의 반죽 끝부분에 물을 살짝 묻힌 후 ②를 가운데 놓고 감싸듯이 말아준다.

6. 흰색 페이스트를 밀어 펴고 큰 쿡타운 난 꽃잎 커터로 2장 찍어낸 후 주걱스틱으로 끝부분을 부드럽게 만들고 중심에 선을 하나 넣어준다.

7. 흰색 와이어 끝에 물을 살짝 묻힌 후 ⑥에 끼워 꽃잎 모양을 만들고 티슈 위에 올려 건조시킨다.

8. 흰색 페이스트를 밀어 펴고 작은 쿡타운 난 꽃잎커터로 3장 찍어낸 다음 주걱스틱으로 가장자리를 얇게 펴고 중심에 선을 하나 넣어준다.

9. 흰색 와이어 끝에 물을 묻힌 후 ⑧에 끼워 꽃잎 모양을 만들고 티슈 위에 올려 건조시킨다.

10. 진분홍색 가루색소로 ⑤의 안쪽과 바깥쪽을 중심 부분에서부터 점점 연하게 더스팅한다.

11. ⑦, ⑨도 ⑩과 같은 방법으로 더스팅하고 여분의 가루색소를 털어낸다.

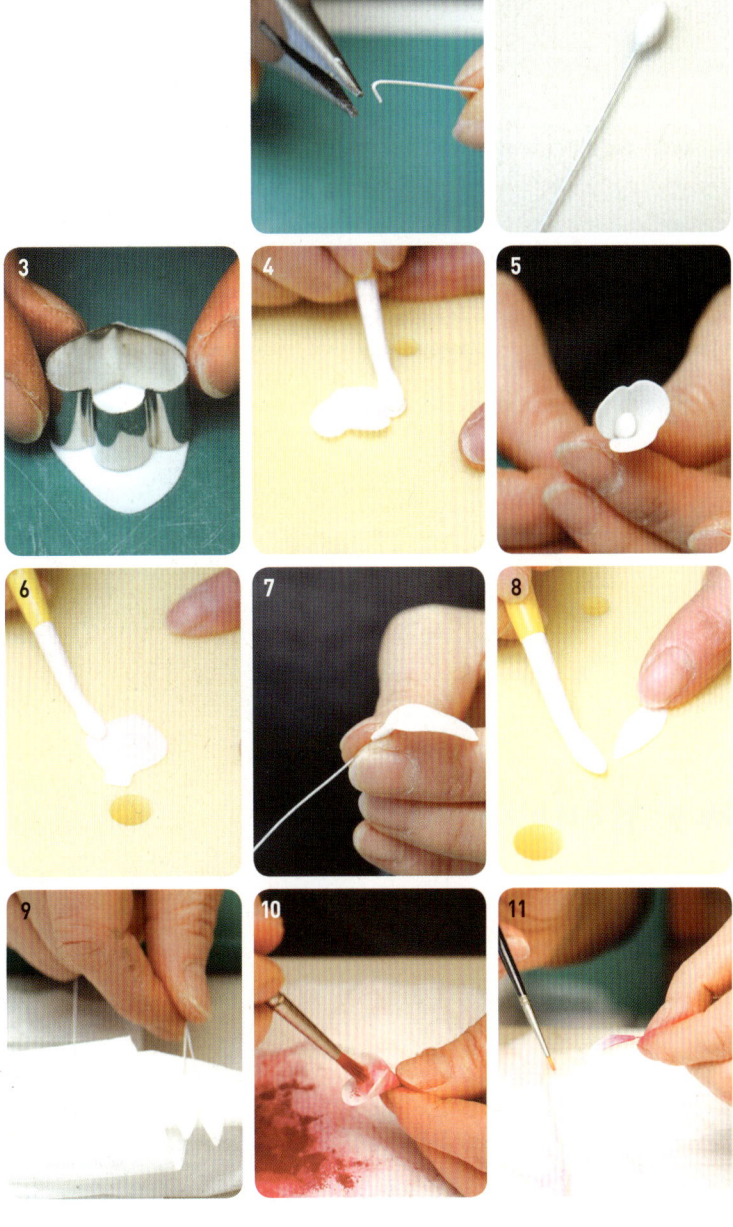

12. 스팀을 살짝 쐬어 착색시킨 후에 ⑩을 중심으로 큰 꽃잎 2장을 마주보게 배치하고 가는 와이어로 고정시킨다.

13. ⑫의 꽃잎 사이에 작은 꽃잎 3장을 배치하고 가는 와이어로 고정시킨다.

14. 와이어에 플로리스트 테이프를 감아 줄기를 만든다.

IV 나뭇잎

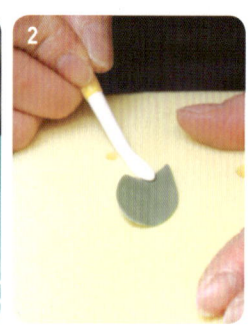

1. 녹색 페이스트를 밀어 편 후 심플리프커터로 찍는다.

2. ①을 하드스펀지 위에 올리고 주걱스틱으로 끝부분을 밀어 펴 부드럽게 해준다.

3. 실리콘 잎맥틀에 ②를 넣고 잎맥을 찍어낸 후 다시 하드스펀지 위에 올려 주걱스틱으로 끝부분을 다듬는다.

4. 녹색 와이어 끝부분에 물을 바르고 나뭇잎 밑부분 가운데에 꽂은 다음 손으로 주름을 만들어 티슈 위에서 건조시킨다.

5. 녹색 가루색소로 앞, 뒤 전체에 더스팅하고 스팀을 쐬어 착색시킨다.

V 마무리

1. 녹색 와이어(18번) 6개를 준비해 각각의 끝을 구부려서 고리를 만든다.
2. 2개의 와이어 고리를 연결해 링을 만든다.
   * 총 3개의 링을 완성한다.
3. 3개의 링을 합친 후 연결 고리 부분을 플로리스트 테이프로 감싼다.
4. 쿡타운 난과 나뭇잎을 섞어 와이어로 묶는다.
5. ④를 플로리스트 테이프로 감는다.
6. ③의 링에 ⑤와 파리스 데이지, 재스민, 나뭇잎을 하나씩 배치해 가면서 묶는다.
   * 링의 절반만 장식하되 좌우 대칭이 되게 한다.
7. 장식이 들어가지 않은 부분의 중간에 리본을 묶어 마무리한다.

엄지왕자 *Petunia*

페튜니아(Petunia) 꽃침대 위에 살포시 누운 아기의 모습이 더없이 사랑스럽다.
타원형 보드 가장자리에 리본을 두르고 풍성한 리본다발로 꽃침대를 장식해 보다 포근해 보인다.

사용도구 페튜니아커터(大, 中), 하드스펀지, 주걱스틱, 소프트스펀지, 니퍼, 꽃받침커터, 장미잎커터(大, 中, 小),
◇◇◇◇◇ 실리콘 잎맥틀, 작은 다섯꽃잎커터, 아기모양틀

사용재료 리본, 가루색소(분홍색, 녹색, 빨간색, 노란색, 갈색), 녹색 와이어(28번), 바니시, 녹색 플로리스트 테이프, 콘스타치, 리본다발

I 보드

1. 분홍색 페이스트를 도톰하게 밀어 펴고 타원형
   의 도안을 대고 자른다.
2. 어느 정도 건조되면 ①의 옆면에 로열 아이싱을
   바르고 리본을 붙인다.

페튜니아커터

II 페튜니아 꽃침대

1. 분홍색 페이스트를 밀어 편 다음 페튜니아커터
   (大,中)로 찍는다.
2. 하드스펀지 위에 올리고 주걱스틱으로 가장자
   리를 부드럽게 밀어 편 다음 소프트스펀지에 올
   리고 꽃잎 중앙을 살짝 눌러 페튜니아 꽃잎을 만
   든다.
3. 니퍼를 사용해 원형으로 고리를 만들고 직각으
   로 꺾어준다.
4. 완전히 건조된 꽃잎의 가장자리를 분홍색 가루
   색소로 더스팅하고 ③을 통과시킨다.
5. 밀어 편 녹색 페이스트를 꽃받침커터로 찍고
   ④에 꽂아 접착시킨 다음 녹색 가루색소로 더스
   팅한다.

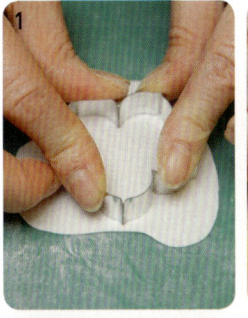

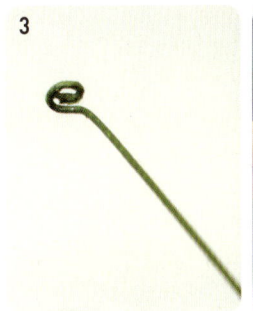

Ⅲ 잎

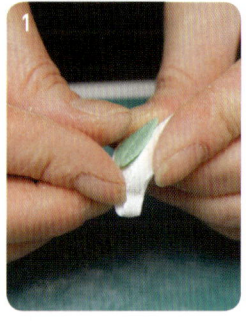 

1. 얇게 밀어 편 녹색 페이스트를 장미잎커터(大,中, 小)로 찍어낸 다음 실리콘 잎맥틀에 넣고 눌러 잎 맥 무늬를 낸다.

2. 하드스펀지 위에 올려 주걱스틱으로 가장자리 를 얇게 밀어 편다.

3. 녹색 와이어(28번)의 끝부분에 물을 묻혀 ②를 꽂은 다음 잎맥을 중심으로 안으로 살짝 접는다.

4. 완전히 건조시킨 다음 녹색 가루색소를 전체적 으로 더스팅 하고, 붉은색 가루색소로 가장자리 를 더스팅 한다.

5. 바니시를 발라 광택을 준다.

6. 큰 장미잎 1장과 중간 크기 2장을 배치한 다음 녹색 플로리스트 테이프로 감싼다.

7. ⑥의 아랫부분에 작은 장미잎 2장을 배치하고 녹색 플로리스트 테이프로 감싼다.

8. 줄기 부분에 붉은색 가루색소로 더스팅한다.

IV 꽃봉오리

1. 고리를 만든 와이어 끝에 쌀알 크기로 빚은 분홍색 페이스트를 끼우고 완전히 건조시킨다.

2. 분홍색 페이스트를 얇게 밀어 편 다음 작은 다섯꽃잎커터로 찍는다.

* 매우 작은 크기의 작품을 만들 때에는 적은 양의 페이스트를 사용하는 것은 물론, 작은 크기의 밀대를 사용해야 얇게 펼 수 있다.

3. 삼각스틱을 이용해 꽃잎을 1장만 자른다.

4. 하드스펀지 위에 올리고 주걱스틱으로 부드럽게 밀어 편다.

5. 밀어 편 꽃잎에 물을 묻히고 봉오리를 만들어 ①의 윗부분을 완전히 감싼다.

6. 분홍색 페이스트를 얇게 밀어 편 다음 작은 다섯꽃잎커터로 찍어내고 하드스펀지에 올려 주걱스틱으로 부드럽게 밀어 편다.

7. ⑤의 와이어를 ⑥의 중앙에 통과 시킨다.

8. 공정 ⑤에서 감싸지 않은 부분을 ⑥의 꽃잎 1장으로 완전히 감싼 다음 꽃잎을 포개 물로 접착하며 감싼다.

9. 나머지 3장의 꽃잎을 교차하여 감싼다.

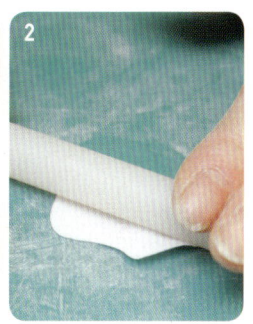
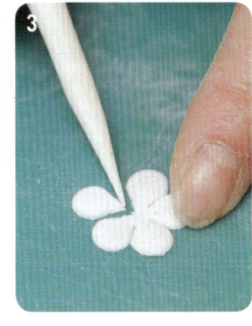

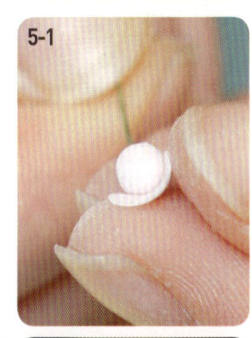
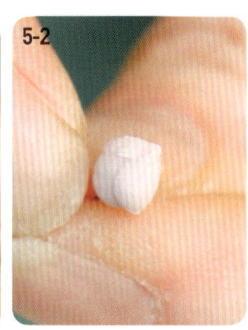

10. 얇게 밀어 편 녹색 페이스트를 장미꽃받침커터로 찍은 다음 칼집을 낸다.

11. 하드스펀지 위에 ⑩을 올리고 주걱스틱으로 당기듯이 밀어 편다.

12. 꽃받침에 물칠하고 ⑨를 중앙에 통과시킨다.

13. 녹색 페이스트를 쌀알 크기로 둥글고 납작하게 빚어 물칠한 다음 ⑫에 통과시켜 접착한다.

14. 꽃받침 부분을 녹색 가루색소로 더스팅한 다음 붉은색 가루색소로 한 번 더 더스팅 한다.

*붉은색 가루색소는 빨간색, 갈색, 노란색을 섞어 만든다.

15. 분홍색 가루색소로 꽃봉오리 부분을 더스팅한다.

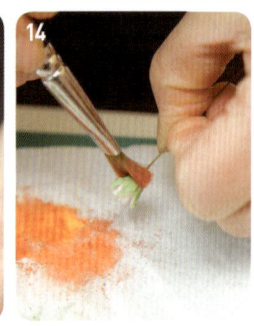

V꽃

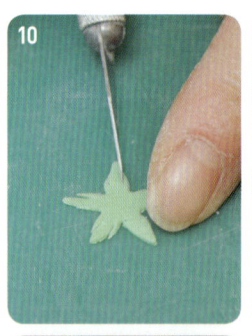

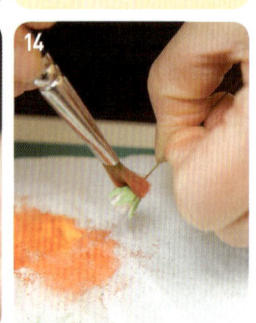

1. 얇게 밀어 편 분홍색 페이스트를 작은 다섯꽃잎커터로 찍는다. 하드스펀지에 올려 주걱스틱으로 밀어 편 다음 Ⅳ(꽃봉오리)의 공정①~⑨까지 작업한 것에 꽂아 접착시킨다.

2. ①의 꽃잎을 엇갈리게 배열해 모양잡고 바깥으로 살짝 젖혀 피어있는 느낌을 연출한다.

3. Ⅳ(꽃봉오리)의 공정⑩~⑫와 동일한 방법으로 작업하고 꽃받침을 바깥으로 살짝 젖힌 후 Ⅳ의 공정⑬~⑮와 동일하게 작업한다.

VI 아기

1. 콘스타치를 충분히 묻힌 아기모양틀에 흰색 페이스트를 넣고 찍어낸다.
2. 페이스트를 틀에서 빼낸 다음 칼로 다듬어 가장자리를 정리한다.
3. 흰색 페이스트를 얇게 밀어 펴고 가는 스틱을 이용해 한쪽 면에 프릴을 준다.
4. ②의 엉덩이 부분에 물을 바르고 ③을 감싸 기저귀 모양을 만든다.
5. 물기가 마르기 전 손으로 매만져 기저귀의 구겨진 느낌을 살린다.
6. 갈색 가루색소에 알코올을 섞은 다음 눈, 코, 머리카락 그리고 입을 그린다.

아기모양틀

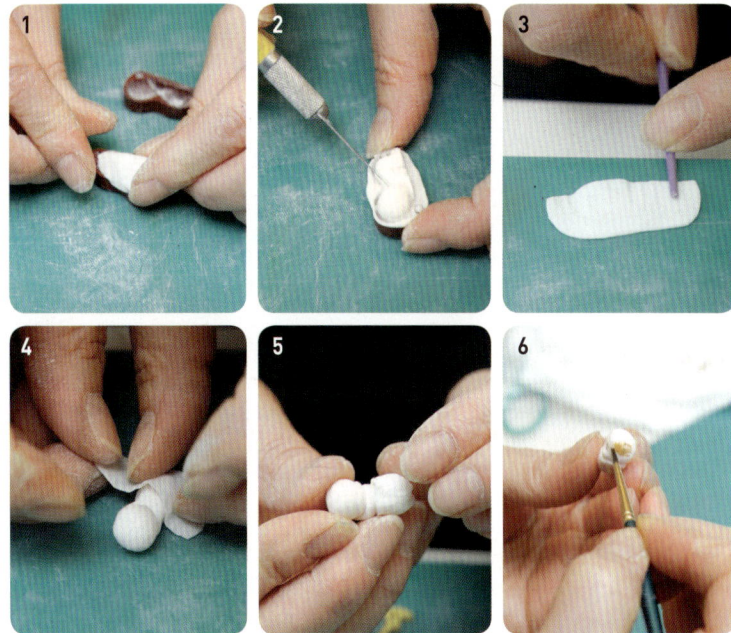

VII 마무리

1. 만들어 놓은 리본 다발을 판에 고정시킨다.
2. II(페튜니아) 꽃침대와 IV(꽃봉오리)를 배치하고 녹색 플로리스트 테이프로 감는다.
3. ① 위에 페이스트를 뭉쳐 고정시키고 ②를 꽂는다.
  * 배치할 꽃침대와 페튜니아의 앞면이 마주보게 줄기를 구부려 파라솔 형태를 연출한다.
4. 큰 페튜니아 꽃잎 2장과 중간 크기 1장을 ① 위에 교차해서 붙인다.
  * II의 공정①~②까지만 진행한 것을 사용한다.
5. 아기를 ④ 위에 고정시킨다.
6. 잎과 꽃, 꽃봉오리, 꽃잎을 보기 좋게 배치한다.

베이비 슈즈 *Baby Shoes*

아장아장 걷는 아기를 떠올리게 하는 푸른색 곰돌이 슈즈의 하얀 스트랩이 앙증맞다.
색색의 작은 꽃신들과 함께 베이비 샤워 파티에서 쓰면 좋을 슈거크래프트이다.

사용도구
◇◇◇◇◇◇
국화커터, 포크, 신발 바닥커터, 신발 뒷부분커터, 원형깍지(3,4번), 신발 앞부분커터, 작은 데이지꽃커터,
하드스펀지, 둥근 스틱, 줄무늬스틱, 다섯꽃잎툴, 가위, 데이지잎커터, 곰돌이 모양커터

사용재료
가루색소(분홍색, 노란색, 녹색), 설탕, 흰색 와이어, 녹색 와이어, 콘스타치

I 미니 베이비 슈즈

1. 흰색 페이스트를 두툼하게 밀어 편 후 국화커터
   로 찍는다.
2. 포크 윗부분을 이용해 ①의 가장자리에 무늬를
   내고 건조시킨다.
3. 분홍색 페이스트를 밀어 편 후 신발 바닥커터로
   찍어내 건조시킨다
   * 좌·우 한 장씩
4. 분홍색 페이스트를 밀어 펴고 신발 뒷부분커터
   로 찍어낸 후 한쪽 면을 원형깍지로 찍어 구멍을
   낸다. 밑부분에 물칠해 ③을 둘러 접착하고 발
   목 부분을 둥글게 연결한다.
5. 분홍색 페이스트를 밀어 펴고 신발 앞부분커터
   로 찍은 다음 원형깍지(3번)로 안쪽 가장자리에
   구멍을 낸다.
6. ⑤의 아랫부분에 물을 바르고 ③의 앞부분에
   둘러 접착 한 후 건조시킨다.
7. 꽃과 로열 아이싱으로 장식한 다음 건조시킨다.
8. ② 위에 ⑧을 접착시킨다.
9. ⑨의 가장자리를 분홍색 가루색소로 더스팅
   한다.

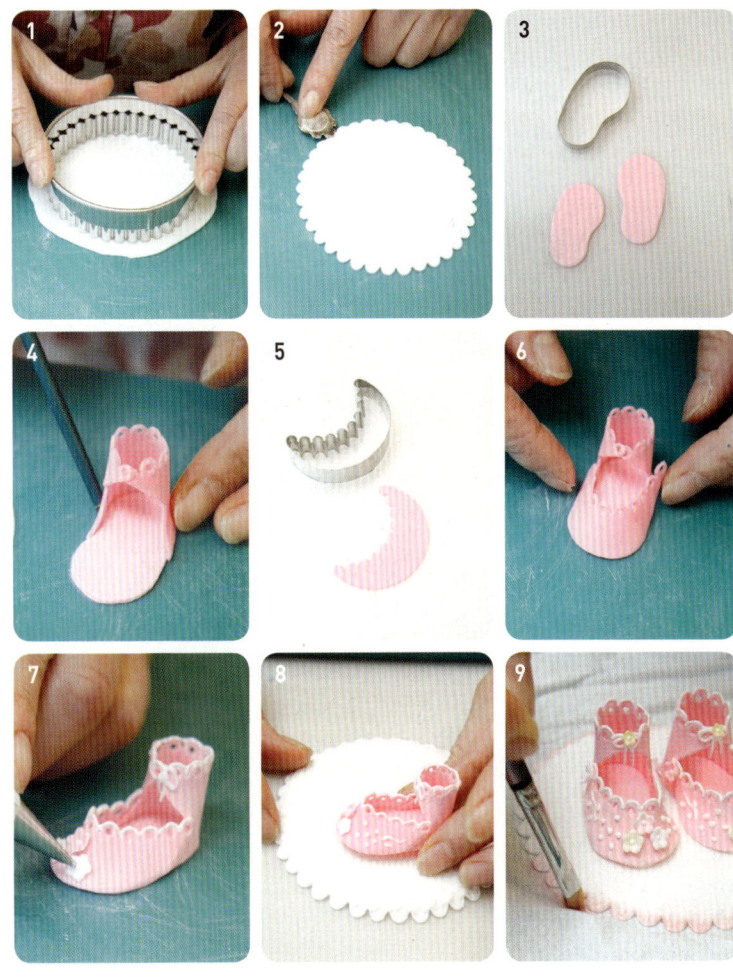

Ⅱ 데이지 꽃봉오리

 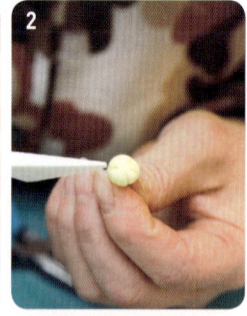 

  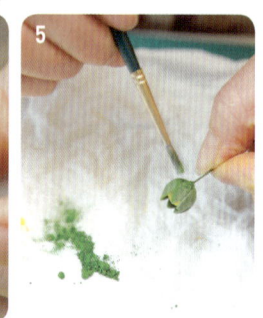

1. 와이어 끝부분을 구부려 고리를 만든 후 노란 색 페이스트를 둥글게 빚어서 고리에 꽂는다.
2. 삼각스틱으로 그어 꽃잎 라인을 내고 건조시킨다.
3. 녹색 페이스트를 밀어 펴고 작은 데이지꽃커터 로 찍어내 하드스펀지 위에서 부드럽게 다듬은 후 물을 바른다.
4. ③의 중심에 ②를 꽂아 감싼 후 건조시킨다.
5. 노란색 가루색소로 꽃봉오리 부분을 더스팅하 고 꽃받침 부분은 녹색 가루색소로 더스팅한다.

Ⅲ 데이지

 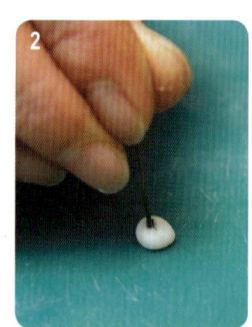 

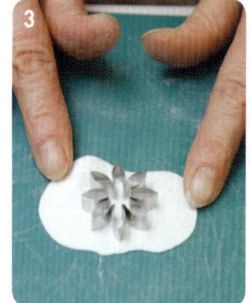  

1. 와이어 끝부분에 고리를 만든 후 직각으로 꺾어 준다.
2. 흰색 페이스트를 둥글게 빚어 윗부분을 약간 납작하게 눌러준 다음 ①의 와이어를 꽂아 건 조시킨다.
3. 흰색 페이스트를 밀어 편 후 중간 크기의 데이지 꽃커터로 찍는다.
4. ③을 하드스펀지에 올리고 둥근 스틱을 이용해 각 꽃잎을 얇게 편 다음 골이 파인 스틱으로 꽃 잎에 무늬를 낸다.
5. ④의 끝부분을 안쪽으로 살짝 말아 모양을 내 고 중심에 물칠해 ②를 꽂아 건조시킨다.

6. 녹색 페이스트를 밀어 펴 작은 데이지꽃커터로 찍은 다음 하드스펀지 위에 올려 둥근 스틱으로 밀어 펴준다.

7. ⑥의 중심에 물을 바르고 ⑤를 끼워 꽃잎에 접착시킨 후 건조시킨다.

8. 꽃잎 안쪽, 꽃술 가장자리에 녹색 가루색소를 바르고 뒤집어서 꽃받침에도 같은 색을 바른다.

9. 연노란색 페이스트를 이용해 ③~⑦번 공정을 반복하고 꽃술과 꽃받침을 제외한 부분을 노란색 가루색소로 더스팅한다.

10. 꽃받침에 녹색 가루색소를 더스팅한다.

11. ⑩의 꽃술에 물을 바른 후 설탕에 노란색 가루색소 섞은 것을 뿌리고 뒤집어 여분의 설탕을 털어낸다.

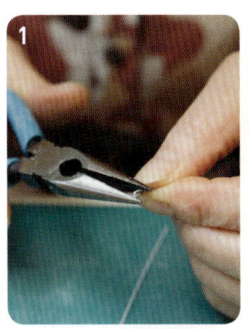
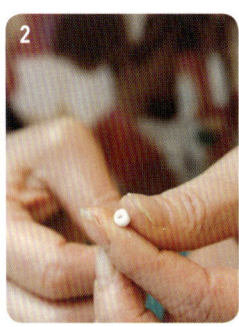

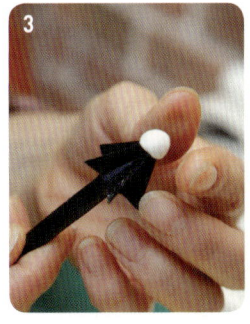
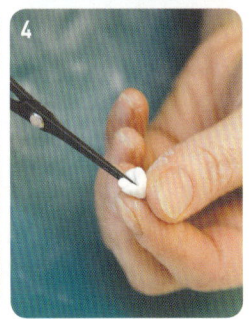

Ⅳ 안개꽃

1. 흰색 와이어 끝부분을 구부려 고리를 만든다.

2. 흰색 페이스트를 조금 떼어서 동그랗게 빚은 후 ①의 고리에 물을 묻히고 반죽을 아래에서 꽂아 위로 올려 자연스럽게 주름을 잡아 봉오리를 만든다.

3. 흰색 페이스트를 둥글게 빚은 후 다섯꽃잎틀로 찍는다.

 * 반죽이 달라붙지 않도록 툴에 콘스타치를 묻힌다.

4. ③의 선을 따라 끝부분에 가위집을 넣는다.

5. 꽃잎 중심에 가위집을 살짝 직각으로 세워 꽃 모양을 잡는다.

6. 꽃잎 끝부분을 손가락으로 눌러 부드럽게 한 후 끝부분을 가위로 다듬는다.

7. 흰색 와이어 끝부분에 고리를 만들어 물을 묻히고 ⑥의 중심에 꽂아 건조시킨다

＊ 꽃잎을 펼치거나 오므려 다양하게 연출한다.

V 잎

1. 녹색 페이스트를 밀어 편 후 데이지잎커터로 찍어낸다.

2. 하드스펀지 위에 ①을 올려 둥근 스틱으로 끝부분을 눌러 펴고 주걱스틱으로 가운데에 선을 넣는다.

3. ②에 잎맥을 그리고 와이어에 꽂아 가운데를 살짝 접어 모양을 잡는다.

VI 베이비 슈즈

  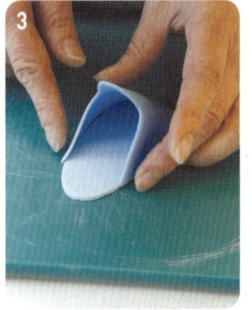

1. 하늘색 페이스트를 밀어 편 후 신발 바닥커터로 찍어내고 건조시킨다.

＊ 좌·우 한 장씩

2. 하늘색 페이스트를 밀어 편 후 신발 앞부분커터로 찍어낸다.

3. ②의 아래쪽에 물을 발라 ①의 앞쪽에 둘러 접착시킨다.

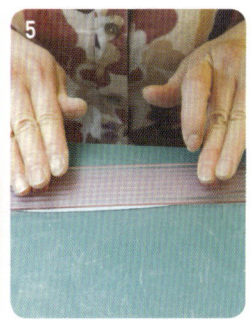

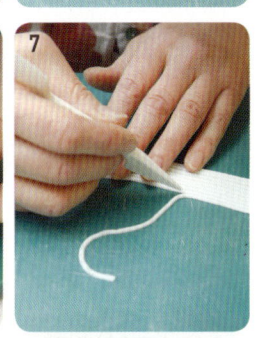

4. 하늘색 페이스트를 밀어 편 후 신발 뒷부분커터
로 찍어내고 위쪽 양쪽에 원형깍지(4번)로 구멍
을 낸후 아래쪽에 물을 발라 ③에 둘러 접착하
여 건조시킨다.

5. 하늘색 페이스트를 밀어 편 후 스트랩커터로 찍
어 띠를 만든다.

6. ⑤의 띠에 물을 바른 후 ④의 아랫부분에 둘러
접착하고 건조시킨다.

7. 흰색 페이스트를 밀어 편 후 스트랩커터로 찍어
띠를 만든다.

8. ⑥의 신발 구멍에 ⑦을 끼워 리본 모양으로 하여
신발끈을 만든다.

9. 연갈색 페이스트를 밀어 편 후 곰돌이 모양커터
로 찍어낸다.

10. ⑨에 물을 묻혀 ⑧의 앞부분에 접착한 후 건조
시킨다.

11. ⑩의 장식에 갈색으로 눈, 코, 입 등을 그린다.

12. 하늘색 페이스트를 밀어 펴고 원형깍지와 스틱
으로 가장자리를 장식한다.

13. ⑫의 한쪽에 페이스트를 뭉쳐 올리고 굳기 전
데이지, 데이지 꽃봉오리, 안개꽃, 잎을 꽂아 장
식한다.

14. 꽃 옆에 베이비 슈즈를 올려 마무리한다.

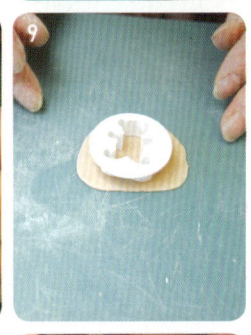
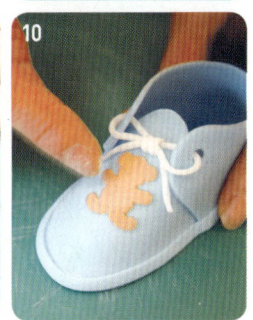

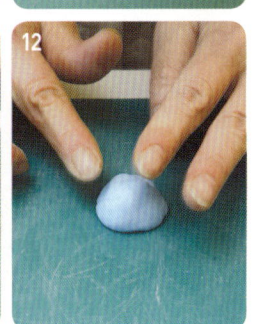

아기에게 주는 선물 *Bib & Baby Shoes*

겹겹이 두른 얇은 프릴 위로 작은 꽃들과 앙증맞은 아기용품들을 장식했다.
베이비 슈즈, 병아리 턱받이, 프림로즈 다발과 리본 장식까지, 예쁜 우리 아기 태어난 날을 축하하기에 부족함이 없다.

사용도구 종이띠, 핀, 뾰족한 스틱, 리본홀커터, 스트랩커터, 붓, 국화커터, 원형커터, 스틱, 롤링커터, 티슈, 작은꽃 플런저, 턱받이커터,
◇◇◇◇◇ 프림로즈커터, 가위, 핀셋, 잎커터, 실리콘 잎맥틀, 주걱스틱, 원형깍지(0, 2번)

사용재료 리본, 면틸, 트레이싱 페이퍼, 연필, 젤타입색소(빨간색, 주황색), 플로리스트 테이프

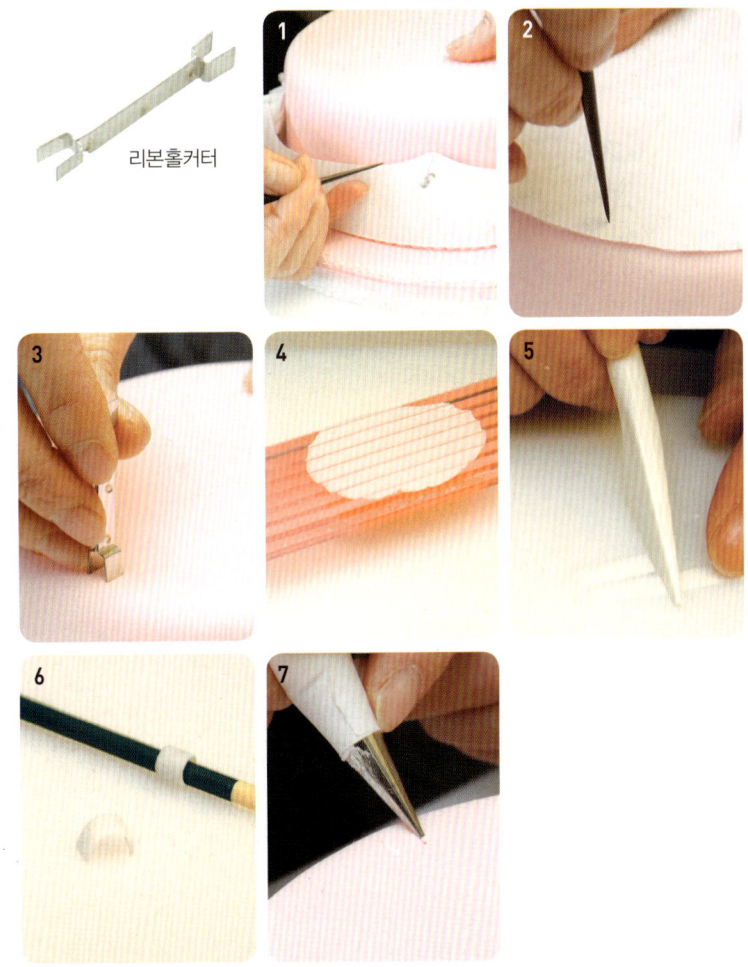

리본홀커터

I 케이크

1. 케이크와 보드를 분홍색 페이스트로 커버링한
   다음 옆면에 재단한 종이띠를 둘러 핀으로 고정
   하고 뾰족한 스틱으로 표시한다.
   * 길게 자른 종이를 이용해 케이크 둘레를 재고, 레이스 높
     이를 결정한 후 여분의 종이를 제거한다. 이 종이를 5등
     분으로 접어 한쪽 면을 곡선 형태로 자른다.

2. 케이크 윗면 크기에 맞게 동그랗게 잘라 8등분
   으로 접어 만든 종이를 올려 등분을 표시한다.

3. 표시한 등분에 리본홀커터를 이용해 '‖'자 모양
   을 낸다.
   * 페이스트가 굳으면 쉽게 부서지므로 케이크를 커버링
     한 후 페이스트가 마르기 전에 작업한다.

4. 흰색 페이스트를 얇게 밀어 편 후 스트랩커터로
   찍어낸다.

5. 원하는 길이에 맞춰 자른다.
   * 볼륨을 주려면 길게 자른다.

6. 붓대를 이용해 ⑤를 둥글게 말아 바닥에 놓고
   살며시 붓을 빼낸다.

7. '‖'자 모양에 원형깍지(0번)로 로열 아이싱을 짜
   고 ⑥을 끼워 넣어 접착시킨다.

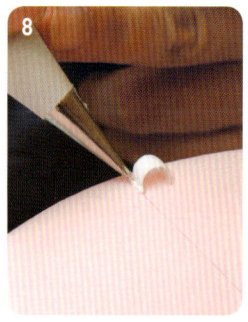

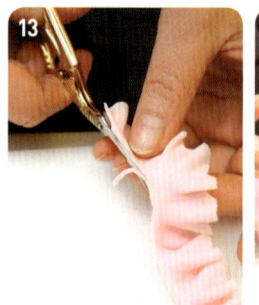

8. 페이스트 리본 주위에 셸 모양으로 로열 아이싱을 짜고 물 묻힌 붓으로 가지 런히 정리한다.

9. 분홍색 페이스트를 밀어 편 후 직경 9cm 국화커터로 찍어낸다.

10. 중앙에 직경 4cm 원형커터로 구멍을 낸다.

  * 원하는 등분에 따라 커터의 크기를 조절한다.

11. 국화 모양을 따라 스틱을 돌려가며 프릴을 만든다.

  * 부채꼴 모양으로 스틱을 돌려 프릴을 만든다. 안쪽보다 바깥쪽에 힘을 주고 돌려 바깥쪽 만 부드럽게 만든다.

12. 페이스트의 한 부분을 자르고 롤링커터로 안쪽을 매끄럽게 정리한다.

13. ⑫를 펼쳐 더미의 둘레 길이만큼 자르고, 다른 레이스와 겹쳐지는 양 끝의 윗부분을 잘라 매끄럽게 잇는다.

14. ①의 라인을 따라 물을 바르고 더미에 ⑬을 접착시킨다.

15. ⑭의 끝자락과 더미가 달라붙지 않도록 티슈를 받쳐 건조시킨다.

16. 흰색 페이스트로 공정 ⑨~⑭와 동일하게 만든 다음 ⑮ 위쪽에 물을 발라 접착시킨다. 흰색 레이스 상단에 둥근 스틱의 얇은 봉으로 일정한 간격을 두 어 점을 찍는다.

  * 점을 찍으면 접착이 잘되고 바느질 느낌이 난다.

17. 흰색 레이스 위쪽에 셸 모양으로 로열 아이싱을 짠다.

18. 작은 꽃 플런저를 이용해 만든 색색의 꽃을 붙이고, 주위에 녹색 로열 아이 싱을 짜서 줄기와 잎을 표현한다.

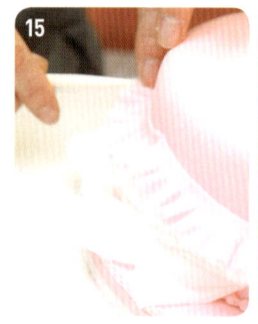

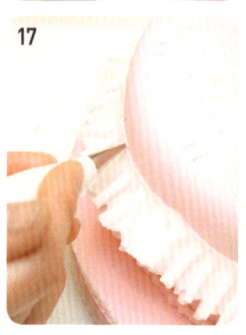

Ⅱ 턱받이

1. 흰색 페이스트를 밀어 편 후 턱받이커터로 찍는다. 국화 모양을 따라 스틱으로 안쪽에 부채꼴 모양의 선을 그려 넣는다.
   * 턱받이커터가 없는 경우 국화커터와 원형커터를 이용해 턱받이 모양으로 재단해도 무방하다.
2. 부채꼴 모양대로 둥근 스틱을 돌려가며 프릴을 만든다.
3. 목 부분을 살짝 구부린 상태에서 티슈를 받쳐 그대로 건조시킨다.
4. 트레이싱 페이퍼에 원하는 디자인의 그림을 연필로 그린 다음 뒤집어 다시 한 번 연필로 그림을 따라 그린다. 트레이싱 페이퍼의 앞면이 위를 향하도록 ③에 올려 그림을 따라 연필로 그린다.
   * 그린 그림의 방향과 동일하게 그리기 위해서 이와 같은 방법을 사용한다.
5. 노란색, 오렌지색 아이싱으로 병아리를 표현한다. 아이싱이 다 마르면 검은색 또는 갈색 아이싱으로 눈을 그려 넣는다.
   * 일반 아이싱보다 묽은 상태의 아이싱을 사용한다. 흐르지 않을 정도로 묽기를 조절한다.
   * 테두리를 먼저 짜고 볼륨감을 살려 안을 채운다. 물을 묻힌 붓으로 병아리의 솜털 등을 표현하고 연필선이 보이지 않도록 정리한다.
6. 녹색, 분홍색 아이싱으로 풀밭을 표현하고, 목 부분에 리본을 묶는다.
   * 물에 적신 붓을 티슈로 살짝 닦아내어 아이싱을 수정한다.

턱받이커터

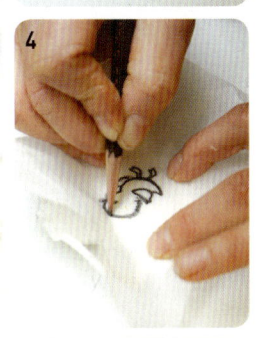

Ⅲ 신발

1. 종이로 재단한 신발 윗부분을 면틀에 대고 모양을 따라 가위로 자른다.
2. 흰색 페이스트를 두툼하게 밀어 편 후 재단한 신발 바닥을 올려 모양을 따라 롤링커터로 자르고 건조시킨다.

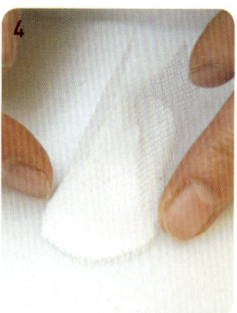
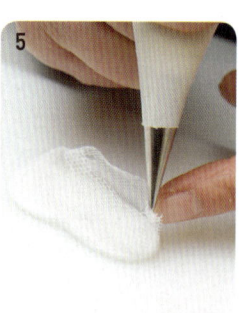

3. ②의 가장자리를 따라 원형깍지(2번)로 로열 아이싱을 짠다.

4. ③에 ①을 접착시킨다.

5. 신발 뒤꿈치 부분의 면틀을 로열 아이싱으로 접착시킨다.

6. 발목 둘레에 셸 모양으로 로열 아이싱을 짠다.

7. 로열 아이싱으로 바닥 가장자리, 발등 부분에 셸 모양을 짜고 중간 중간 동그랗게 점을 찍어 장식한다.

8. 발등 부분에 리본을 접착시킨다.

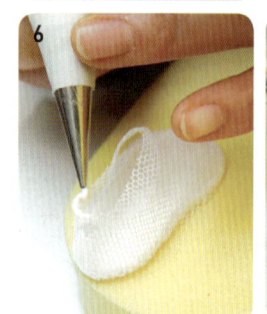
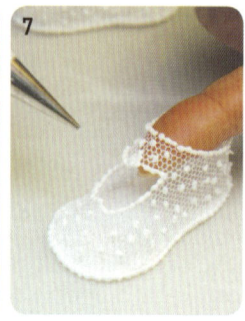
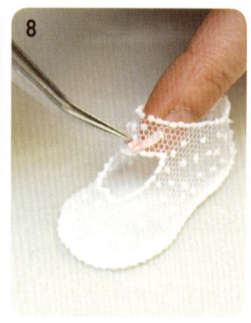

IV 프림로즈와 잎

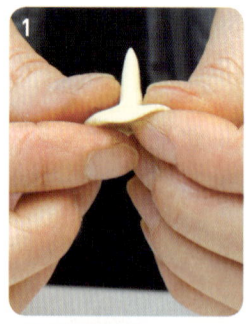

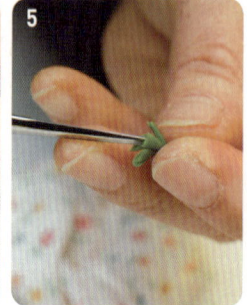

A 프림로즈

1. 노란색 또는 흰색 페이스트를 고깔 모양으로 빚은 다음 고깔의 아랫부분을 스틱으로 밀어 편다.

2. 프림로즈커터의 가운데 구멍에 고깔의 뾰족한 부분을 넣고 찍은 후 가장자리를 손으로 매만져 부드럽게 한다. 스틱으로 중심에 구멍을 내고 각각의 꽃잎을 펴준다.

3. 페이스트 중심에 물을 바르고 꽃심이 달린 와이어를 꽂는다.

* 와이어 끝에 흰색 페이스트를 꽂아 꽃심을 만든다.

4. 녹색 페이스트를 조금 떼어내 타원형으로 빚은 다음 둥근 스틱을 이용해 안쪽에 공간을 만든다.

5. ④의 가장자리를 가위로 5등분 한다.

6. 손가락으로 각각의 꽃잎 끝을 오므려 뾰족하게 만든다.

7. ⑥의 안쪽에 물을 바르고 ③을 통과시킨다.

8. 핀셋으로 꽃받침을 하나씩 집어 골을 만든다.

9. 빨간색 또는 오렌지색 물감을 꽃의 중심에서 바깥쪽으로 퍼지게 칠한다. 꽃 5개와 봉오리 1개를 적절하게 배치한 후 와이어로 묶고 플로리스트 테이프를 감아 다발을 만든다.

* 봉오리는 노란색 또는 흰색 페이스트를 타원형으로 빚은 다음 끝부분에 물을 묻힌 와이어를 꽂아 공정 ⑤~⑨와 동일한 방법으로 만든다.

B 잎

1. 녹색 페이스트를 밀어 편 후 잎커터로 찍는다.

2. 실리콘 잎맥틀 사이에 ①을 넣고 찍어 잎맥을 표현한다.

3. 가장자리를 주걱스틱으로 부드럽게 만든다.

4. 자연스러운 굴곡을 만들고 티슈에 받쳐 그대로 건조시킨다.

V 마무리

1. Ⅰ(케이크)의 윗면 중앙에 Ⅱ(턱받이), 그 뒤로 Ⅲ(신발), Ⅳ-A(프림로즈)를 로열 아이싱으로 접착시킨다. 프림로즈 줄기 부분은 흰색 페이스트로 다시 한 번 접착시킨다.

2. 흰색 페이스트 부분에 Ⅳ-B(잎)를 접착시킨다.

3. 페이스트 리본 사이사이에 작은 꽃 플런저를 이용해 만든 꽃으로 장식하여 마무리한다.

허니서클 아기요람 *Honeysuckle & Cradle*

로열 아이싱을 짜서 만든 그물 요람과 하트 무늬를 낸 분홍색 요람. 베개와 이불에 달린 프릴이 섬세하게 표현되었다.
허니서클(Honeysuckle)과 리본으로 머리맡을 장식하고 각각의 보드 가장자리에 곰돌이와 꽃무늬, 크림핑을 넣어 포인트를 주었다.

사용도구 왁스페이퍼, 원형깍지(1,2번), 붓, 스패츌러, 허니서클커터, 하드스펀지, 둥근 스틱, 뾰족한 스틱, 아기틀, 침대커터(바닥, 앞. 뒤)
◇◇◇◇◇◇ 하트 플런저, U자형틀, 롤링커터, 크림퍼, 곰돌이 무늬 엠보싱, 레이스커터

사용재료 꽃술, 와이어, 플로리스트 테이프, 가루색소(노란색, 녹색, 자주색, 하늘색), 리본

| 그물침대

1. 침대 부속품을 종이에 그린 후 왁스페이퍼와 함께 고정시키고 원형깍지(1번)를 끼운 짤주머니에 로열 아이싱을 담아 그물처럼 짜준다.

2. 바깥쪽 선을 따라서 로열 아이싱을 짜준다.

3. ①보다 묽은 로열 아이싱을 원형깍지(2번)를 끼운 짤주머니에 담아 ②의 선 안쪽으로 짜준다.

4. 얇은 붓에 물을 살짝 묻힌 후 로열 아이싱의 끝 부분을 부드럽게 다듬고 건조시킨다.

5. 스패츌러를 사용해 기름종이에서 떼어낸다.

6. 밑판에 앞, 뒤, 양 옆면을 접착한 후 건조시킨다.

7. 지붕을 씌운 후 로열 아이싱으로 이음매 부분을 마무리한다.

8. 바닥에 다리를 접착한다.

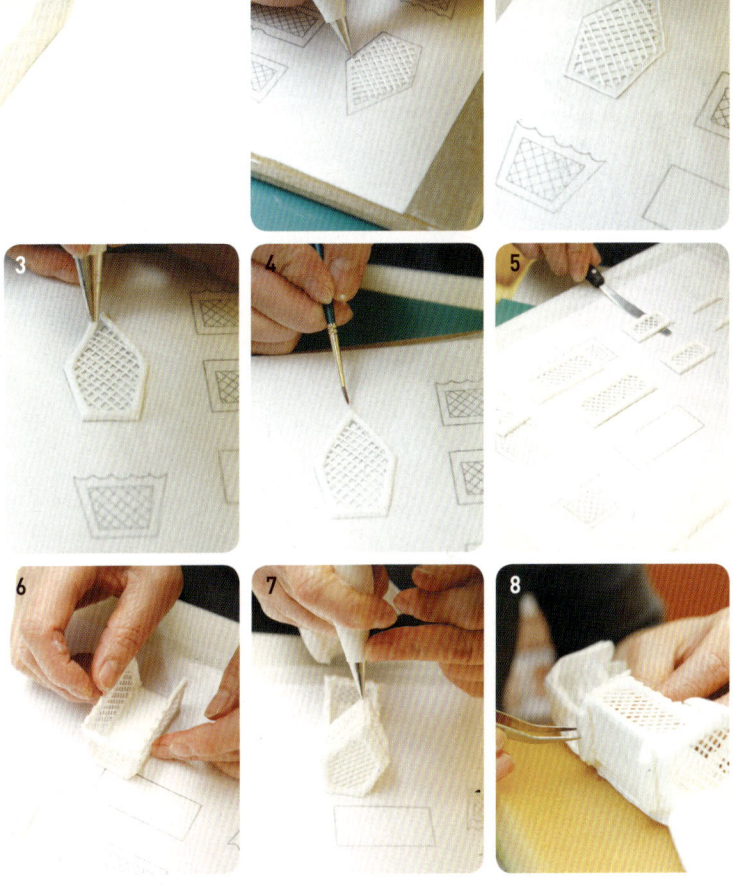

Ⅱ 허니서클

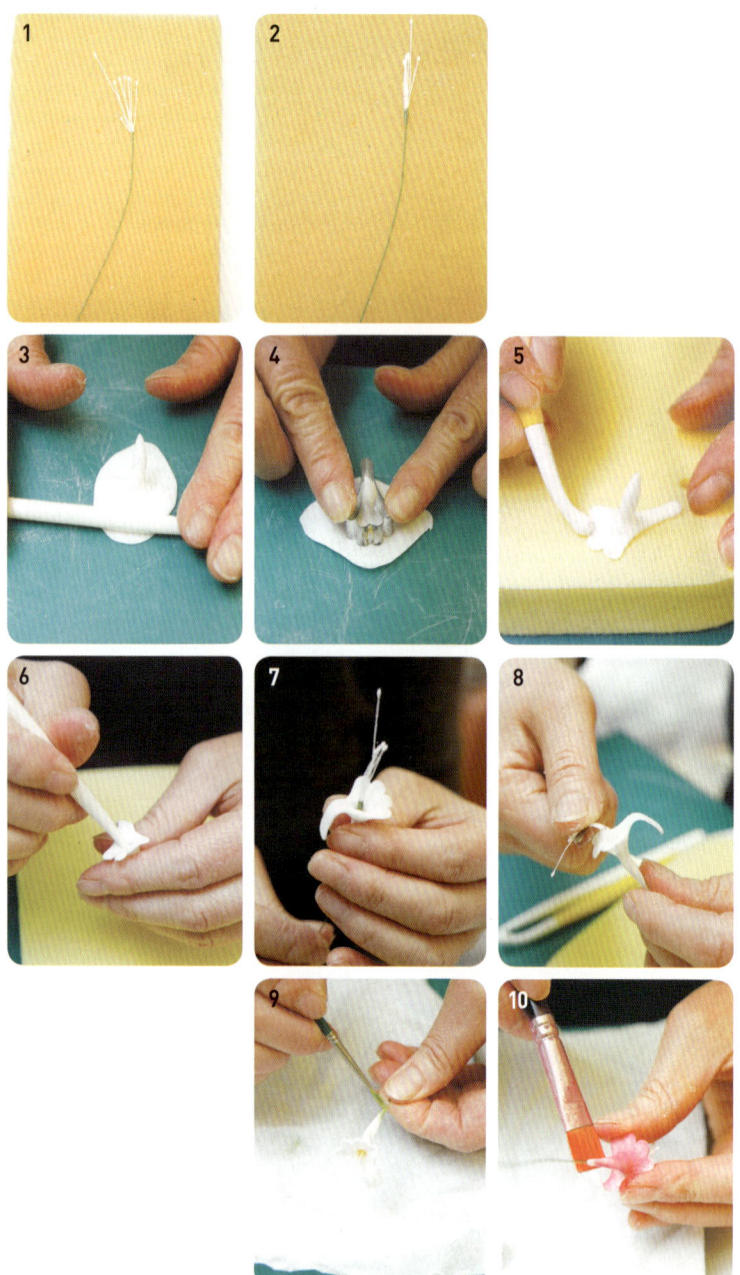

1. 꽃술 2개를 반으로 접고 1개는 2/5로 접은 다음 끝을 모아 와이어로 묶는다.

2. 가장 짧은 꽃술을 자른 후 이음매에 플로리스트 테이프를 감는다.

3. 흰색 플라워 페이스트를 물방울 모양으로 빚은 다음 아랫부분을 밀어 고깔 모양으로 만든다.

4. 허니서클커터로 ③을 찍는다.

5. ④를 하드스펀지에 올린 후 스틱으로 바깥 부분을 눌러 부드럽게 한다.

6. ⑤를 뒤집어 중심에 뾰족한 스틱으로 구멍을 뚫고 잎 하나를 늘려준다.

7. ⑥의 구멍에 물을 조금 묻힌 후 ②를 위에서부터 꽂는다.

8. 꽃술을 꽃잎 쪽으로 휘어 건조시킨다.

* 여기까지 마무리하여 흰색 꽃을 완성한다.

9. ⑧의 꽃 중심을 노란색 가루색소로 꽃받침을 녹색 가루색소로 살짝 더스팅한다.

10. ⑧의 자주색 꽃은 중심을 노란색 가루색소로 더스팅하고 바깥부분을 자주색 가루색소로 전체적으로 더스팅한 후 와이어 부분을 녹색 가루색소로 살짝 더스팅한다.

* 여기까지 마무리하여 자주색 꽃을 완성한다.

Ⅲ 베이비

1. 살구색 페이스트를 아기틀에 넣고 찍어낸다.
 * 틀에서 반죽이 잘 떨어지도록 충분히 콘스타치를 뿌려 준다.
2. 살구색 페이스트를 빚어 몸을 만들고 가위집을 넣어 팔, 다리를 만든다.
3. ①의 얼굴과 ②를 연결한 후 건조시킨다.
4. 흰색 페이스트를 밀어편 후 조그맣게 잘라 가장자리에 프릴을 준다.
5. ③의 머리에 ④를 접착해 모자를 씌운다.
6. 색소로 눈과 입을 그린다.

 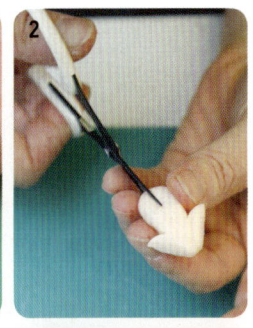 

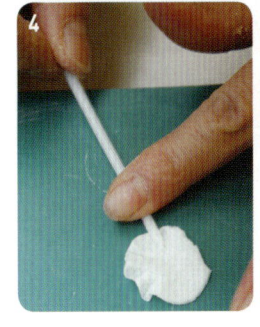  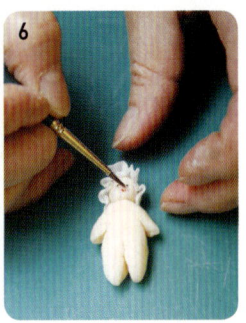

Ⅳ 요람

1. 분홍색 페이스트를 밀어 편다.
2. 침대바닥커터로 찍어낸 후 건조시킨다.
3. 분홍색 페이스트를 밀어 펴고 침대의 앞, 뒤 판을 커터로 찍는다.
4. ③의 윗부분을 하트 플런저로 찍어낸 후 건조시킨다.

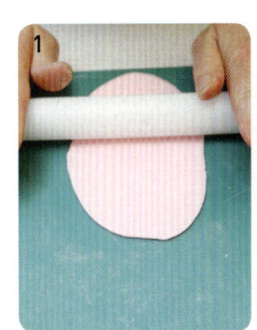 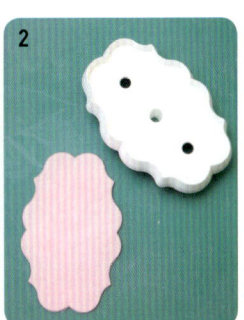

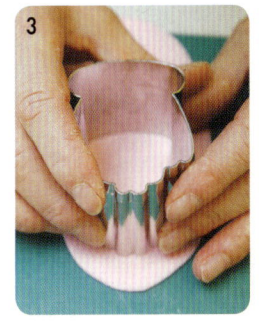 

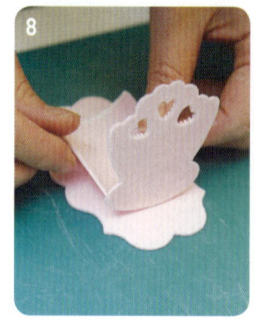

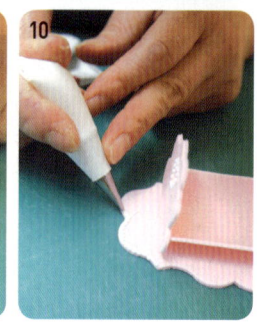

5. 분홍색 페이스트를 밀어 편 후 ②의 폭에 맞춰 사각형으로 자른다.

6. 완만한 U자형틀에 올린 후 굳힌다.

7. ④의 하트의 바깥쪽에 로열 아이싱을 짜서 장식 한다.

8. ②에 ⑥과 ④(앞부분)를 로열 아이싱으로 접착 한다.

9. ⑧에 ④(뒷부분)를 접착한다.

10. 로열 아이싱을 짜서 바닥의 가장자리를 장식 한다.

V 바닥

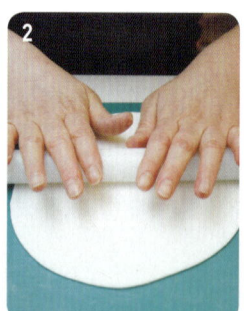

1. 종이를 반으로 접은 다음 다시 3등분으로 접어 윗부분을 부채꼴로 자른다.
   * 펼치면 6개의 곡선이 생긴다.

2. 흰색 페이스트를 밀어 편다.

3. ② 위에 ①을 올리고 ①의 가장자리 선을 따라 롤링커터로 ②를 자른다.

4. 곡선의 안쪽에 곰돌이 무늬 엠보싱으로 무늬를 찍는다.

5. 가장자리를 크림퍼로 집어 무늬를 낸 후 건조시 킨다.

6. 하늘색 가루색소로 가장자리와 곰돌이 부분을 연하게 더스팅한다.

VI 마무리

1. 흰색 페이스트를 빚어서 베개와 요를 만든다.
   * 침대의 크기와 높이를 고려한다.

2. 흰색 페이스트를 밀어 편 후 사각형으로 잘라 양옆에 프릴을 만든다.

3. ①에 ②를 덮어 로열 아이싱으로 접착한다.

4. 바닥에 그물침대를 고정시킨다.

5. 베개와 요를 ④의 침대 안에 접착한다.

6. ⑤ 위에 베이비를 고정시킨다.

7. 흰색 페이스트를 밀어 편 후 레이스커터로 찍는다.

8. 가는 스틱으로 ⑦의 가장자리에 프릴을 준다.

9. ⑧의 한쪽을 조금 접어 ⑥ 위에 올린다.

10. ⑨의 이불 위에 로열 아이싱으로 무늬를 짠다.

11. 리본을 8자로 겹쳐 중간 부분을 와이어로 묶은 다음 접어서 리본을 만든다.

12. 흰색 페이스트 덩어리를 침대 머리맡에 붙인다.

13. ⑪의 리본 끝부분에 로열 아이싱을 바른 다음 ⑫에 꽂아 고정시킨다.

14. 허니서클의 와이어 끝부분에 로열 아이싱을 바르고 ⑬의 사이사이에 꽂아 마무리한다.

사랑의 컵케이크 *Cupcake*

슈거페이스트로 머핀을 덮고 하트와 리본을 장식해 밸런타인데이를 위한 여러가지 모양의 컵케이크를 만들었다.
슈거크래프트 초보자가 도전해보아도 좋을 작품이다.

사용도구　하트커터(中, 小), 나무 꼬챙이, 이니셜틀, 칼, 국화커터, 붓, 밀대, 퀼팅툴, 티슈, 꽃 플런저, 둥근 스틱, 하드스펀지, 소프트스펀지
◇◇◇◇◇◇
사용재료　빨간색 가루색소

이니셜틀

I 이니셜 컵케이크

A 이니셜 하트

1. 흰색 페이스트를 밀어 편 다음 커터로 찍는다.
2. 찍어낸 페이스트의 가장자리를 손으로 만져 매
   끄럽게 정리한다.
3. 한쪽 면에 나무 꼬챙이를 놓고 작은 크기의 하트
   를 붙여 고정시킨다.
4. 빨간색 페이스트를 얇게 밀어 편 다음 이니셜틀
   을 이용해 원하는 이니셜을 찍는다.
5. 틀에서 이니셜을 떼어 낸다.
   * 작고 날카로운 칼을 사용하면 보다 편리하다.
6. 이니셜 뒤쪽에 물을 묻혀 ③의 중앙에 붙인다.

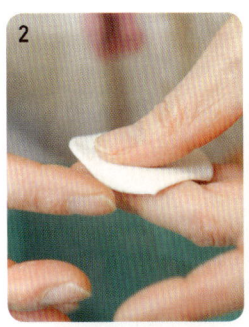

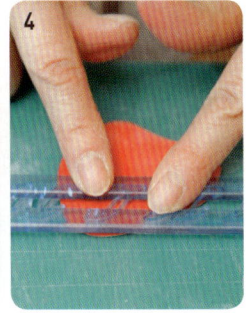

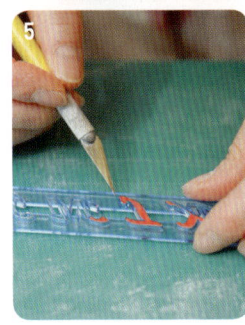

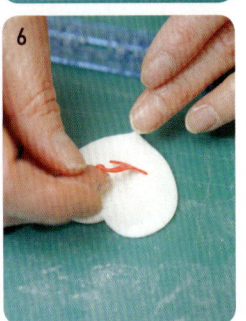

B 기본 컵케이크

1. 나이프로 머핀의 표면을 정리한다.

2. 흰색 페이스트를 얇게 밀어 편다.

* 중심에서부터 바깥쪽으로 밀어 펴야 일정한 두께로 만들 수 있다.

3. 국화커터로 머핀을 덮을 크기의 페이스트를 찍는다.

4. 찍어낸 페이스트의 가장자리를 손으로 만져 매끄럽게 정리한다.

5. 붓으로 머핀의 윗면에 키르슈 시럽을 적당히 바른다.

* 키르슈 시럽은 키르슈 리큐르와 시럽을 1:1로 섞은 것으로 머핀을 촉촉하게 해주는 한편 부패를 방지하고 접착제 역할을 한다.

6. ④로 머핀의 윗부분을 덮는다.

* 종이로 감싼 가장자리까지 꼼꼼하게 덮어 머핀이 마르지 않게 한다.

C 리본

1. 빨간색 페이스트를 최대한 얇게 밀어 편다.

* 너무 많은 양의 페이스트는 얇게 밀리지 않으므로 적당량으로 작업한다.

2. 칼로 폭 1.5cm, 길이 13cm의 직사각형으로 자른다.

* 칼을 이용하면 롤링커터보다 단면을 더 깔끔하게 자를 수 있다.

3. 퀼팅툴을 이용해 가장자리에 바느질 무늬를 넣는다.

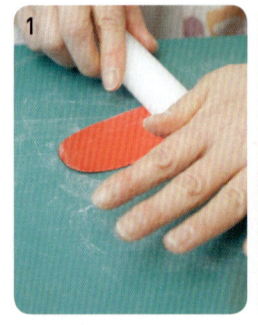  

4. 중앙에 물을 묻힌 다음 양쪽 끝을 가운데로 모아 붙인다.

* 리본 모양이 되도록 한다.

5. 가운데를 손으로 눌러 볼륨감을 주고 말아놓은 티슈를 넣어 모양을 잡아 건조시킨다.

 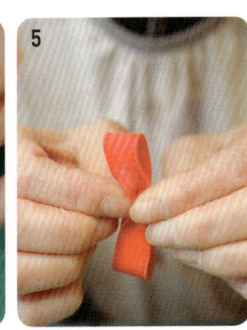

D 조합

1. 긴 리본에 물을 묻히고 비스듬하게 접은 다음 양쪽 끝을 'V' 모양으로 잘라낸다.

2. 컵케이크의 윗면에 ①을 붙인다.

3. A(이니셜 하트)에 꽂은 나무 꼬챙이 끝에 로열 아이싱을 바른다.

4. ②의 중앙에 깊숙이 꽂아 고정시킨다.

5. 이음새에 로열 아이싱을 바른다.

6. 리본을 붙여 고정시킨 다음 붓으로 여분의 로열 아이싱을 제거한다.

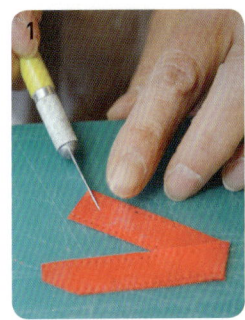 

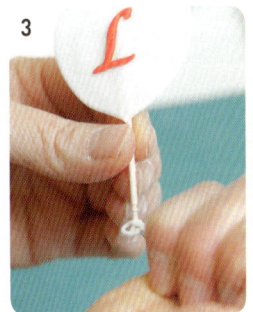 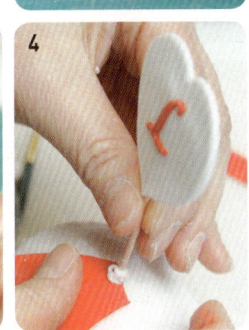 

Ⅱ 봉봉리본 컵케이크

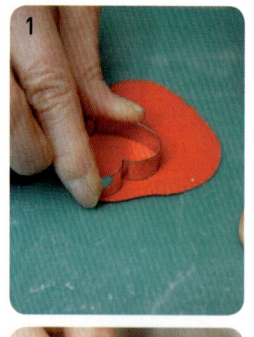

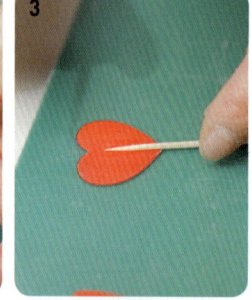

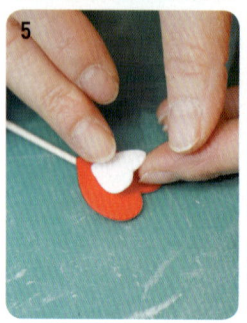
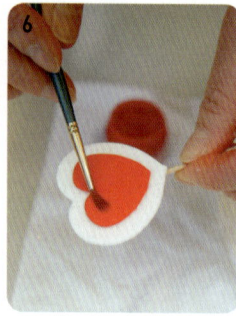

A 하트 인 하트

1. 빨간색 페이스트를 밀어 편 다음 하트커터로 찍는다.
2. 찍어낸 페이스트의 가장자리를 손으로 만져 매끄럽게 정리한다.
3. 한쪽 면에 나무 꼬챙이를 놓고 같은 색 페이스트를 붙여 고정시킨다.
4. 흰색 페이스트를 얇게 밀어 편 다음 ①보다 작은 하트커터로 찍는다.
5. 흰색 하트 뒤쪽에 물을 묻힌 다음 ③의 중앙에 붙인다.
6. 빨간색 페이스트 부분을 빨간색 가루색소로 더스팅한다.

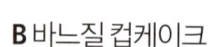

B 바느질 컵케이크

1. 이니셜 컵케이크 B(기본 컵케이크)의 공정 ①~④로 만든 흰색 페이스트에 퀼팅툴로 바느질 무늬를 낸다.
2. 붓으로 머핀의 윗면에 키르슈 시럽을 적당히 바른 다음 머핀의 표면을 ②로 완전히 덮는다.

C 봉봉리본

1. 최대한 얇게 밀어 편 빨간색 페이스트를 폭 1.5cm, 길이 6cm의 직사각형으로 자른 다음 퀼팅툴로 가장자리에 바느질 무늬를 넣은 후, 말아놓은 티슈를 이용하여 볼륨을 살려 리본을 만들고 케이크 위에 붙인다.
2. A(하트 인 하트)의 끝에 로열 아이싱을 바른 다음 봉봉리본 중앙에 깊숙이 꽂아 고정시킨다.

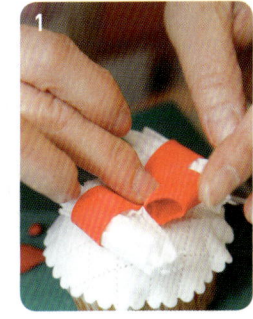

II 꽃 컵케이크

A 꽃

1. 빨간색 페이스트를 얇게 밀어 편 다음 꽃 플런저로 찍는다.
2. 플런저에서 빼내기 전에 손으로 만져 매끄럽게 한다.
3. 찍어낸 꽃잎을 하드스펀지에 올리고 가장자리를 둥근 스틱으로 눌러 얇게 편다.
4. ③을 소프트스펀지에 올리고 둥근 스틱을 이용해 오목하게 모아준다.

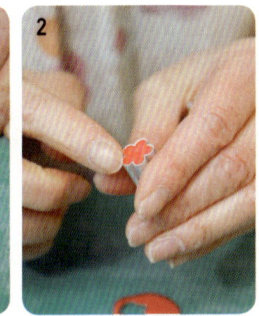
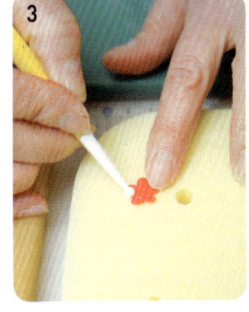

B 꽃

1. 봉봉리본 컵케이크의 하트 인 하트 끝에 로열 아이싱을 바른 다음 기본 컵케이크 중앙에 깊숙이 꽂아 고정시킨다.
2. 나무 꼬챙이를 꽂지 않은 작은 크기의 하트 인 하트를 ①의 사이사이에 붙이고 다양한 색의 꽃을 붙여 완성한다.

화이트데이 슈거 박스 *Sugar Box*

반짝이는 설탕의 질감을 살려 굳힌 하트 모양의 박스 위에 각각 리본과 장미, 수국을 장식해 마무리했다.
달콤한 사탕을 가득 채워 넣을 수 있는 화이트데이를 위한 슈거박스이다.

사용도구 거품기, 스패츌러, 케이스, 스푼, 스트랩커터, 롤링커터, 왁스페이퍼, 티슈, 원형깍지, U자형깍지, 별 모양깍지,
◇◇◇◇◇◇ 벚꽃모양깍지, 장미깍지, 잎사귀깍지, 플라워 네일

사용재료 흰자, 설탕, 슈거파우더, 레몬즙, 젤타입색소(분홍색, 녹색, 보라색), 각설탕

I 슈거박스

흰자 30g
설탕 800g
색소 소량

1. 흰자를 덩어리가 지지않게 거품기로 풀어준다.
2. 설탕에 ①을 3~4번에 나누어 섞는다.
3. 젤타입색소를 넣고 거품기로 골고루 섞는다.
   * 가루색소일 경우 소량을 물에 풀어 사용한다.
   * 건조되면서 색이 조금 옅어지므로 처음 색소를 섞을 때
     원하는 색보다 조금 진하게 한다.
4. 끝부분이 안쪽으로 말리지 않은 평평한 케이스
   에 ③을 넣고 스푼으로 꾹꾹 눌러준다.
5. 윗면을 스패츌러로 긁어낸 후 평평하게 눌러
   준다.
6. 평평한 바닥에 ⑥을 조심스레 뒤집어 케이스를
   제거한다.
7. 공정 ①~⑥과 같은 방법으로 뚜껑을 만든다.

8. 만져서 부서지지 않을 때까지 약 5시간 이상 건조한다.

9. ⑧을 뒤집어 바깥쪽 1cm 지점에 선을 긋는다.

10. 선 안쪽을 스푼으로 파내고 완전히 건조시킨 후 여분의 가루를 털어낸다.

* 건조 상태를 잘 확인하여 파낸다. 덜 건조되면 부서지고, 너무 건조되어 굳으면 속을 파낼 수 없게 된다.

II 리본 만들기

1. 분홍색 페이스트를 얇게 밀어편 후 스트랩커터로 찍어낸다.

2. 각각의 리본에 맞는 길이로 자른다.

3. ②의 끝부분에 물을 묻힌 후 양 끝을 붙여 물방울 모양으로 잡아 눕혀서 건조시킨다.

4. ③과 같은 방식으로 리본을 만들되 좀 더 짧게 만들어 건조시킨다.

* 3가지의 길이로 각각 5개의 리본을 만든다.

5. 왁스페이퍼 위에 아이싱을 조금 짠 후 ④의 리본을 붙인다.

6. ⑤의 중심에 아이싱을 조금 짜 리본 사이에 짧은 리본을 붙이고 티슈를 밑에 받쳐 주저앉지 않게 모양을 살려 건조한다.

7. ⑥의 중심에 아이싱을 조금 짠 후 가장 짧은 리본을 붙인다.

은방울꽃   히야신스   벚꽃

Ⅲ 각설탕 아이싱 꽃

A 은방울꽃

1. 원형깍지를 끼운 짤주머니에 녹색 아이싱을 담아 각설탕 위에 반쪽짜리 하트 모양으로 줄기를 그린다.
2. 줄기 아래쪽에 양옆으로 잎을 그린다.
3. 줄기 위에 U자형깍지를 끼운 짤주머니에 흰색 아이싱을 담아 꽃잎을 짠다.

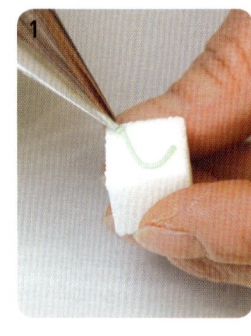

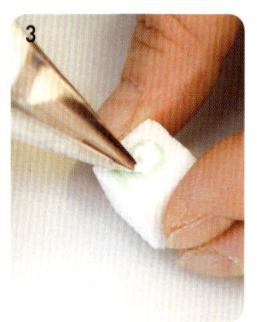

B 히야신스

1. 원형깍지를 끼운 짤주머니에 녹색 아이싱을 담아 각설탕 위에 직선으로 줄기를 그린다.
2. 줄기 끝에 양옆으로 잎을 그린다.
3. 제일 작은 별모양깍지를 끼운 짤주머니에 노란색 아이싱을 담아 짧게 끊어가며 히야신스 꽃잎을 짠다.

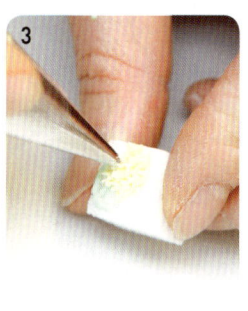

C 벚꽃

1. 벚꽃모양깍지를 끼운 짤주머니에 분홍색 아이싱을 담아 각설탕 위에 수직으로 짠다.
2. 원형깍지를 끼운 짤주머니에 녹색 아이싱을 담아 잎을 짠다.

| 수국 | 줄기 장미 | 미니 장미 | 잎 |

D 수국

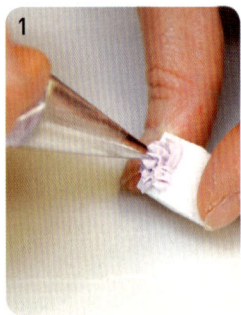

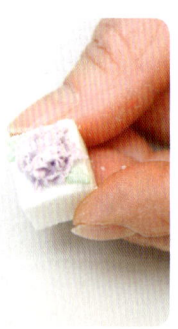

1. 별모양깍지를 끼운 짤주머니에 연보라색 아이싱을 담아 짧게 끊어가면서 둥글게 짜준다.
2. ①의 중심 부분에 한 층을 더 짠 후 녹색 아이싱으로 잎을 짜준다.
3. 설탕을 꽃의 중심에 뿌린다.

E 줄기 장미

1. 장미깍지를 끼운 짤주머니에 분홍색 아이싱을 담아 두꺼운 쪽을 아래로 하여 반쪽짜리 하트를 짜준 후 끝부분을 감싸듯이 S자를 짠다.
2. 원형깍지를 끼운 짤주머니에 녹색 아이싱을 담아서 꽃받침과 줄기를 짠다.

F 미니 장미

1. 장미깍지를 끼운 짤주머니에 분홍색 아이싱을 담아 두꺼운 쪽을 아래로 하고 한 바퀴 반을 돌려서 심을 만든 후 심을 감싸듯이 부채꼴 모양으로 꽃잎 5장을 짜준다.

G 잎

1. 잎사귀깍지를 끼운 짤주머니에 녹색 아이싱을 담아 힘있게 짠 후 살짝 당겼다가 다시 앞으로 밀고 당겨서 물방울 모양으로 짜준다.
* 왁스페이퍼 위에 짠 후 굳혀서 꽃 장식에 사용해도 좋다.

IV 장미

1. 플라워 네일에 아이싱을 조금 짠 후 왁스페이퍼를 붙인다.
2. 장미깍지를 끼운 짤주머니에 분홍색 아이싱을 담아 두꺼운 쪽을 아래로 하고 한 바퀴 반을 돌려서 심을 만든다.
3. ②를 감싸듯이 꽃잎 3장을 짠다.
4. ③을 감싸듯이 꽃잎 5장을 짠다.
5. 플라워 네일에서 왁스페이퍼를 떼어내 건조시킨다.

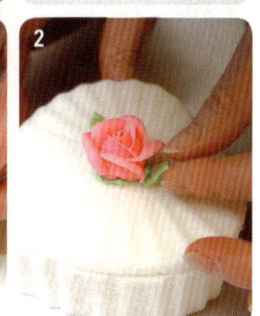

V 마무리

A 장미박스

1. 슈거박스 뚜껑 중앙에 아이싱을 묻혀 건조시킨 Ⅳ(장미)를 붙인다.
2. 장미를 중심으로 잎을 배치하여 붙인다.

B 리본박스

1. 슈거박스 뚜껑 중앙에 아이싱을 묻혀 건조시킨 Ⅱ(리본)을 붙인다.

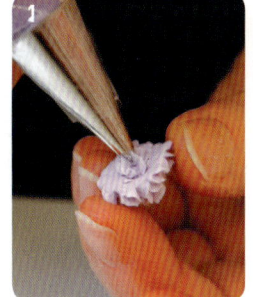

C 수국박스

1. 왁스페이퍼 위에 Ⅲ-D(수국)와 동일한 방법으로 아이싱을 짠 다음 건조시켜 슈거박스 뚜껑 중앙에 무리지어 붙인다.
2. 왁스페이퍼 위에 Ⅲ-G(잎)와 동일한 방법으로 아이싱을 짠 다음 건조시켜 ①의 사이사이 배치하여 붙인다.

카네이션 가방 *Carnation & Petunia*

풍성한 꽃잎이 강조된 카네이션(Carnation) 가방과 페튜니아(Petunia)를 함께 장식한 카네이션 부케.
어버이날부터 스승의 날까지, 감사하는 마음을 전하기 위한 슈거크래프트 작품이다.

사용도구 카네이션커터, 니퍼, 스틱, 꽃받침커터, 페튜니아커터, 줄무늬스틱, 뾰족한 스틱, 삼각스틱, 사포, 스패츌러, 가는 스틱

◇◇◇◇◇

사용재료 녹색 와이어(18, 26번), 꽃술, 플로리스트 테이프, 가루색소(루비색, 분홍색, 녹색, 은색 펄), 설탕, 스티로폼, 굵은 와이어, 진주, 녹색 리본

I 피고 있는 꽃봉오리

1. 녹색 와이어(26번) 끝부분을 구부려 고리를 만든다.

2. 꽃술을 반으로 접어 ①의 고리 사이에 끼우고 니퍼로 눌러 고정한다.

3. 고리 부분을 플로리스트 테이프로 감는다.

4. 빨간색 페이스트를 쌀알 크기로 빚은 다음 와이어에 끼워 건조시킨다
   * 만개하지 않은 카네이션의 꽃술로 사용

5. 빨간색 페이스트를 밀어 편 후 카네이션커터로 찍는다.

6. ⑤의 가장자리를 얇게 밀어 프릴을 준다.

7. ⑥의 중심에 물을 약간 바른 후 ③(또는 ④)를 끼워 꽃술 아래까지 올린 다음 반으로 접는다.

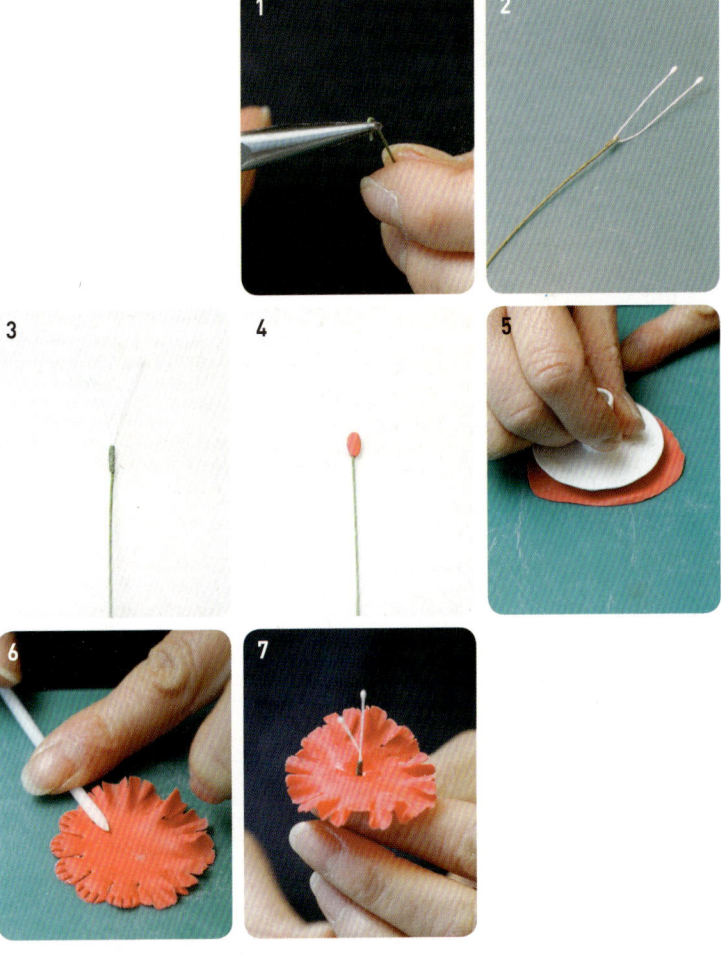

8. ⑦을 3등분하여 계단 접기한다.

9. 밑부분을 눌러 고정하고 건조시킨다.

10. ⑤~⑥의 방법을 반복한 후 중심에 물을 발라 ⑨에 끼워 밑부분을 접착하고 건조시킨다.

11. ⑩이 마르면 같은 과정을 반복하여 꽃잎을 끼운 후 건조시킨다.

* 총 꽃잎은 3~4장 정도가 적당하다.

* 가방에 사용할 카네이션에는 꽃받침을 붙이지 않는다.

* 활짝 피지 않은 꽃은 ④의 꽃술을 사용하여 총 2~3장의 꽃잎으로 만든다.

12. 녹색 페이스트를 밀어 편 후 카네이션커터로 찍는다.

13. ⑫의 1/3 정도를 잘라낸다.

14. ⑬의 안쪽에 물을 바른 후 ⑪의 아랫부분을 감싼다.

15. ⑭를 꽃에 고정 시킨 후 녹색 부분에 칼집을 넣는다.

16. 녹색 페이스트를 밀어 편 후 꽃받침커터로 찍는다.

17. ⑯의 중심에 물을 묻힌 후 ⑮의 밑부분에 끼워 꽃을 받쳐 접착한다.

18. 뒤집어서 건조시킨다.

19. 루비색 가루색소로 조심스럽게 더스팅한다.

* 꽃잎이 얇고 칼집이 들어가 있어 부서지기 쉬우므로 부드러운 붓을 사용해 찍어서 묻히듯이 더스팅한다.

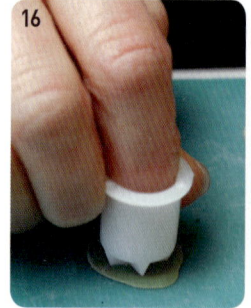

Ⅱ 페튜니아

1. 녹색 와이어(26번) 끝부분을 구부려 고리를 만 든다.

2. 흰색 페이스트를 물방울 모양으로 빚는다.

3. ①의 와이어 아랫부분에서부터 ②를 꽂아 위쪽 으로 올려 고리에 고정시킨다.

4. 끝부분에 '十'자로 가위집을 넣은 후 오므려 봉 오리 모양으로 만들어 건조시킨다.

5. 흰색 페이스트를 고깔 모양으로 빚어 둥근 부분 을 밀어 편다.

6. ⑤를 페튜니아커터로 찍는다.

7. ⑥의 중심에 스틱으로 구멍을 뚫고 꽃잎 부분을 줄무늬스틱으로 늘여 부드러운 라인을 만든다.

8. 각각의 꽃잎 중앙에 선을 넣는다.

9. 와이어에 끝에 쌀알 크기의 흰색 페이스트를 끼 워 건조시킨 후 ⑧의 중앙에 꽂는다.

10. 꽃잎의 모양을 잡은 다음 건조시킨다.

11. ④의 봉우리 끝부분를 분홍색 가루색소로 더 스팅한다.

12. ⑩의 꽃잎 앞, 뒷면의 가장자리를 분홍색 가루 색소로 더스팅한다.

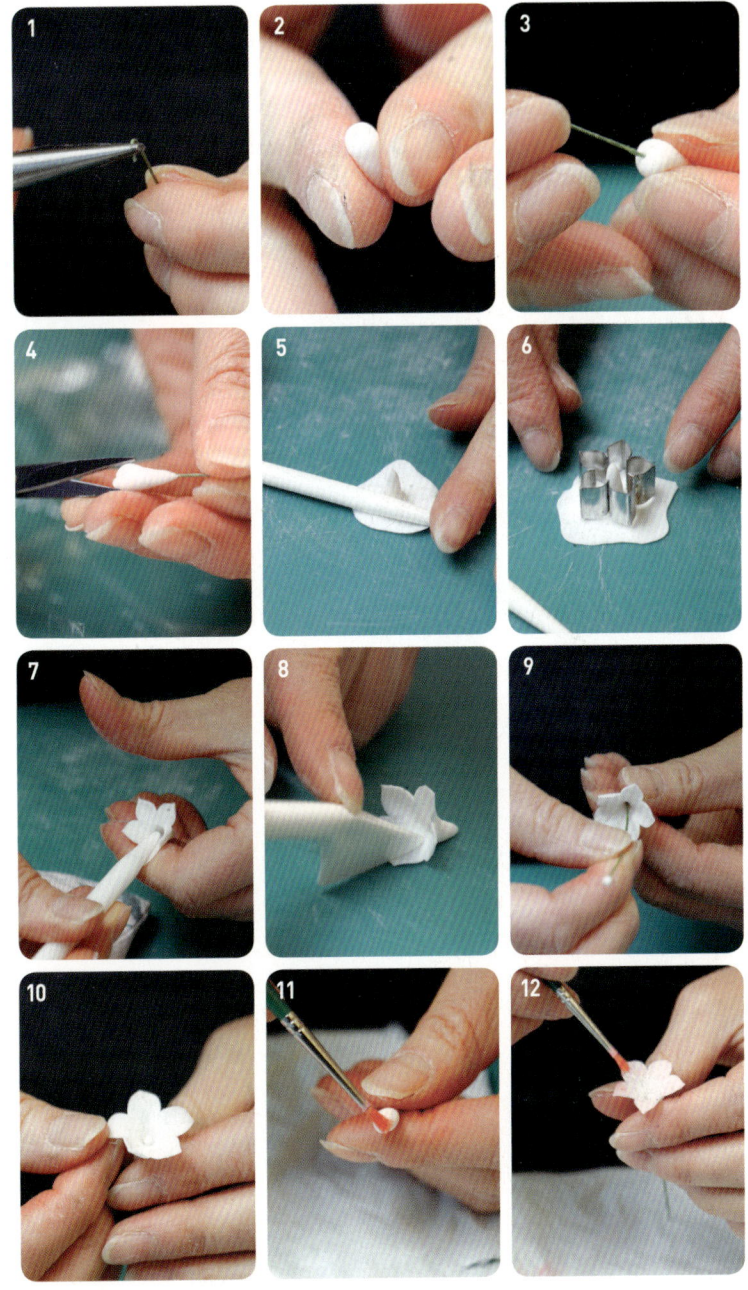

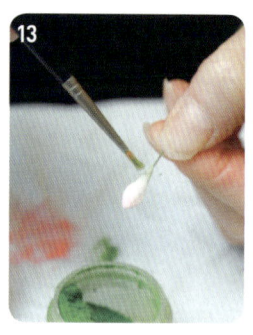  

13. ⑪의 밑부분을 녹색 가루색소로 더스팅한다.

14. ⑫의 꽃송이 밑부분을 녹색 가루색소로 더스팅한다.

15. ⑭의 꽃송이 중심에 물을 살짝 바른 후 설탕에 분홍색 가루색소를 섞어 묻히고 여분의 설탕을 털어낸다.

Ⅲ 마무리

 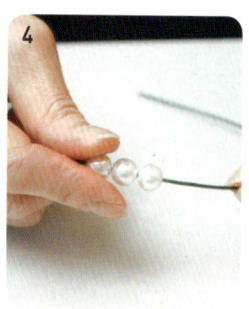

A 카네이션 가방

1. 스티로폼을 사다리꼴로 자른 후 사포질을 하고 스패츌러를 사용해 아이싱을 골고루 펴 바른다.

2. 반나절에서 하루 정도 건조시킨 후 사포로 표면을 매끈하게 다듬는다.

3. 아이싱 바르고 건조시킨 후 사포질 하는 과정을 최소 2회 더 반복한다.
   * 총 3회 이상.

4. 녹색 와이어(18번)를 U자로 구부린 후 진주를 끼운다.

5. ③의 윗면에 가방의 손잡이를 꽃을 구멍을 뚫은 후 아이싱을 조금 바른다.

6. ④의 와이어 끝부분에 아이싱을 묻힌 후 ⑤의 구멍에 끼워 건조시킨다.

7. ⑥에 일정한 간격으로 구멍을 낸 후 평평한 판에 올려 고정시킨다.

8. 카네이션(꽃받침 없는 것)의 와이어 끝부분에 아이싱을 묻힌 후 ⑦의 구멍에 꽂는다.

9. 카네이션 사이의 여백은 철사를 끼워 3등분으로 접은 카네이션을 마르기 전에 꽂은 후 건조시킨다.

＊ 마른 후에 꽂게 되면 꽃잎이 부스러지기 쉬우므로 주의한다.

10. 군데군데 아이싱으로 진주를 장식하고 붓에 은색 펄 가루를 묻혀 조심스럽게 꽃에 바른다.

B 부케

1. 잎과 페튜니아 봉오리를 와이어로 묶고 플로리스트 테이프를 감는다.

2. ①에 카네이션, 페튜니아를 배열해 와이어로 묶고 플로리스트 테이프로 감는다.

3. ②에 카네이션, 페튜니아, 페튜니아 봉오리, 잎을 전체적으로 삼각형이 되도록 배치하여 와이어로 묶고 플로리스트 테이프로 감는다.

4. 녹색 리본을 8자로 겹쳐 링을 만든 후 중심을 와이어로 감은 후 접는다.

5. ③의 아래쪽에 ④의 리본을 배치하고 와이어로 고정시킨 후 플로리스트 테이프를 감아 마무리한다.

Index

• 기타 *etc*

차근차근 따라하며 쉽게 배우는

슈거크래프트 *Sugar Craft*

저자 이호정
발행인 장상원
편집인 이명원

초판 1쇄 2013년 10월 1일
2쇄 2015년 7월 27일

발행처 (주)비앤씨월드
출판등록 1994. 1. 21. 제16-818호
주소 서울특별시 강남구 청담동 40-19 서원빌딩 3층
전화 (02)547-5233 팩스 (02)549-5235

실연협조 왕숙자, 정월계, 승지은
진행 파티시에 편집부
사진 이재희
인쇄 신화프린팅

ISBN 978-89-88274-89-7 93590

http://www.bncworld.co.kr